AUTODESK授权培训中心推荐标准教程

权威授权版

2015
Autodesk®Revit®Architecture
中文版实操实练 | ACAA教育 主编
肖春红 编著

电子工业出版社·
Publishing House of Electronics Industry
北京·BEIJING

内 容 简 介

本书是 Autodesk Revit Architecture 2015 实战培训教程，主要讲解 Autodesk Revit Architecture 2015 的基本功能及实际应用，通过对本教程的学习，读者可以灵活应用 Autodesk Revit Architecture 2015 进行建模和设计。

本书内容主要包括 Autodesk Revit Architecture 2015 入门、BIM 基本理论、对象编辑、插入管理、建筑专业模块、结构专业模块、暖通专业模块、给排水专业模块、电气专业模块、分析应用、统计应用、视图应用、建筑表现、注释功能、图纸创建管理、协作功能模块、族的创建和应用、概念体量的应用等。通过对本书的学习，能够使读者理解 Autodesk Revit Architecture 2015 的设计与管理思想，全面精通 Autodesk Revit Architecture 2015，为成为真正的 BIM 高手打下基础。

图书在版编目（CIP）数据

Autodesk Revit Architecture 2015 中文版实操实练权威授权版 / ACAA 教育主编；肖春红编著. —北京：电子工业出版社，2015.5

Autodesk 授权培训中心推荐标准教程

ISBN 978-7-121-25897-8

Ⅰ. ①A… Ⅱ. ①A… ②肖… Ⅲ. ①建筑设计－计算机辅助设计－应用软件－教材

Ⅳ. ①TU201.4

中国版本图书馆 CIP 数据核字（2015）第 080254 号

策划编辑：林瑞和
责任编辑：徐津平
特约编辑：赵树刚
印　　刷：北京天宇星印刷厂
装　　订：北京天宇星印刷厂
出版发行：电子工业出版社
　　　　　北京市海淀区万寿路 173 信箱　　　　邮编：100036
开　　本：787×1092　1/16　　印张：33.25　　字数：851.2 千字
版　　次：2015 年 5 月第 1 版
印　　次：2016 年 8 月第 3 次印刷
定　　价：79.00 元

凡所购买电子工业出版社图书有缺损问题，请向购买书店调换。若书店售缺，请与本社发行部联系，联系及邮购电话：（010）88254888。

质量投诉请发邮件至 zlts@phei.com.cn，盗版侵权举报请发邮件到 dbqq@phei.com.cn。

本书咨询联系方式：010-51260888-819　faq@phei.com.cn。

前　言

本书是 Autodesk 公司授权培训中心指定培训教材，Autodesk 公司 Revit 等级考试指定用书。

在当前的经济环境下，工程建设行业企业面临诸多挑战。面对激烈的竞争，企业必须证明其能够提供客户期望的价值才能够赢得新的业务。这就意味着企业必须重新审视原有的工作方式，在交付项目的过程中提高整体效率。从大型总包商到施工管理专家，再到业主、咨询顾问和施工行业从业人员，他们都希望采用各种新方法来提高工作效率，同时最大限度地降低设计和施工流程的成本。他们正在利用基于模型的设计和施工方法及建筑信息模型来改进原有工作方式。

近年来，BIM 技术在工程建设行业的应用越来越广泛，其发展速度令人叹为观止，国内很多设计单位、施工单位、业主单位都在积极推广 BIM 技术在本企业的应用。由于 BIM 覆盖项目全生命周期，涉及应用方向繁多，国内应用时间短，缺乏足够的标准及资源，企业应用初期难以找到学习 BIM 技术切合的入手点。

目前在建或已建成的各种形态的建筑或多或少都有 BIM 软件的设计辅助，在各种 BIM 软件中，Revit 最为流行、使用最为广泛。Revit 是基于 BIM 建模技术的一款强大软件，从 BIM 技术发展开始至今，其一直是实现各种 BIM 作品的最主要的设计平台之一。因为 Revit 不仅功能强大，而且简单易学，它覆盖了从设计最初的建模到最终的成果表现的全部工具，而且具有强大的导入、导出功能，能良好地实现与各种软件的配合工作，Revit 本身就是一款能够精确描述对象的 CAD 类软件，具有高精度的建模尺寸，因此设计师无须进行二次建模便可以实际用于建造和生产。

本书立足于国内这一现状，结合 BIM 在工程建设行业的应用经验和目前设计软件使用情况拟订，旨在推进 BIM 技术的发展。

本书分为 19 章，第 1 章主要介绍 BIM 基础理论，第 2～4 章主要介绍 Revit 基础，第 5～9 章主要介绍各专业模型创建，第 10 章主要介绍基于 Revit 的分析功能，第 11、12 章主要介绍软件二维表达相关内容，第 13 章主要介绍 Revit 相关统计功能，第 14 章主要介绍建筑表现相关内容，第 15 章主要介绍图纸处理相关内容，第 16 章主要介绍 Revit 协同设计相关内容，第 17～18 章主要介绍体量和族内容，第 19 章主要介绍在施工和设计阶段 BIM 相关应用。本书包含若干大小案例，均与建筑问题相关，位于本书配套资源中。

本书主要由肖春红编著。另外，胡仁喜、张日晶、杨雪静、刘昌丽、康士廷、闫聪聪、卢园、王敏、孟培、万金环等人也参与了部分章节的编写，值此图书出版发行之际，向他们表示衷心的感谢。

限于编者的学识有限，书中难免存在错误及纰漏之处，请读者不吝指正。

编　者

2015 年 4 月

目　　录

第 1 章　BIM 基本理论 1

1.1　BIM 基本理论 1
 1.1.1　BIM 概述 1
 1.1.2　BIM 的价值 3
 1.1.3　BIM 应用领域 4
1.2　Autodesk 公司 BIM 体系简介 5

第 2 章　Revit 入门 7

2.1　操作环境 7
 2.1.1　操作界面 7
 2.1.2　系统参数设置 11
2.2　文件管理 17
 2.2.1　新建文件 17
 2.2.2　保存文件 18
 2.2.3　另存为 18
 2.2.4　文件退出 18
2.3　基本绘图参数 18
2.4　基本输入操作 19
 2.4.1　绘图输入方式 19
 2.4.2　命令的重复、撤销、重做 20

第 3 章　对象编辑 21

3.1　选择对象 21
 3.1.1　选择设定 21
 3.1.2　单选 22
 3.1.3　框选 22
 3.1.4　Tab 键的应用 23
3.2　删除和恢复命令类 23
 3.2.1　删除 23
 3.2.2　放弃 24
3.3　修改对象命令类 24
 3.3.1　对齐 24
 3.3.2　偏移 25
 3.3.3　镜像 25
 3.3.4　移动 26
 3.3.5　复制 26

 3.3.6　旋转 27
 3.3.7　修剪|延伸 27
 3.3.8　拆分 28
 3.3.9　阵列 29
 3.3.10　缩放 30

第 4 章　插入管理 31

4.1　链接 31
 4.1.1　链接 Revit 文件 31
 4.1.2　链接 IFC 文件 33
 4.1.3　链接 DWG 文件 33
 4.1.4　链接 DWF 文件 34
 4.1.5　链接点云文件 34
 4.1.6　贴花的放置 35
 4.1.7　链接管理 36
4.2　导入 37
 4.2.1　导入 CAD 文件 38
 4.2.2　导入 gbXML 文件 38
 4.2.3　从文件插入对象 39
 4.2.4　图像的导入和管理 39
 4.2.5　族类型的导入 40
4.3　族载入 41
 4.3.1　从库中载入族 41
 4.3.2　作为组载入对象 42

第 5 章　建筑部分 43

5.1　标高 43
 5.1.1　标高的创建 43
 5.1.2　标高的修改 45
 ➥ 实操实练-01　标高的创建 46
5.2　轴网 47
 5.2.1　轴网的创建 47
 5.2.2　轴网的修改 50
 ➥ 实操实练-02　轴网的创建 51
5.3　建筑柱 52
 5.3.1　建筑柱的类型 52

5.3.2 建筑柱的载入与属性调整 52

5.3.3 建筑柱的布置和调整 55

➥ 实操实练-03 柱的布置 56

5.4 墙体 57

5.4.1 墙体的构造 58

5.4.2 墙体的创建 61

5.4.3 墙体连接关系 65

5.4.4 墙饰条的创建 66

5.4.5 墙分隔缝的创建 68

5.4.6 编辑墙轮廓 69

5.4.7 墙洞口的创建 70

➥ 实操实练-04 墙体的布置 71

5.5 门 72

5.5.1 门的载入 72

5.5.2 门的布置 73

5.5.3 门的调整 74

➥ 实操实练-05 门的添加 75

5.6 窗 76

5.6.1 窗的载入 76

5.6.2 窗的布置 77

5.6.3 窗的调整 78

➥ 实操实练-06 窗的添加 79

5.7 幕墙 80

5.7.1 幕墙的分类 80

5.7.2 线性幕墙的绘制 81

5.7.3 幕墙系统的创建 83

5.7.4 幕墙网格的划分 84

5.7.5 添加竖梃 86

5.7.6 幕墙门、窗的添加 88

➥ 实操实练-07 幕墙的创建与调整 ... 88

5.8 楼板 89

5.8.1 建筑楼板的构造 89

5.8.2 楼板的创建 91

5.8.3 修改楼板子图元 94

➥ 实操实练-08 楼板的创建 95

5.9 洞口 96

5.9.1 洞口的类型 96

5.9.2 面洞口的特点和创建 97

5.9.3 垂直洞口的特点和创建 98

5.9.4 竖井洞口的特点和创建 99

5.9.5 墙洞口的特点和创建 101

5.9.6 老虎窗洞口的特点和创建 102

5.10 楼梯 107

5.10.1 楼梯的绘制方式 107

5.10.2 按草图绘制楼梯 107

5.10.3 按构件绘制楼梯 111

➥ 实操实练-09 楼梯的创建 116

5.11 坡道 118

5.11.1 坡道的属性 118

5.11.2 坡道的绘制 119

5.11.3 坡道的调整 121

5.12 栏杆扶手 121

5.12.1 栏杆的主体设置 121

5.12.2 栏杆的属性设置 121

5.12.3 栏杆的绘制 124

5.13 天花板 126

5.13.1 天花板的构造 126

5.13.2 天花板的创建 129

➥ 实操实练-10 天花板的创建 130

5.14 屋顶 131

5.14.1 屋顶的构造 132

5.14.2 屋顶的创建方式 133

5.14.3 迹线屋顶的创建和修改 134

5.14.4 拉伸屋顶的创建和修改 135

5.14.5 面屋顶的创建和修改 137

5.14.6 屋檐底板的创建和修改 139

5.14.7 屋顶封檐带的创建和修改 ... 142

5.14.8 屋顶檐槽的创建和修改 143

➥ 实操实练-11 平屋顶的创建 145

5.15 模型文字 146

5.15.1 模型文字的添加 146

5.15.2 模型文字的修改 147

5.16 模型线 148

5.16.1 模型线的特点 148

5.16.2 模型线的绘制 148

5.17 参照平面 149

5.17.1 参照面的特点 149

5.17.2 参照平面的绘制 149

5.17.3 参照平面的影响范围 150

5.18 房间 150

5.18.1 房间的添加 150

5.18.2 房间分割线的添加 152

5.18.3 房间标记的添加 153

5.18.4 面积的添加 154

☑ 实操实练-12　房间的添加.........156

5.19 场地...157
　5.19.1 场地设置....................................157
　5.19.2 地形表面数据类型.....................158
　5.19.3 地形表面的创建........................158
　5.19.4 场地构件的创建........................161
　5.19.5 停车场构件的创建.....................162
　5.19.6 建筑地坪....................................163
　5.19.7 场地红线....................................165
　5.19.8 地形的修改................................167
　☑ 实操实练-13　场地及场地构件的
　　　添加和调整.................................168

第6章　结构模块........................169

6.1 结构符号表达设置..............................169
6.2 基础...170
　6.2.1 结构基础的分类..........................171
　6.2.2 独立基础的创建..........................171
　6.2.3 条形基础的创建和修改...............173
　6.2.4 结构板的创建和修改...................174
　☑ 实操实练-14　基础的布置..............174
6.3 结构柱...176
　6.3.1 结构柱和建筑柱的差异...............176
　6.3.2 结构柱载入和属性参数设置....176
　6.3.3 结构柱的布置方式.......................178
　6.3.4 结构柱的修改..............................180
　☑ 实操实练-15　结构柱的布置......181
6.4 结构墙...182
　6.4.1 结构墙和建筑墙的差异...............183
　6.4.2 结构墙的构造..............................183
　6.4.3 结构墙的创建..............................183
　6.4.4 结构墙的修改..............................184
　☑ 实操实练-16　结构墙的绘制......185
6.5 梁...186
　6.5.1 梁的载入......................................186
　6.5.2 梁的设置与布置...........................187
　6.5.3 梁的修改......................................189
6.6 梁系统...190
　6.6.1 梁系统的设置..............................190
　6.6.2 梁系统的绘制..............................191
　6.6.3 梁系统的修改..............................192
　☑ 实操实练-17　梁和梁系统的
　　　绘制..193

☑ 实操实练-18　结构楼板的绘制....194

6.7 支撑...195
　6.7.1 支撑族的载入..............................196
　6.7.2 支撑族的创建..............................196
6.8 桁架...196
　6.8.1 桁架的特性..................................197
　6.8.2 桁架族的载入和参数设置.....197
　6.8.3 桁架的创建..................................199
　6.8.4 桁架的修改..................................200
6.9 钢筋...201
　6.9.1 钢筋的设置..................................201
　6.9.2 钢筋保护层的设置和创建...........204
　6.9.3 结构钢筋的创建...........................206
　6.9.4 区域钢筋的创建...........................208
　6.9.5 路径钢筋的创建...........................210
　6.9.6 钢筋网片的创建...........................211
　6.9.7 钢筋网区域的创建.......................212
　6.9.8 钢筋形状及修改...........................214
　6.9.9 钢筋的视图显示...........................216
6.10 负荷...217
　6.10.1 荷载工况....................................217
　6.10.2 荷载组合....................................218
　6.10.3 荷载...220
6.11 边界条件...221
　6.11.1 边界条件设置.............................221
　6.11.2 边界条件添加.............................221
6.12 分析模型工具...................................221
　6.12.1 分析模型工具设置.....................221
　6.12.2 分析调整....................................223
　6.12.3 分析重设....................................223
　6.12.4 检查支座....................................224
　6.12.5 一致性检查.................................224

第7章　暖通模块........................226

7.1 系统设置..226
7.2 机械设备..227
　7.2.1 机械设备的特点...........................227
　7.2.2 机械设备族的载入.......................227
　7.2.3 机械设备的放置及管道连接....228
7.3 风道末端..231
　7.3.1 风道末端的分类...........................231
　7.3.2 风道末端族的载入.......................231
　7.3.3 风道末端的布置...........................232

7.3.4 风道末端的管道连接............233
7.4 风管管件............233
　7.4.1 风管管件的特点............233
　7.4.2 风管管件族的载入............234
　7.4.3 风管管件的绘制............234
　7.4.4 风管管件的调整............235
7.5 风管附件............236
　7.5.1 风管附件的特点............236
　7.5.2 风管附件族的载入............237
　7.5.3 风管附件的绘制............238
　7.5.4 风管附件的调整............238
7.6 风管............239
　7.6.1 风管的类型设置............239
　7.6.2 风管的对正设置............240
　7.6.3 风管绘制............241
　7.6.4 风管管道类型及大小调整....242
7.7 风管占位符............243
　7.7.1 风管占位符的特点............243
　7.7.2 风管占位符的绘制和调整.....243
7.8 软风管............243
　7.8.1 软风管的特点............244
　7.8.2 软风管的类型属性设置............244
　7.8.3 软风管的绘制............245
　7.8.4 软风管的调整............245

第8章 给排水模块............247
8.1 系统设置............247
8.2 卫浴装置............248
　8.2.1 卫浴装置的特点............248
　8.2.2 卫浴装置的载入............248
　8.2.3 卫浴装置的添加............249
　➲ 实操实练-19 卫浴装置的布置...251
8.3 管件的添加............253
　8.3.1 管件的特点............253
　8.3.2 管件族的载入............253
　8.3.3 管件的添加和修改............254
8.4 管路附件............256
　8.4.1 管路附件的特点............256
　8.4.2 管路附件的载入............256
　8.4.3 管路附件的添加............257
　8.4.4 管路附件的修改............259
　➲ 实操实练-20 管道附件的添加...259
8.5 管道............261

8.5.1 管道的类型设置............261
8.5.2 管道的对正设置............262
8.5.3 管道绘制............263
8.5.4 管道类型及大小调整............265
➲ 实操实练-21 管道的绘制............266
8.6 管道占位符............268
　8.6.1 管道占位符的特点............268
　8.6.2 管道占位符的创建............268
8.7 平行管道............268
　8.7.1 平行管道的特点............269
　8.7.2 平行管道的创建............269
8.8 软管............270
　8.8.1 软管的特点............270
　8.8.2 软管的配置............270
　8.8.3 软管的绘制............271
　8.8.4 软管的修改调整............271
8.9 喷头............272
　8.9.1 喷头的载入............272
　8.9.2 喷头的放置和管道连接............273

第9章 电气模块............275
9.1 电气设置............275
9.2 电气设备............276
　9.2.1 电气设备族的载入............276
　9.2.2 电气设备族的添加............277
　9.2.3 电气设备族的线管连接............278
　➲ 实操实练-22 电气设备的布置....280
9.3 设备............281
　9.3.1 设备的分类............281
　9.3.2 设备族的载入............281
　9.3.3 设备的放置............282
　9.3.4 设备的修改调整............283
　➲ 实操实练-23 设备的添加............284
9.4 照明装置............285
　9.4.1 照明设备的载入............285
　9.4.2 照明设备的放置............286
　9.4.3 照明设备的修改调整............287
　➲ 实操实练-24 照明设备的添加....287
9.5 电缆桥架配件............288
　9.5.1 电缆桥架配件的载入............288
　9.5.2 电缆桥架配件的添加............289
　9.5.3 电缆桥架配件的修改调整....290
9.6 电缆桥架............291

9.6.1 电缆桥架的配置 291
9.6.2 电缆桥架的对正设置 292
9.6.3 电缆桥架的绘制 293
9.6.4 电缆桥架的修改调整 294

9.7 管线配件 295
9.7.1 线管配件的载入 295
9.7.2 线管配件的添加 296
9.7.3 线管配件的修改调整 297

9.8 线管 299
9.8.1 线管的配置 299
9.8.2 线管的对正设置 300
9.8.3 线管的绘制 301
9.8.4 线管的修改调整 302
➥ 实操实练-25 线管的绘制 303

9.9 平行线管 304
9.9.1 平行线管的类型 304
9.9.2 平行线管的创建 304
9.9.3 平行线管的修改调整 305

9.10 导线 306
9.10.1 导线的类型 306
9.10.2 导线的绘制 306

第 10 章 分析 308
10.1 空间和分区 308
10.1.1 空间设置 308
10.1.2 空间分隔符的添加 309
10.1.3 空间布置 310
10.1.4 空间标记 311
10.1.5 分区 311

10.2 报告和明细表 312
10.2.1 热负荷和冷负荷分析 312
10.2.2 配电盘明细表分析 312
10.2.3 风管/管道压力损失报告 313

10.3 检查系统 314
10.3.1 检查风管|管道系统 314
10.3.2 检查线路 315
10.3.3 显示断开的连接 315

10.4 颜色填充 316
10.4.1 风管|管道颜色填充 316
10.4.2 颜色填充图例 317
➥ 实操实练-26 房间颜色填充 317

10.5 能量分析 319
10.5.1 能量设置 320

10.5.2 使用概念体量模式 321
10.5.3 使用建筑图元模式 323

第 11 章 视图 325
11.1 视图创建 325
11.1.1 平面视图的创建 325
11.1.2 立面图的创建与调整 327
11.1.3 剖面图的创建 329
➥ 实操实练-27 剖面图的创建 331
11.1.4 详图索引的创建 331
11.1.5 绘图视图的创建 333
➥ 实操实练-28 大样图的创建 334
11.1.6 复制视图的创建 335
11.1.7 图例的创建 336
11.1.8 默认三维视图 337

11.2 视图控制 338
11.2.1 视图可见性设定 338
11.2.2 过滤器的设置 343
11.2.3 粗线\细线的切换 345
11.2.4 隐藏线的控制 345
11.2.5 剖切面轮廓的绘制 345
11.2.6 视图样板的设置与控制 346

第 12 章 注释 349
12.1 尺寸标注 349
12.1.1 对齐尺寸标注 349
12.1.2 线性尺寸标注 351
12.1.3 角度尺寸标注 352
12.1.4 径向尺寸标注 353
12.1.5 直径尺寸标注 355
12.1.6 弧长尺寸标注 355
12.1.7 高程点标注 356
12.1.8 高程点坐标标注 358
12.1.9 高程点坡度标注 359
➥ 实操实练-29 平面图标注 360

12.2 详图 361
12.2.1 详图线 361
12.2.2 详图区域的创建 362
12.2.3 详图构件 365
12.2.4 云线批注的创建 365
12.2.5 详图组的创建和放置 366
12.2.6 隔热层的绘制 368

12.3 文字 369

12.3.1 文字设置 370
12.3.2 文字的添加 371
12.4 标记 372
12.4.1 标记符号的载入 372
12.4.2 按类别标记 374
12.4.3 全部标记 374
12.4.4 梁注释 375
12.4.5 材质标记 377
12.4.6 面积标记 378
12.4.7 房间标记 378
12.4.8 视图参照标记 379
12.4.9 踏板数量标记 379
12.4.10 多钢筋标记 380
12.4.11 注释记号的设置 380
12.5 注释记号 381
12.5.1 注释记号的特点 382
12.5.2 图元注释记号的添加 382
12.6 颜色填充类图例注释 383
12.6.1 风管图例 384
12.6.2 管道图例 385
12.6.3 颜色填充图例 387
12.7 符号添加 390
12.7.1 符号族的载入 390
12.7.2 符号的添加 391
12.7.3 跨方向符号 393
12.7.4 梁系统跨度符号 394
12.7.5 楼梯路径符号 395
12.7.6 区域钢筋符号 395
12.7.7 路径钢筋符号 396
12.7.8 钢筋网符号 397

第 13 章 统计 398
13.1 Revit 统计分类 398
13.2 明细表的特点 398
13.3 明细表统计 398
13.3.1 明细表|数量的创建 398
13.3.2 明细表的调整 403
➤ 实操实练-30 门窗明细表的
创建 405
13.4 图形柱明细表 408
13.4.1 图形柱明细表的特点 408
13.4.2 图形柱明细表的创建 408
13.4.3 图形柱明细表的调整 409

13.5 材质提取统计 411
13.5.1 材质提取明细表的特点 411
13.5.2 材质提取明细表的创建 411
13.6 图纸列表 412
13.6.1 图纸明细表统计的特点 412
13.6.2 图纸明细表统计的创建 412
13.7 注释块明细表统计 412
13.7.1 注释块明细表的特点 412
13.7.2 注释块明细表的创建 412
13.8 视图统计 413
13.8.1 视图明细表的特点 413
13.8.2 视图明细表的创建 413

第 14 章 建筑表现 415
14.1 材质与建筑表现 415
14.2 透视图的创建 417
14.2.1 透视图的特点 417
14.2.2 透视图的创建与调整 417
➤ 实操实练-31 透视图的创建 418
14.3 动画漫游的创建 419
14.3.1 动画漫游的特点 419
14.3.2 动画漫游的创建与调整 419
14.4 渲染图的创建 422
14.4.1 Revit 渲染的两种方式 422
14.4.2 渲染的操作流程 422
14.4.3 云渲染的操作流程 426
➤ 实操实练-32 渲染视图的创建 428

第 15 章 图纸 430
15.1 图纸的创建 430
15.2 标题栏的创建 431
15.3 拼接线的创建 434
15.4 视图的添加 435
15.5 修订 435
15.6 视图参照 437
15.7 导向轴网 439
15.8 视口控制 442
➤ 实操实练-33 图纸的创建 442

第 16 章 协作 444
16.1 Revit 协作模式 444
16.2 模型链接 444
16.2.1 模型链接协作模式的特点 ...444

16.2.2 模型链接的创建 445
16.2.3 复制/监视功能 445
16.2.4 协调查阅功能 447
16.2.5 协调主体 449
16.2.6 碰撞检查 450
➥ 实操实练-34 建筑专业轴网和
标高的调用 452
16.3 工作集 454
16.3.1 工作集的特点 454
16.3.2 工作集中心文件的创建与
管理 455
16.3.3 工作集的修改 457
16.3.4 工作集本地副本的创建 457
16.3.5 工作集的协同操作 458

第 17 章 概念体量 462
17.1 概念体量的基础 462
17.1.1 概念体量项目文件的创建 ... 462
17.1.2 概念体量的形式 463
17.1.3 概念体量草图创建工具 463
17.2 几种概念体量的形式的创建 463
17.2.1 拉伸形状 463
17.2.2 旋转形状 464
17.2.3 融合形状 467
17.2.4 放样形状 468
17.3 概念体量的修改调整 470
17.3.1 透视模式 470
17.3.2 为体量形式添加边 471
17.3.3 为体量形式添加轮廓 471
17.3.4 融合形状 471
17.3.5 使用实心形状剪切形状几何
图形 472
17.4 概念体量表面有理化 473
17.5 概念体量的调用和建筑构件转化 ... 476
17.5.1 项目中概念体量的调用 476
17.5.2 体量楼层的创建 477
17.5.3 体量楼层的相关统计 478
17.5.4 基于体量的楼板 479
17.5.5 基于体量的幕墙系统 480

17.5.6 基于体量的屋顶 481
17.5.7 基于体量的墙体 482

第 18 章 自定义族 483
18.1 族概述 483
18.2 族类别 483
18.3 族参数 483
18.3.1 族参数分类 484
18.3.2 类型参数的特点及实例 484
18.3.3 实例参数的特点及实例 484
18.4 族的创建 484
18.4.1 操作界面 484
18.4.2 族三维形状的创建 486
18.4.3 族类型和族参数的添加及
应用 489
18.4.4 族二维表达处理 491
➥ 实操实练-35 单扇平开防火门
族的创建 491
➥ 实操实练-36 散水轮廓族的
创建 497
➥ 实操实练-37 窗标记的创建 498

第 19 章 设计和施工阶段 BIM 应用 ... 499
19.1 设计和施工阶段 BIM 应用趋势 499
19.2 设计阶段 BIM 应用点 500
19.2.1 可视化 501
19.2.2 建筑性能分析 501
19.2.3 碰撞检查及净高分析 503
19.2.4 基于 BIM 的施工图绘制 503
19.3 施工阶段 BIM 应用点 504
19.3.1 3D 管线深化设计 504
19.3.2 成本估算控制 504
19.3.3 数字化构件加工 505
19.3.4 4D 施工模拟及现场管理 505
19.3.5 设施资产管理 506

附录 A Revit 2015 初级工程师认证
考试大纲 507
附录 B Revit 2015 工程师认证考试
大纲 515

第1章

BIM 基本理论

1.1 BIM 基本理论

1.1.1 BIM 概述

BIM 是 Building Information Model 的缩写，即建筑信息模型，是由欧特克公司提出的一种新的流程和技术，是整合整个建筑信息的三维数字化新技术，是支持工程信息管理的最强大的工具之一。

从理念上说，BIM 试图将建筑项目的所有信息纳入到一个三维的数字化模型中。这个模型不是静态的，而是随着建筑生命周期的不断发展而逐步演进的，从前期方案到详细设计、施工图设计、建造和运营维护等各个阶段的信息都可以不断集成到模型中，因此可以说 BIM 模型就是真实建筑物在电脑中的数字化记录。当设计、施工、运营等各方人员需要获取建筑信息时，例如，需要图纸、材料统计、施工进度等，都可以从该模型中快速提取出来。BIM 由三维 CAD 技术发展而来，但它的目标比 CAD 更为高远。如果说 CAD 是为了提高建筑师的绘图效率，BIM 则致力于改善建筑项目全生命周期的性能表现和信息整合。

从技术上说，BIM 不是像传统的 CAD 那样，将建筑信息存储在相互独立的成百上千的 DWG 文件中，而是用一个模型文件来存储所有的建筑信息。当需要呈现建筑信息时，无论是建筑的平面图、剖面图还是门窗明细表，这些图形或者报表都是从模型文件实时动态生成出来的，可以理解成数据库的一个视图。因此，无论在模型中进行任何修改，所有相关的视图都会实时动态更新，从而保持所有数据一致和最新，从根本上消除 CAD 图形修改时版本不一致的现象。

当理解 BIM 时，要阐明如下几个关键理念：

（1）BIM 不等同于三维模型，也不仅仅是三维模型和建筑信息的简单叠加。虽然称 BIM 为建筑信息模型，但 BIM 实质上更关注的不是模型，而是蕴藏在模型中的建筑信息，以及如何在不同的项目阶段由不同的人来应用这些信息。三维模型只是 BIM 比较直观的一种表达方式。如前文所述，BIM 致力于分析和改善建筑在其全生命周期中的性能，并使原本离散的建筑信息能够更好地整合。

（2）BIM 不是一个具体的软件，而是一种流程和技术。BIM 的实现需要依赖于多种（而不是一种）软件产品的相互协作。有些软件适用于创建 BIM 模型（如 Revit），而有些软件适用于对模型进行性能分析（如 Ecotect）或者施工模拟（如 Navisworks），还有一些软件可以在 BIM 模型基础上进行造价概算或者设施维护，等等。一种软件不可能完成所有的工作，关键是所有的软件都应该能够依据 BIM 的理念进行数据交流，以支持 BIM 流程的实现。

（3）BIM 不仅是一种设计工具，更明确地说，BIM 不是一种画图工具，而是一种先进的项目管理理念。BIM 的目标是在整个建筑项目周期内整合各方信息，优化方案，减少错误，降低成本，最终提高建筑物的可持续性。尽管 BIM 软件也能用于输出图纸，并且熟练的 BIM 用户可以达到比 CAD 方式更高的出图效率，但"提高出图速度"并不是 BIM 的出发点。

（4）BIM 不仅是一个工具的升级，而是整个行业流程的一次革命。BIM 的应用不仅会改变设计院内部的工作模式，也将改变业主、设计、施工方之间的工作模式。在 BIM 技术支撑下，设计方能够对建筑的性能有更多掌控，而业主和施工方也可以更多、更早地参与到项目的设计流程中，以确保多方协作创建更好的设计，满足业主的需求。在美国，已经有一些项目开始采取 IPD 这样的新型协作模式；而在我国，随着民用建筑越来越多地开始采取总承包模式，设计和施工流程愈加整合，BIM 也更能发挥出它的价值。

由于 BIM 可以将设计、加工、建造、项目管理等所有工程信息整合在统一的数据库中，所以它可以提供一个平台，保证从设计、施工到运营的协调工作，使基于三维平台的精细化管理成为可能。

BIM 正在改变企业内部以及企业之间的合作方式。为了实现 BIM 的最大价值，设计人员需要重新思考各专业的设计范围和工作流程，通过协同工作实现信息资源的共享，减少传统模式下的项目信息丢失。

图 1-1 所示的图表证明了 BIM 技术影响设计和施工成本以及整个工程项目质量的能力。在设计阶段，影响成本、效益和建筑物性能的能力最强；反之，在施工阶段发生的设计变更造成的成本浪费最大。因此，在设计阶段，应用更多的 BIM 先进技术来提高设计质量，可以更有效地提高对设计和施工成本的影响能力。也就是说，越早应用 BIM，项目的成功就越有保障。

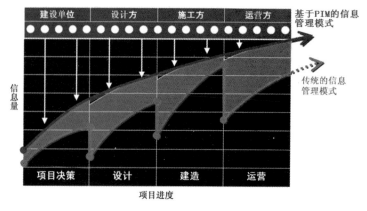

图 1-1　BIM 技术对项目的影响能力

1.1.2　BIM 的价值

为了更好地理解 BIM 的价值，可以参看图 1-2。它是由 HOK 公司的 Patrick McLearny 先生创建的，因此被称为 "McLearny 曲线"。

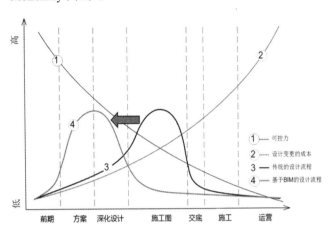

图 1-2　项目不同阶段 BIM 的影响能力

可以看到，随着项目的演进，设计师对项目的可控力（曲线①）愈加降低，而设计变更的成本（曲线②）愈加增大。传统设计流程（曲线③）中，设计师把大部分的时间精力都花在施工图阶段，但这时已经错过了优化项目的最佳时期。因此，理想的设计流程（曲线④）应当允许设计师把大部分精力放在方案和深化设计阶段，同时减少在枯燥的施工图阶段的时间投入。BIM 的应用正是为了达到这一目的，提高设计师对建筑项目的控制能力，帮助设计师创建性能更好、成本更低的成果。

BIM 不是一两个软件或者一两个企业就能够实现的，它需要项目建设的上下游产业链的共同变革。BIM 在工程建设项目中的价值链如图 1-3 所示。

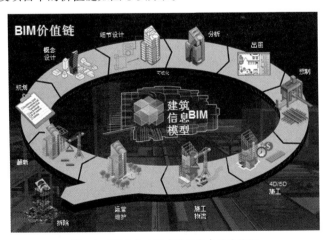

图 1-3　BIM 在工程建设项目中的价值链

BIM 作为一种三维数字化新技术，具体体现在如图 1-4 所示的几种设计模式中。

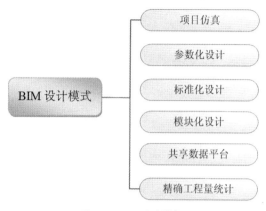

图 1-4　BIM 设计模式

1）可视化

可视化使业主等项目参与方可以通过三维仿真、漫游等方式实现在计算机屏幕上动态地体验实地参观工厂的效果。

2）参数化

在 BIM 设计中，项目模型将和数据库紧密关联，模型中的任何信息，将通过数值精确体现。设计也不再仅仅是绘图的过程，而是可以通过修改相关的参数值来实现图纸的自动更新。

3）标准化

所谓标准化设计，就是将相关的设计规范和出图要求等集成到 BIM 项目的模板和族库当中，而各个专业通过项目模板和族库的共享，可以轻易地实现设计的一致性。

4）模块化

模块化设计，则是指同种类型的项目，可以通过制定项目模块来实现项目经验的传承。项目模块中包含以往的设计方式，可以通过参数的修改来实现类似项目的快速设计，并最大限度地保障以往的设计经验不丢失。

5）协同化

传统设计中的专业提资主要是靠口头沟通和图纸实现的，因为每个专业均需向多个不同的专业提资，难免会出现疏漏和错误，而 BIM 的数据共享平台则严格保障了专业间提资的一致性，同时网络的发展也使得专业提资日趋实时化，这大大提高了专业沟通的效率和准确度，降低了沟通成本。

6）精确工程量统计

BIM 模型中包含的所有工程信息，都可以通过软件自动统计。这既减轻了工程师的负担，也可以较为精确地估计出材料和设备的数量和成本。

1.1.3　BIM 应用领域

BIM 技术广泛应用于工程建设行业的各个阶段，从项目类型来说，BIM 技术覆盖了建筑、市政道路、水利水电、石油石化等不同类型项目，从项目全生命周期看，BIM 技术覆盖了从项目规划、概念设计、方案设计、初步设计、施工图设计、施工、物业运营、项目改造等方面。

1.2　Autodesk 公司 BIM 体系简介

Autodesk 公司提供了完整的 BIM 系统解决方案，其 BIM 体系覆盖了工程建设项目全生命周期，在不同设计阶段，不同专业都有对应软件。BIM 软件体系如图 1-5 所示。

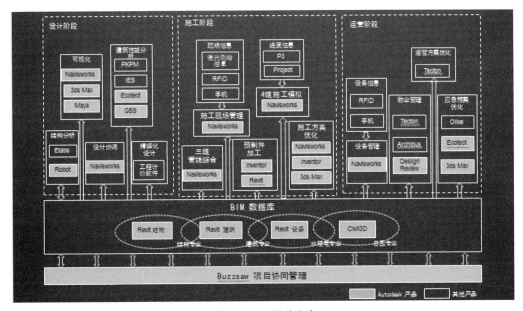

图 1-5　BIM 软件体系

主要软件介绍如下。

（1）Autodesk Revit：针对工业与民用建筑，Autodesk 公司推出了 Revit 系列软件。

由于它基于 BIM 技术，因此给用户带来了创新的生产力工具。它既是高效率的设计与制图工具，同时也能解决多专业设计协同的困扰，通过信息共享来改善整个项目的设计流程。更有价值的是，使用 Revit 软件建立的信息模型还可用于全面的建筑分析，包括结构的可靠性分析、建筑节能分析和成本的概预算等。这样的信息模型，还可以交给下游行业继续使用，例如，进行施工进度计划安排或者虚拟施工，也可以为物业管理提供更好的掌控全局的工具。

（2）AutoCAD Civil 3D：除建筑业的 Revit 软件之外，Autodesk 公司还推出了针对土木工程行业的软件。Civil 3D 的设计理念与 Revit 软件非常相似，是基于三维动态的土木工程模型，而它所服务的领域包括勘察测绘、场地规划设计、道路和水利工程等大土木专业。无论是参数化设计和自动更新特性，还是自动从模型生成图纸和报表，Civil 3D 都能充分利用信息化模型提升生产力。

（3）Autodesk Green Building Studio：Autodesk Green Building Studio 通过 Web Service 的方式为建筑师提供服务。用户可以把 Revit® Architecture 和 Revit® MEP 设计的模型导出成一个 gbXML

数据文件，然后上传到这个网站，网站就能对整个建筑的能耗、用水和二氧化碳排放量进行分析，从而帮助建筑师评估不同的设计方案对建筑整体能耗的影响。

（4）Autodesk Ecotect：Autodesk Ecotect 是全面的概念式建筑性能分析软件。它提供了丰富的仿真和分析功能，包括日照、热能、遮阳、采光、气流和声学分析等，帮助建筑师在设计的早期阶段就能够借助简单的三维模型，快速了解建筑的性能表现，探讨各个设计元素对建筑性能的影响，从而创建一个更加可持续发展的未来。

（5）Autodesk Robobat：Autodesk Robobat 是 Autodesk 收购的结构计算软件，支持与 Revit Structure 的集成分析。

（6）Autodesk Navisworks：Autodesk 于 2007 年收购 Navisworks。Navisworks 是一个协同的校审工具，它的出现使得设计人员对于 3D 的运用，不仅仅局限于设计阶段，使用人员也不再仅仅局限于设计人员。Naviworks 的功能特性和使用方式，使得包括施工、运营、总包等各个项目参与方都能有效地利用 3D 模型，并参与到整个模型的创建和审核过程中来。从而使得设计人员在项目设计、投标、建造等各个阶段和环节都能有效地发挥 3D 模型所带来的优势和能量。

（7）Autodesk Infrastructure Modeler：Autodesk Infrastructure Modeler 是针对基础建设行业的方案设计软件，它帮助工程师和规划者创建三维模型并基于立体动态的模型进行相关评估和交流，通过非常直观的方式使专业和非专业人员迅速地了解和理解设计方案。

第 2 章

Revit 入门

⫸ **知识引导**

本章主要讲解 Revit 软件的基本知识，使读者了解 Revit 操作环境以及如何设置系统参数、文件管理等知识，为后续系统学习打下基础。

2.1 操作环境

操作环境主要指 Revit 软件操作的基本界面、系统参数设置，本节将简要介绍。

✎ **预习重点**

◎ 安装软件，熟悉软件操作界面

2.1.1 操作界面

Revit 操作界面是执行显示、编辑图形等操作的区域，完整的 Revit 操作界面，包括快速访问工具栏、应用程序菜单、功能区、"属性"选项板、项目浏览器、绘图区域、视图控制栏和状态栏，如图 2-1 所示。

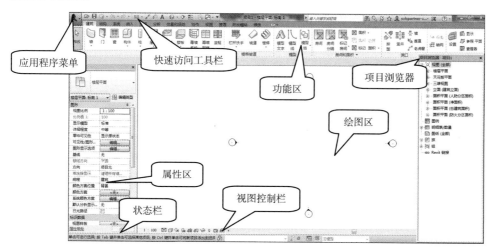

图 2-1 操作界面

1）功能区

创建或打开文件时，功能区会显示，如图 2-2 所示，它提供创建项目或族所需的全部工具。

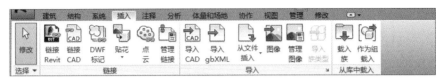

图 2-2　功能区

单击功能区菜单，该菜单会展开，出现展开区域，展开区域包含该菜单下部分工具，如图 2-3 所示。在面板下部如出现箭头，则表示该面板还可以继续展开，如图 2-4 所示。

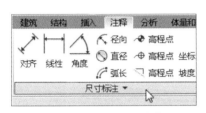

图 2-3　功能区下拉菜单

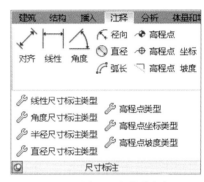

图 2-4　功能区下拉菜单内容

2）快速访问工具栏

快速访问工具栏包含一组常用的工具。可以对该工具栏进行自定义，如图 2-5 所示。

图 2-5　快速访问工具栏

3）应用程序菜单

应用程序菜单提供了主要的文件操作管理工具，包括新建文件、保存文件、导出文件、发布文件等工具，如图 2-6 所示。

4）"属性"选项板

"属性"选项板，主要功能为查看和修改图元属性特征。"属性"选项板由 4 部分组成：类型选择器、编辑类型、属性过滤器和实例属性，如图 2-7 所示。

各选项说明如下。

- 类型选择器。绘制图元时，"类型选择器"会提示项目构件库中所有的族类型，并可通过"类型选择器"对已有族类型进行替换调整。
- 属性过滤器。在绘图区域选择多类图元时，可以通过"属性过滤器"选择所选对象中的某一类对象。

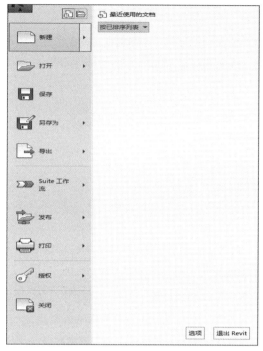

图 2-6　应用程序菜单

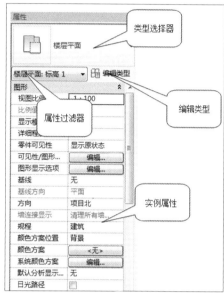

图 2-7　"属性"选项板

📖 **提示**

- "编辑类型"按钮。单击"编辑类型"按钮，展开新对话窗口，通过次对话窗口可以调整所选对象类型参数。
- 实例属性。通过修改实例属性可以改变某一图元的相应参数。

"属性"选项板为常用工具，通常情况下处于开启状态，"属性"选项板关闭后，有三种办法重新开启。

（1）单击"修改"选项卡→"属性"面板→ （属性）。

（2）单击"视图"选项卡→"窗口"面板→"用户界面"下拉列表→"属性"。

（3）在绘图区域中单击鼠标右键并单击"属性"。

5）项目浏览器

项目浏览器用于管理整个项目中所涉及的视图、明细表、图纸、族、组和其他部分对象，项目浏览器呈树状结构，各层级可展开和折叠，如图 2-8 所示。

6）绘图区域

绘图区域主要用于设计操作界面，显示项目浏览器中所涉及的视图、图纸、明细表等相关内容。

图 2-8　项目浏览器

7）视图控制栏

视图控制栏主要功能为控制当前视图显示样式，包括视图比例、详细程度、视觉样式、日光路径、阴影设置、视图裁剪、视图裁剪区域可见性、三维视图锁定、临时隐藏、显示隐藏图元、临时视图属性、隐藏分析模型，如图 2-9 所示。

图 2-9　视图控制栏

各选项说明如下。

- 视图比例。可用视图比例对视图指定不同比例。

- 详细程度。Revit 系统设置"粗略"、"中等"或"精细"三种详细程度，通过指定详细程度，可控制视图显示内容的详细级别。

- 视觉样式。Revit 提供了线框、隐藏线、着色、一致的颜色、真实、光线追踪 6 种不同的视觉样式，通过指定视图视觉样式，可以控制视图颜色、阴影等要素的显示。

- 日光路径。开启日光路径可显示当前太阳位置，配合阴影设置可以对项目进行日光研究。

- 阴影设置。通过日光路径和阴影的设置，可以对建筑物或场地进行日光影响研究。

- 视图裁剪。开启视图裁剪功能，可以控制视图显示区域，视图裁剪又分为模型裁剪区域、注释裁剪区域，分别控制模型和注释对象的显示区域。

- 视图裁剪区域可见性。视图裁剪区域可见性设置主要控制该裁剪区域边界的可见性。

- 三维视图锁定。三维视图锁定功能只有在三维视图状态下才可使用，三维视图锁定开启后，三维视图只可以缩放大小，不能随意旋转改变方向，三维视图锁定后可以在该视图对图元进行标注操作。

- 临时隐藏设置。临时隐藏设置分为按图元和按类别两种方式，可以临时性隐藏对象。当关闭该视图窗口后，重新打开该视图，被临时隐藏的对象均会显示出来。

- 显示隐藏图元。开启该功能可以显示所有被隐藏图元。被隐藏图元为深红色显示，选择被隐藏图元后，单击鼠标右键，可使用<取消在视图中隐藏>命令取消对此对象的隐藏。

- 临时视图属性。开启临时视图模式，可以使用临时视图样板控制当前视图，在选择清除或"恢复视图属性"前，视图样式均为临时视图样板样式。

- 隐藏分析模型。通过隐藏分析模型可隐藏当前视图中的结构分析模型，不影响其他视图显示。

8）状态栏

状态栏用于显示和修改当前命令操作或功能所处状态，如图 2-10 所示。状态栏主要包括当前操作状态、工作集状态栏、设计选项状态栏、选择基线图元、链接图元、锁定图元和过滤等状态栏。

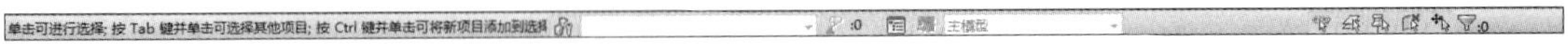

图 2-10　状态栏

各选项说明如下。

- 当前操作状态：显示当前命令状态，提示下一步操作，如图 2-11 所示。

- 工作集状态栏：显示当前工作集状态。如图 2-12 所示。

图 2-11　当前操作状态　　　　　　　　　　　图 2-12　工作集状态栏

- 设计选项状态栏：显示当前设计选项，如图 2-13 所示。
- 选择基线图元、链接图元、锁定图元、过滤等状态栏：几种命令操作的快捷方式，如图 2-14 所示。

图 2-13　设计选项状态栏　　　　　　　　　　图 2-14　快捷方式

2.1.2　系统参数设置

系统参数设置主要为当前 Revit 操作条件进行设置，为后续操作打下基础。系统参数设置包括常规选项、用户界面、图形、文件位置、渲染、检查拼写、SteeringWheels、ViewCube、宏 9 个选项设置。

【执行方式】

功能区："应用程序菜单"→"选项"

【操作步骤】

执行上述执行方式，打开如图 2-15 所示的对话框，即可对相关参数进行设置。

图 2-15　"系统参数"对话框

- "常规"选项卡。主要用于对系统通知时间、用户名、日志文件清理、工作共享更新频率、视图选项做相应设定，如图 2-16 所示。

图 2-16 "常规"选项卡

各选项说明如下。

> 保存提醒间隔：项目操作工作中系统自动提示保存时间间隔。

> "与中心文件同步"提醒间隔：项目操作工作中系统自动提示与中心文件同步的时间间隔。

> 用户名：系统操作人员标识。

> 日志文件清理：系统日志清理间隔设置。

> 工作共享更新频率：系统工作共享更新频率设置。

> 视图选项：设置默认视图规程。

● "用户界面"选项卡。主要用于对系统界面进行设置，如图 2-17 所示。

图 2-17 "用户界面"选项卡

各选项说明如下。

> 工具和分析：系统各操作工具和分析工具界面设置。

> 活动主题：提供"亮"、"暗"两种视图视觉主题。

> 快捷键：自定义系统快捷键。

> 双击选项：双击对象时启动命令设置。。

> 工具提示助理：鼠标停留时显示命令提示的级别设置，默认为标准。

> 启动时启用"最近使用的文件"页面：是否显示"最近使用文件"界面的设置。

> 选项卡切换行为：退出选择或命令后的系统界面设置。

> 选择时显示"上下文"选项卡：勾选该选项后，选择对象时系统将提示所有操作命令。

● "图形"选项卡。主要用于对图形图像显示进行设置，如图 2-18 所示。

图 2-18　"图形"选项卡

各选项说明如下。

> 警告：计算机显卡相关信息。

> 使用硬件加速（Direct 3D®）：勾选后通过硬件加速提高显示效率和显示效果。

> 使用优化的视图导航：勾选后，在导航浏览模型时可改进显示性能。

> 使用反失真：勾选后显示效果更佳，但可能会使显示速度下降。

> 反转背景色：勾选后背景为黑色背景显示。

> 选择：设置选择对象提示颜色，如勾选半透明，选择对象即为半透明显示。

> 预先选择：通过 Tab 键可进行预先选择，此处设置预先选择对象颜色。

> 警告：当系统出现系统警告时，涉及警告相关对象颜色设置。

> 临时尺寸标注文字外观：设置临时尺寸标注的外观。

● "文件位置"选项卡。主要用于设置系统文件相关参数,包括文件链接位置等,如图 2-19 所示。

各选项说明如下。

> 项目样板文件:设置新建文件时可选样板文件路径。

> 用户文件默认路径:设置默认文件管理相关路径。

> 族样板文件默认路径:设置族样板文件路径。

> 点云根路径:设置点云根相关路径。

图 2-19 "文件位置"选项卡

● "渲染"选项卡。主要用于对文件渲染相关参数进行设置,如图 2-20 所示。

图 2-20 "渲染"选项卡

各选项说明如下。

> 其他渲染外观路径：用于定义渲染外观的自定义颜色、设计、纹理或凹凸贴图、贴花的图像文件。

> ArchVision Content Manger 位置：设置 ArchVision 的其他 RPC 内容的文件路径。

- "检查拼写"选项卡。主要用于对系统所涉及的文字拼写进行设置，如图 2-21 所示。

图 2-21　"检查拼写"选项卡

- SteeringWheels 选项卡。主要用于对项目导航控件进行设置，如图 2-22 所示。

图 2-22　SteeringWheels 选项卡

各选项说明如下：

> 文字可见性：对控制盘工具消息、工具提示、光标文字可见性进行设置。

> 控制盘外观：设置大、小控制盘的尺寸和不透明度。

> 环视工具行为：勾选"反转垂直轴"复选框后，向上拖曳光标时，目标视点将升高；向下拖曳光标时，目标视点将降低。

> 漫游工具：勾选"将平行移动到地平面"复选框可将移动角度约束到地平面。

> 速度系数：用于设置移动速度的大小。

> 缩放工具：勾选该选项后，允许通过单次单击缩放视图。

> 动态观察工具：勾选"保持场景正立"选项后，视图的边将始终垂直于地平面。

● ViewCube 选项卡。可以用于设置 ViewCube 导航控件参数，如图 2-23 所示。

图 2-23　Viewcube 选项卡

各选项说明如下。

> 显示 ViewCube：系统设置 ViewCube 外观，包括可见性、显示视图、显示视图位置、大小设置及不透明度设置。

> 拖曳 ViewCube 时：勾选该选项后，将捕捉到最近的 ViewCube 视图方向。

> 在 Viewcube 上单击时：在 Viewcube 上单击时，执行动作操作，包括视图更改时布满视图、切换视图时使用动画过渡、保持场景正立。

> 指南针：显示或隐藏 ViewCube 指南针。

● "宏"选项卡。用于对应用程序和文档安全性进行设置，如图 2-24 所示。

图 2-24　"宏"选项卡

2.2　文件管理

本节主要介绍 Revit 文件管理的基本操作，主要有新建文件、打开已有文件等操作。

✎ **预习重点**

◎ 了解常用的几种文件管理方法 ，简单练习新建文件、打开文件、另存文件、退出等
操作。

2.2.1　新建文件

📏 **【执行方式】**

功能区：应用功能区📐→"新建"→📃（项目）。

快捷键：Ctrl+N

🐁 **【操作步骤】**

（1）执行上述操作，系统打开选择样板文件的提示框，如图 2-25 所示。

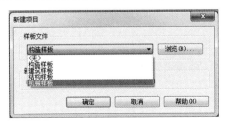

图 2-25　"新建项目"对话框

（2）在该对话框中选择相应项目文件后确定，完成新文件创建。

2.2.2　保存文件

✏ **【执行方式】**

功能区："应用功能菜单"→"保存"。

快捷键：Ctrl+S

🖱 **【操作步骤】**

执行上述操作，系统弹出提示框，提示保存路径，输入文件名称后确定，完成保存。

2.2.3　另存为

✏ **【执行方式】**

功能区："应用功能菜单"→"另存为"→ 🖹（项目）

🖱 **【操作步骤】**

执行上述操作后，系统将打开保存提示框，输入文件名称后确定，提示保存路径。

2.2.4　文件退出

✏ **【执行方式】**

应用功能区："应用功能菜单"→"关闭"。

快捷键：Ctrl+F4

🖱 **【操作步骤】**

执行上述操作后，若上次保存后文件无变化，则文件直接退出；若上次保存后文件发生变化，则提示是否保存。

2.3　基本绘图参数

在使用 Revit 进行项目设计时，需要对项目基本参数如单位进行设置。本节将对基本参数设置做简要介绍。

✏ **【执行方式】**

功能区："管理"→"设置"面板→"项目单位"

快捷键：UN

🖱 【操作步骤】

执行上述操作后，系统提示项目单位设置对话框，设置相应单位，如图 2-26 所示。

图 2-26 "项目单位"对话框

2.4　基本输入操作

熟练掌握 Revit 的输入操作方式，选择方便、便捷的操作，有利于提高项目设计效率。本节将主要介绍 Revit 的基本操作方法。

✎ 预习重点

◎ 了解菜单方式的交互操作和通过快捷键方式的操作，简单练习命令的重复、撤销、重做等操作。

2.4.1　绘图输入方式

Revit 提供菜单输入操作，大部分的操作也可以通过快捷键方式操作。

1）菜单输入

菜单输入方式相对比较简单，选择相应菜单下的相应命令，根据命令提示即可完成操作。

2）快捷键

当使用鼠标停留在某一命令时，系统会有提示，如图 2-27 所示，此时 WA 即为墙体组合快捷键。

图 2-27 快捷键提示

当按下 Alt 键时，系统会有如图 2-28 所示的提示，此时提示数字或字母即为该菜单快捷方式。

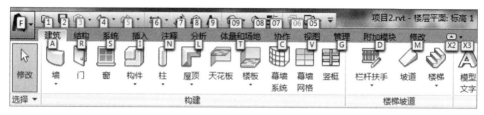

图 2-28 Alt 快捷方式提示

2.4.2 命令的重复、撤销、重做

1）命令的重复

按<Enter>键可重复调用上一次操作。

2）命令的撤销

在命令操作过程中取消或终止当前命令

【执行方式】

功能区："快捷功能区"→"放弃"。

快捷键：Esc 键

鼠标右键：取消

【操作步骤】

执行上述操作后，系统执行命令撤销。

◆命令的重做

已被撤销的操作需要恢复，可以恢复撤销的最后一个命令。

【执行方式】

功能区："快捷功能区"→"重做"。

快捷键：Ctrl+Y

【操作步骤】

执行上述操作后，系统执行命令重做。

第 3 章

对象编辑

■ 知识引导

　　本章主要讲解在 Revit 软件中创建相关专业模型构件时，如何对已创建的构件进行选择和修改，以达到项目的设计要求。

3.1　选择对象

通过鼠标，配合键盘等工具在软件项目中选择需要编辑的对象。

✎ 预习重点

　◎ 单选、框选操作，Tab 键的使用。

3.1.1　选择设定

在用鼠标选择或框选项目中的图元时，可首先对选择进行相关设定，设定需要选择的图元种类和状态。根据具体要求启用和禁用这些设定，设定适用于所有打开的视图。

📏【执行方式】

　　功能区："选择"面板→" 选择 ▼ "下拉菜单

🖱【操作步骤】

　　执行上述操作，弹出选择设定下拉菜单，如图 3-1 所示。

图 3-1　对象选择选项

各项说明如下。

- 选择链接。启用后可选择链接的文件或链接文件中的各个图元，如 Revit 文件、CAD 文件、点云等。
- 选择基线图元。启用后可选择基线中包含的图元。禁用时，仍可捕捉并对齐至基线中的图元。
- 选择锁定图元。启用后可选择被锁定到某一位置且无法移动的图元。
- 按面选择图元。启用后可通过单击内部面而不是边来选择图元。
- 选择时拖曳图元。启用后可无须先选择图元即可对其进行拖曳，适用于所有模型类别和注释类别中的图元。

3.1.2 单选

通过鼠标对单一图元进行选择。

🖱 【操作步骤】

（1）在绘图区域中将光标移动到图元上或图元附近时，该图元的轮廓将会高亮显示。状态栏上显示图元的说明。鼠标短暂的停留后，图元说明也会在光标下的工具提示中显示，如图 3-2 所示。

墙：基本墙：常规 - 300mm

图 3-2　预选择

（2）在上述状态下，单击完成选择。配合 Ctrl 键可对多个单一对象进行点选。

3.1.3 框选

在 Revit 软件中，可通过鼠标框选批量选择图元，操作方式与 AutoCAD 相似。

🖱 【操作步骤】

（1）将光标放在要选择的图元一侧，按住鼠标左键对角拖曳光标以形成矩形边界，从而绘制一个选择框。从左到右拖曳光标，形成的矩形边界为实线框，软件仅选择完全位于选择框边界之内的图元；从右到左拖曳光标，形成的矩形边界为虚线框，软件会选择全部或部分位于选择框边界之内的任何图元。

（2）用鼠标框选项目中多种类别图元后，"上下文"选项卡中，选择面板中就会出现过滤器按钮，单击该按钮，将弹出"过滤器"对话框，如图 3-3 所示。

（3）在该对话框的"类别"选项组下，可以看到框选的各个图元类型，在相应的类别名称前的复选框中，可以根据实际情况，勾选相关图元类别，完成勾选后单击"确定"按钮返回，勾选的类别图元高亮显示，未勾选的类别图元仍保持原来状态。

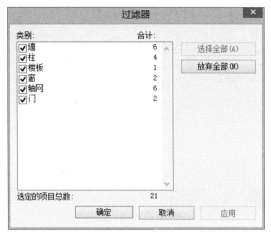

图 3-3 "过滤器"对话框

3.1.4 Tab 键的应用

当鼠标所处位置附件有多个图元时，例如，墙或线连接成一个连续的链，可通过 Tab 键来回切换选择所需要的图元类型或整条链。

🖱 【操作步骤】

将光标移动到绘图区域，高亮显示链中的任何一个图元，按 Tab 键，软件将以高亮方式显示预选择对象，单击选择预选择对象。

3.2 删除和恢复命令类

在选择对象时，可以通过删除和恢复命令来调整选择的对象。

✏ 预习重点

◎ 删除和恢复的方法。

3.2.1 删除

📏 【执行方式】

鼠标："右键"删除

快捷键：Delete|Backspace

🖱 【操作步骤】

选择一个或多个图元后，使用 Delete 或 Backspace 键，即可将所选对象删除。

也可以在选择对象后，单击鼠标右键，然后执行"删除"命令进行删除操作。

3.2.2　放弃

✎【执行方式】

功能区：快捷功能区→"放弃"按钮

快捷键：Ctrl+Z

🖱【操作步骤】

执行上述操作方式，软件自动执行恢复操作，如图 3-4 所示。

图 3-4　"放弃"命令

3.3　修改对象命令类

选择图元后，通过使用修改面板中的各类工具来实现对图元对象的调整。

✎ 预习重点

◎ 重点掌握对齐、镜像、复制、移动、修剪等命令的使用。

3.3.1　对齐

使用"对齐"工具可将一个或多个图元与选定图元对齐。常用于对齐墙、梁和线等图元。

✎【执行方式】

功能区："修改"选项卡→"修改"面板→"对齐"按钮

快捷键：AL

🖱【操作步骤】

（1）执行上述操作方式。

（2）设置"对齐"选项栏选项。

- 勾选"多重对齐"表示将多个图元与多个图元对齐。

- 对齐墙时，可以使用"首选"选项下拉列表中的选择对齐方式。包括"参照墙面"、"参照墙中心线"、"参照核心层表面"、"参照核心层中心"4 个选项。

（3）执行对齐操作。单击对齐参照位置，如墙边、轴网等相关图元线条。单击需要对齐的对象的相关线条，会将选定的图元与参照位置对齐。若要保持对齐状态，在完成对齐后，单击锁定符号来锁定图元对齐关系。

3.3.2　偏移

使用"偏移"工具可以将选定模型线、详图线、墙或梁等对象在与其长度垂直的方向移动指定的距离。

📏【执行方式】

功能区："修改"选项卡→"修改"面板→"偏移"按钮

快捷键：OF

🖱【操作步骤】

（1）选择需要偏移的对象。

在绘图区域中，用鼠标选择需要偏移的图元，一个或多个均可。

（2）执行上述操作方式。

（3）设置"偏移"选项栏选项。

偏移方式包括数值方式和图形方式。

若要创建并偏移所选图元的副本，勾选"复制"选项。

（4）执行偏移操作。

选择数值方式时，可在偏移选项中设置偏移距离，单击偏移基点，完成偏移命令；选择图形方式时，通过单击偏移基点和偏移终点确定偏移距离和方向完成偏移命令。

3.3.3　镜像

使用"镜像"工具可翻转选定图元，或者生成图元的一个副本并反转其方向。

📏【执行方式】

功能区："修改"选项卡→"修改"面板→"镜像-拾取轴|镜像-绘制线"按钮

快捷键：MM/DM

🖱【操作步骤】

（1）选择镜像对象。

在绘图区域中，用鼠标选择需要镜像的图元，一个或多个均可。

（2）执行上述操作方式。

单击"修改"面板中的"镜像-拾取轴"按钮或"镜像-绘制轴"按钮。

（3）设置"对齐"选项栏选项。

若要翻转选定项目，而不生成其副本，则取消勾选选项栏中的"复制"复选框。

（4）执行镜像操作。

若选择"镜像-拾取轴"命令，选择代表镜像轴的线单击，完成图元的镜像操作。

若选择"镜像-绘制轴"命令，需要在绘图区域中绘制一条临时镜像轴网，完成镜像操作。

3.3.4　移动

使用"移动"工具可以对选定的图元进行拖曳或将图元移动到指定的位置。

【执行方式】

功能区："修改"选项卡→"修改"面板→"移动"按钮

快捷键：MV

【操作步骤】

（1）选择需要移动的对象。

在绘图区域中，用鼠标选择需要移动的图元，一个或多个均可。

（2）执行上述操作方式。

（3）设置"移动"选项栏选项。

- 约束：勾选"约束"选项可以限制图元沿所选的图元垂直或共线的矢量方向移动。
- 分开：勾选"分开"选项可在移动前中断所选图元和其他图元之间的关联。

（4）执行移动操作。

在绘图区域中单击一点以作为移动的基点，沿着指定的方向移动光标，光标会捕捉到特殊的捕捉点，此时会显示临时尺寸标注作为参考，如果要更为精确地进行移动，输入图元要移动的距离值，再次单击以作为移动的终点，完成移动操作。

3.3.5　复制

使用"复制"工具来复制生成选定图元副本并将它们放置在当前视图中指定的位置。

【执行方式】

功能区："修改"选项卡→"修改"面板→"复制"按钮

快捷键：CO

【操作步骤】

（1）选择需要复制的对象。

在绘图区域中，用鼠标选择需要复制的图元，一个或多个均可。

（2）执行上述操作方式。

（3）设置"复制"选项栏选项。

- 约束：勾选"约束"选项可以限制图元沿所选的图元垂直或共线的矢量方向移动。
- 分开：勾选"分开"选项可在移动前中断所选图元和其他图元之间的关联。
- 多个

勾选该选项，可以连续放置多个图元。

（4）执行复制操作

在绘图区域中单击一点以作为复制图元开始移动的基点，将光标从原始图元上移动到要放置副本的区域，单击以放置图元副本，或输入关联尺寸标注的值。若勾选了多个，则可以连续放置图元。完成后按 Esc 键退出复制工具。

3.3.6 旋转

使用"旋转"工具可使图元围绕轴网旋转到指定的位置或指定的角度。

📏【执行方式】

功能区："修改"选项卡→"修改"面板→"旋转"按钮

快捷键：RO

🖱【操作步骤】

（1）选择需要旋转的对象。

在绘图区域中，用鼠标选择需要移动的图元，一个或多个均可。

（2）执行上述操作方式。

（3）设置"旋转"选项栏选项。

- 分开：勾选"分开"选项可在旋转前中断所选图元和其他图元之间的关联。
- 复制：勾选"复制"选项可在旋转时创建旋转对象副本。
- 角度：设置旋转角度。
- 旋转中心：单击此按钮可重新设置旋转中心。

（4）执行旋转操作。

单击确定旋转基准线位置，按照顺、逆时针左、右滑动鼠标开始旋转，旋转时，会显示临时角度标注，并出现一个预览图像，这时可以用键盘输入一个角度值，按 Enter 键完成旋转。也可以直接单击另一位置作为旋转线的结束，以完成图元的旋转。完成后按 Esc 键退出旋转工具。

3.3.7 修剪|延伸

关于修剪和延伸共有 3 种工具，即修剪/延伸为角、修剪/延伸单个图元、修剪/延伸多个图元。使用时根据需要来进行选择。

✏️【执行方式】

功能区：

"修改"选项卡→"修改"面板→"修剪|延伸为角"按钮

"修改"选项卡→"修改"面板→"修剪|延伸单个图元"按钮

"修改"选项卡→"修改"面板→"修剪|延伸多个图元"按钮

快捷键：TR（"修剪|延伸为角"）

🖱️【操作步骤】

（1）执行上述操作方式。

（2）若选择修剪/延伸为角，选择需要修改的图元，选择需要将其修剪成角的图元时，确保单击要保留的图元部分。

（3）若选择修剪/延伸单个图元，选择用作边界的参照图元，后选择要修剪或延伸的图元。如果此图元与边界或投影交叉，则保留所单击的部分，而修剪边界另一侧的部分。

（4）若选择修剪/延伸多个图元，选择用作边界的参照，后选择要修剪或延伸的每个图元。对于与边界交叉的任何图元，保留所单击的部分，而修剪边界另一侧的部分。

（5）完成后按 Esc 键退出修剪/延伸工具。

3.3.8　拆分

通过"拆分"工具，可将图元分割为两个单独的部分，拆分有两种工具，即拆分图元、用间隙拆分。使用时根据需要来进行选择。

✏️【执行方式】

功能区：

"修改"选项卡→"修改"面板→"拆分图元"按钮

"修改"选项卡→"修改"面板→"用间隙拆分"按钮

快捷键：SL（拆分图元）

🖱️【操作步骤】

（1）执行上述操作方式。

（2）设置"拆分"选项栏选项。

● 删除内部线段：若选择拆分图元工具，选项栏上出现该选项。勾选此项后，软件会删除墙或线上所选点之间的线段。

● 连接间隙：若选择用间隙拆分工具，选项栏上出现此选项，在"连接间隙"后的文本框中输入间隙值。

（3）单击拆分位置。

在图元上要拆分的位置处单击。选择"删除内部线段"，则还需单击另一个点来作为拆分的终点位置。完成后按 Esc 键退出拆分工具。

3.3.9 阵列

通过"阵列"工具，可以创建一个或多个图元的多个相同实例。

【执行方式】

功能区："修改"选项卡→"修改"面板→"阵列"按钮

快捷键：AR

【操作步骤】

（1）选择需要陈列的对象。

在绘图区域中，用鼠标选择需要阵列的图元，一个或多个均可。

（2）执行上述操作方式。

（3）设置"阵列"选项栏选项。

（4）在选项栏中设定相关选项，如图 3-5 所示。

图 3-5 阵列命令选项栏

- 阵列方式。根据阵列的形式不同，可以创建选定图元的线性阵列或径向阵列，⫿表示线性阵列，⟳表示径向阵列。
- 成组并关联。将阵列的每个成员包括在一个组中。如果未选择此选项，软件将会创建指定数量的副本，而不会使它们成组。在放置后，每个副本都独立于其他副本。
- 项目数。指定阵列中所有选定图元的副本总数。
- 移动到：第二个。指定阵列中每个成员间的间距。其他阵列成员出现在第二个成员之后。
- 移动到：最后一个。指定阵列的整个跨度。阵列成员会在第一个成员和最后一个成员之间以相等间隔分布。
- 约束。用于限制阵列成员沿着与所选的图元垂直或共线的矢量方向移动。

（5）执行阵列操作。

在绘图区域中单击以指明测量的起点，再次单击以确定第二个图元或最后一个图元位置，可在临时尺寸标注中输入所需距离。单击或按 Enter 键完成阵列。

完成后按 Esc 键退出阵列工具。

3.3.10　缩放

通过"缩放"工具，可以使用图形方式或数值方式来按照相应比例缩放指定的图元。

【执行方式】

功能区："修改"选项卡→"修改"面板→"缩放"按钮

快捷键：RE

【操作步骤】

（1）选择需要缩放的对象。

在绘图区域中，用鼠标选择需要缩放的图元，一个或多个均可。

（2）执行上述操作方式。

（3）设置"缩放"选项栏选项。

缩放方式包括数值方式和图形方式。

（4）执行缩放操作。

选择数值方式时，可在缩放选项中设置缩放比例，单击缩放原点，完成操作；选择图形方式时，通过单击缩放原点分别指定两点以确定缩放基准尺寸和缩放后的尺寸，完成操作。

（5）完成后按 Esc 键退出缩放工具。

第 4 章

插入管理

📓 **知识引导**

　　本章主要讲解在 Revit 软件中如何链接、导入外部文件，以及在创建模型时相关族的载入方式方法。对于基础建模这是很重要的一步。

4.1　链接

　　通过链接可以将外部独立文件引用到新的文件中。 当外部文件发生变化时，通过更新，链接后的文件会与之同步。

✏️ **预习重点**

　◎ 链接 Revit，贴花放置以及管理链接。

4.1.1　链接 Revit 文件

　　可以从外部将创建好的独立 Revit 文件引用到当前项目中来以便进行相关的干涉检查等协调工作，相关操作面板如图 4-1 所示。

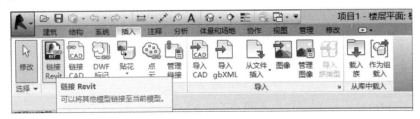

图 4-1　"链接"面板

📏 **【执行方式】**

　　功能区："插入"选项卡→"链接"面板→"链接 Revit"按钮

🖱【操作步骤】

（1）执行上述操作方式，弹出"导入/链接 RVT"对话框，如图 4-2 所示，并选择需要链接的对象文件。

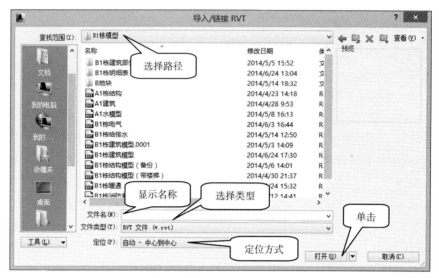

图 4-2　导入/链接 RVT 对话框

（2）导入设置。

在"定位"下拉列表中，选择项目的定位方式，如图 4-3 所示。

图 4-3　定位设置

各选项说明如下。

- 自动-中心到中心：Revit 以自动方式将链接模型中心放置到当前项目模型的中心。在当前视图中可能看不到此中心点。
- 自动-原点到原点：Revit 以自动方式将链接模型原点放置在当前项目的原点上。
- 自动-通过共享坐标：Revit 以自动方式根据导入的几何图形相对于两个文件之间共享坐标的位置，放置此导入的几何图形。如果当前没有共享坐标，Revit 会提示选用其他的方式。
- 手动-原点：以手动方式以链接模型原点为放置点将文件放置在指定位置。
- 手动-基点：以手动方式以链接文件基点为放置点将文件放置在指定位置。仅用于带有已定义基点的 AutoCAD 文件。
- 手动-中心：以手动方式以链接模型中心为放置点将文件放置在指定位置。

（3）导入文件。

单击 打开(O) ▼ 导入 Revit 文件，完成文件的链接。

4.1.2　链接 IFC 文件

【执行方式】

功能区："插入"选项卡→"链接"面板→"链接 IFC"按钮

【操作步骤】

（1）执行上述操作方式，打开"打开 IFC 文件"对话框。

（2）在"打开 IFC 文件"对话框中，选择 IFC 文件，单击"打开"按钮。

4.1.3　链接 DWG 文件

通过链接 DWG 文件，可以将已有的 DWG 文件引用到项目中，在二维平面的基础上进行三维模型的搭建，以达到提高建模效率的目的。

【执行方式】

功能区："插入"选项卡→"链接"面板→"链接 CAD"按钮

【操作步骤】

（1）执行上述操作方式，弹出如图 4-4 所示的对话框。

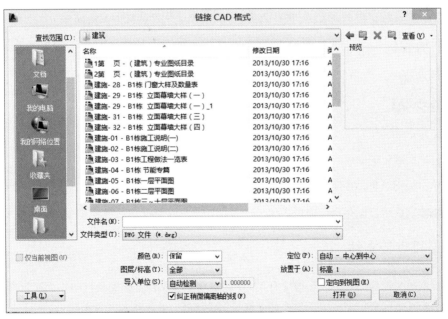

图 4-4　"链接 CAD 格式"对话框

在弹出的对话框中，在查找范围中找到需要导入到项目的 CAD 文件。选取目标文件，文件名自动匹配所选文件。文件类型默认为 DWG 文件（*.dwg）。

（2）导入设置。

- 颜色：包含保留、反选、黑白三种选项，通常使用保留原有颜色。
- 定位：具体使用方法与链接 Revit 文件一致。
- 图层|标高：包含全部、可见、指定三种选项，通过此选项筛选需要导入的对象。
- 放置于：选择放置标高。
- 导入单位：设置导入单位，须与导入文件单位一致。
- 定向到视图：该选项默认处于未选择状态，例如，将当前视图设置为"正北"，而"正北"已转离"项目北"，则清除此选项可将 CAD 文件与"正北"对齐。如果选择此选项，则 CAD 文件将与"项目北"对齐，不考虑视图的方向。
- 纠正稍微偏离轴的线：对导入文件进行纠偏操作。该选项默认处于选择状态，可以自动更正稍微偏离轴小于 0.1° 的线，并且有助于避免从这些线生成的 Revit 图元出现问题。但当导入/链接到场地平面时，可能需要清除此选项。

（3）链接文件。

单击 打开(O) 链接 DWG 文件完成。导入的文件成组块状，单击外框即可全选链接文件。

4.1.4　链接 DWF 文件

在创建施工图文档时，Revit 可以将图纸视图导出为 DWF 格式供建筑师或者其他专业人员进行查看和标记，再将标记链接到 Revit 进行修改，且与 DWF 文件的标记保持同步。

【执行方式】

功能区："插入"选项卡→"链接"面板→"链接 DWF"按钮

【操作步骤】

（1）执行上述操作。

（2）找到已标记的 DWF 文件并选择它，单击打开。

（3）单击标记对象，在属性框中修改状态和注释属性。

（4）修改完成后，保存当前项目。

4.1.5　链接点云文件

为了提供更为精确的建筑或场地现有条件，可以将点云文件链接到项目中作为视觉参照。由于点云文件的数据量通常很大，因此将点云文件采用链接的方式链接到项目中。

【执行方式】

功能区："插入"选项卡→"链接"面板→"链接点云"按钮

【操作步骤】

（1）执行上述操作。

（2）选择链接点云文件。

（3）设置点云定位方式。

（4）单击打开，完成点云文件的链接。

4.1.6 贴花的放置

使用贴花工具可以将标志、绘画和广告牌等图像放置到建筑模型的水平表面或圆筒形表面上，设定相关参数后进行渲染。

【执行方式】

功能区："插入"选项卡→"链接"面板→"贴花"下拉菜单

【操作步骤】

（1）设置贴花类型。

在放置贴花之前，需要创建相应的贴花类型，设置相关参数。

选择下拉菜单中的"贴花类型"命令，弹出"贴花类型"对话框，如图 4-5 所示。

单击 按钮新建贴花，弹出"新贴花命名"对话框，输入名称后单击"确定"按钮，弹出参数设置信息，如图 4-6 所示。

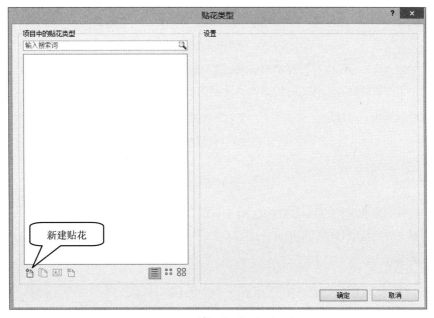

图 4-5 "贴花类型"对话框（一）

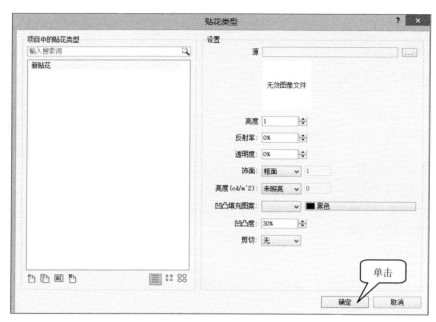

图 4-6 "贴花类型"对话框(二)

首先单击"源"后面的 [...] 按钮,找到图像所在的位置,单击确定后载入图像。

设置图像的亮度、反射率、透明度等相关参数后,单击确定完成创建工作。

(2)放置贴花。

选择"贴花"下拉菜单中的"放置贴花"命令,视图处于三维视图模式,在选项栏中输入贴花的宽度与高度值(具体设定值视项目而定),如图 4-7 所示。

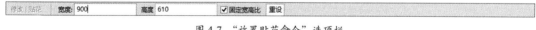

图 4-7 "放置贴花命令"选项栏

完成尺寸输入后,将鼠标移动到绘图区域,这时软件会自动捕捉到离鼠标位置距离最近的墙面或某一表面,单击放置贴花,按 Esc 键退出当前状态。

在视图控制栏中,将显示方式选择为"真实"模式,这时贴花就会以真实的效果显示在当前项目中。

4.1.7 链接管理

链接到项目中的 Revit 文件、CAD 文件、DWF 标记等,都将在链接管理器中统一管理,可以在链接管理器中对当前项目中链接的文件进行相关设置和处理。

【执行方式】

功能区:"插入"选项卡→"链接"面板→"管理链接"按钮

【操作步骤】

执行上述操作，弹出"管理链接"对话框，如图 4-8 所示。

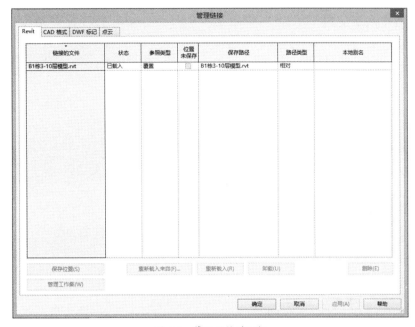

图 4-8　管理链接对话框

各列说明如下。

- 链接的文件：指示当前项目中链接文件的名称。
- 状态：指示在当前项目模型中是否载入链接文件。有"已载入"、"未载入"或"未找到"三种状态。
- 参照类型：将模型链接到另一个项目中时此链接模型的类型，有"附着"和"覆盖"两种类型。
- 位置未保存：指链接文件的位置是否保存在共享坐标系中。
- 保存路径：指链接文件在计算机上的位置。
- 路径类型：指链接文件的保存路径是相对、绝对还是 Revit 服务器路径。
- 本地别名：如果链接模型是中心模型的本地副本，则指示链接模型的位置。
- 大小：链接文件所占的空间存储大小。

单击链接管理中的某一链接文件，即可激活对话框中下边的功能按钮，可以针对选择的文件进行重新载入、卸载、删除等操作，单击确定完成链接管理。

4.2　导入

导入主要通过导入外部文件到项目中进行相关操作，与链接方式不同，导入图元在导入后与原文件失去关联性。

✎ **预习重点**

◎ 导入 CAD，导入与链接的区别。

4.2.1 导入 CAD 文件

可以从外部将创建好的 DWG 文件导入到项目中，用于辅助建模，提高建模效率。

📏 **【执行方式】**

功能区："插入"选项卡→"导入"面板→"导入 CAD"按钮

🖱 **【操作步骤】**

（1）执行上述操作，弹出"导入 CAD 格式"对话框，如图 4-9 所示。

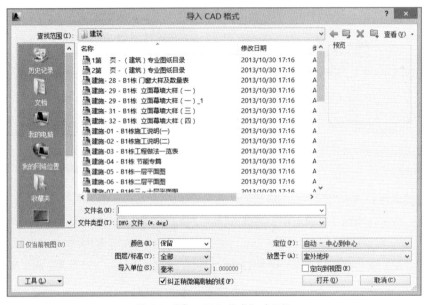

图 4-9 "导入 CAD 格式"对话框

（2）选取需要导入的 DWG 文件，其他参数设置和链接 CAD 文件参数一致，单击"打开"按钮完成 DWG 文件的导入。

4.2.2 导入 gbXML 文件

可以从外部将 gbXML 文件导入到 Revit 项目中，用于辅助设计 HVAC（暖通）系统。

📏 **【执行方式】**

功能区："插入"选项卡→"导入"面板→"导入 gbXML"按钮

🖱 **【操作步骤】**

（1）执行上述操作，弹出导入对话框。

（2）选择要导入到项目中的 gbXML 文件，完成导入。

4.2.3　从文件插入对象

可以将其他项目中创建的明细表样板、绘图视图和二维详图等文件导入到现有项目中。

【执行方式】

功能区："插入"选项卡→"导入"面板→"从文件插入"按钮

【操作步骤】

（1）执行上述操作。

（2）选择包含要插入的视图的 Revit 项目，然后单击"打开"按钮，弹出"插入视图"对话框，如图 4-10 所示。

图 4-10　"插入视图"对话框

在左侧的列表中选择要插入的视图，检查要插入的视图，然后单击"确定"按钮。

此时在项目浏览器中创建了一个新的明细表视图，该明细表视图具有已保存的原明细表的全部格式，以及可能已为该明细表自定义的所有参数字段。

4.2.4　图像的导入和管理

可将 bmp、jpg 等图像导入项目中，以用作背景图像或用作创建模型时所需的视觉辅助。

【执行方式】

功能区："插入"选项卡→"导入"面板→"图像|图像管理"按钮

🖱 【操作步骤】

（1）执行上述操作。弹出"插入"视图，在计算机中找到需要插入的图像，选择后，单击"打开"按钮，在平面视图中的绘图区域单击完成放置，单击 Esc 键退出当前状态完成插入。

（2）单击 插入 面板下的 📷（图像管理）按钮，弹出"管理图像"对话框，如图 4-11 所示。

在图像管理中可以查看当前插入的所有图像信息，点取某一图像信息，单击"删除"按钮，确定，然后单击"确定"按钮完成图像的管理。

图 4-11　"管理图像"对话框

4.2.5　族类型的导入

将族类型以文本文件（.txt）的方式导入到当前族。导入的同时，可以进行删除、覆盖现有的类型。

📏 【执行方式】

功能区："插入"选项卡→"导入"面板→"导入族类型"按钮

🖱 【操作步骤】

（1）打开族文件，进入族文件编辑状态。

（2）执行上述操作。

（3）在导入对话框中选择文本文件，确定，完成族类型导入。

📖 特别提示

> 如果出现提示，可选择下列选项之一，或单击"取消"按钮停止导入过程：
>
> ● 删除现有族类型并导入新类型。族中所有的现有类型将被删除，导入文件中的所有类型都将添加到族中。

- 导入所有新类型并覆盖现有类型。与导入文件中的类型具有相同名称的现有族中的类型都将被覆盖，新类型从导入文件添加到族中。
- 保留现有类型，仅导入新的类型。保留所有现有类型，新类型从导入文件添加到族中。导入文件中与现有类型具有相同名称的类型都不会被导入。

4.3　族载入

族是创建 Revit 项目模型的基础，添加到 Revit 项目中的所有图元都是使用族创建的。本节介绍如何将外部族文件载入到项目中。

✎ 预习重点

◎ 族概念、族分类和族库管理。

4.3.1　从库中载入族

族以 Rfa 格式存储在计算机中，形成一个庞大的族库系统，当在 Revit 中创建项目时，可从族库中查找需要的族文件载入到项目中，以完成创建。

📏【执行方式】

功能区："插入"选项卡→"从库中载入"面板→"载入族"

🖱【操作步骤】

（1）执行上述操作，弹出"载入族"对话框，如图 4-12 所示。

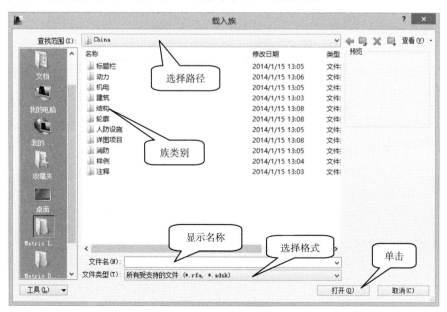

图 4-12　"载入族"对话框

（2）选择需要导入到项目中的族文件，单击"打开"按钮将族从库中载入到项目中。

4.3.2　作为组载入对象

在 Revit 项目模型创建中，可以将之前创建好的模型文件（.rvt）当作组的形式载入到当前的项目中来使用。

【执行方式】

功能区："插入"选项卡→"从库中载入"面板→"作为组载入"

【操作步骤】

（1）执行上述操作，弹出"将文件作为组载入"对话框，如图 4-13 所示。

图 4-13　"将文件作为组载入"对话框

（2）选择需要导入到项目中的族文件（rfa 格式）或组文件（rvg 格式），单击"打开"按钮将族从库中载入到项目中。

（3）在项目浏览器的"组"的分支下，可以找到刚刚载入的模型文件，如图 4-14 所示，选择后直接拖曳到绘图区域即可。

图 4-14　项目浏览器

第5章

建筑部分

📓 **知识引导**

　　本章主要讲解 Revit 软件在建筑模块中的实际应用操作，包括标高、轴网、墙、柱、门、窗、屋顶、天花板、楼板、洞口、楼梯以及场地概念体量等图元创建。

5.1　标高

　　标高是有限的水平平面，用作屋顶、楼板和天花板等以标高为主体的图元的参照。用于确定模型主体之间的定位关系。

✏️ **预习重点**

◎ 创建标高，修改标高属性。

5.1.1　标高的创建

　　标高是模型创建的基准，它的准确程度直接决定了各个专业间的协调性，也是各个专业间模型交换的主要标准。

📏 **【执行方式】**

　　功能区："建筑"选项卡→"基准"面板→"标高"

　　快捷键：LL

🖱️ **【操作步骤】**

　　（1）展开项目浏览器下的"立面"分支，双击进入任一立面视图，如图 5-1 所示，系统默认设置了两个标高（标高 1、标高 2）。

图 5-1　设置标高

（2）执行上述操作。

（3）选择标高类型。

（4）设置标高属性参数。

在属性框下拉菜单中选取该标高对应的标头，如图 5-2 所示，一般零标高层选择"正负零标高"，零标高以上选择"上标头"，零标高以下选择"下标头"。

图 5-2　标高类型选择器

选择标高状态下，单击属性框中的"编辑类型"按钮，打开"类型属性"对话框，如图 5-3 所示，在该对话框中可以修改标高的其他参数信息。

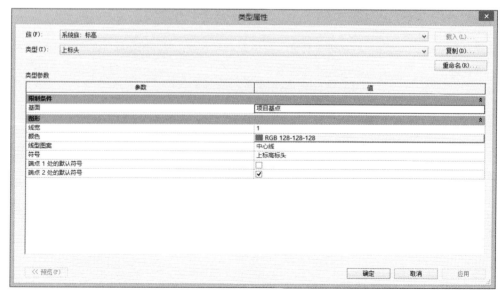

图 5-3　"类型属性"对话框

参数说明如下。

- 基面：若选择"项目基点"，则表示在某一标高上显示的高程是基于项目原点的。若选择"测量点"，则表示显示的高程是基于固定测量点的。
- 线宽：即设置标高类型的线宽、粗细程度。
- 颜色：即设置标高线条的颜色，目的在创建的过程中能更好地区分和发现标高。
- 线型图案：即设置标高线的图案，可以选择已有的，也可以自定义。
- 符号：即确定标高线的标头是否显示编号中的标高号。
- 端点 1 处的默认符号：默认情况下，在标高线的左端点放置编号。
- 端点 2 处的默认符号：默认情况下，在标高线的右端点放置编号。

（5）设置放置标高选项栏。

- 创建平面视图：勾选创建平面视图可创建标高，同时创建相应平面视图。
- 平面视图类型：通过平面视图类型设置可以设置新创建的平面视图类型。
- 偏移量：设置实际绘制标高与绘制参照线之间的距离。

（6）单击基准面板中的标高按钮，弹出"绘制标高上下文"选项卡，如图 5-4 所示，选择"绘制"面板中的"直线"命令，将鼠标移动到绘图区域，输入新建标高的高度值，按 Enter 键确定后水平滑动鼠标至标高的另一端点，单击完成创建。

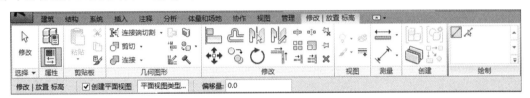

图 5-4　"绘制标高上下文"选项卡

5.1.2　标高的修改

除手动绘制标高外，当楼层标高数量较多或相邻标高间距一样时，可以采取复制、阵列等方式快速创建，以达到快速建模的要求，同时可对标高形式进行修改。

【操作步骤】

选择某一标高，各位置符号的含义如图 5-5 所示。

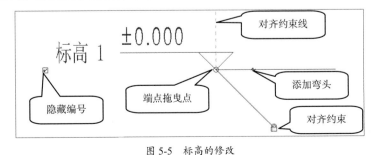

图 5-5　标高的修改

隐藏编号勾选框，若不勾选，则隐藏该端点符号，功能和端点 1（2）处的默认符号复选框一样。

在对齐约束锁定的情况下，单击拖曳端点空心圆圈不松，左右滑动鼠标，可以看到对齐约束线上的所有标高都跟随拖动；若只想拖动某一条标高线的长度，解锁对齐约束，然后再进行拖曳即可。

在某些情况下，需要对标高的端点符号进行转折处理，可单击如图 5-5 所示的位置符号，完成转折后如图 5-6 所示，转折幅度均可通过拖曳以达到满意的效果。

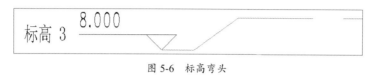

图 5-6　标高弯头

🔔 **注意**

通过复制和阵列方式创建的标高，标高会自动进行编号，绘制标高标头为蓝色，而复制阵列标头为黑色。默认情况下，绘制标高会同时产生相应平面视图，而复制和阵列标高则不会产生平面视图。平面视图需从视图菜单单独生成。

➥ **实操实练-01　标高的创建**

（1）新建项目，选择建筑样板，单击进入软件绘制界面。

（2）在项目浏览器下，展开立面（建筑立面）目录，双击东立面名称进入东立面视图。

（3）选中正负零标高，勾选该标高左端点显示出的复选框□，按 Esc 键退出。

（4）选中标高 2，在临时尺寸框中将 4 000 修改为 3 600，按 Enter 键。在类型属性框中勾选端点 1 处的默认符号复选框。单击"确定"按钮返回，如图 5-7 所示。

图 5-7　修改标高高度

（5）选中标高 2，单击"复制"按钮，勾选"约束"和"多个"复选框。在标高 2 上任一位置处单击作为复制的起点，向上滑动鼠标，使用键盘直接输入 3 000，然后按 Enter 键。接着分别输入 3 000、600、950、250，每输入一次都按 Enter 键完成。

（6）双击每条标高端点处的名称，将标高名称依次修改为：1F_±0.000、2F_3.600、3F_6.600、屋顶_9.600、女儿墙_10.200、玻璃装饰顶_11.150、大墙顶_11.400。为大墙顶_11.400 该标高的两端添加弯头。

（7）按照视图—平面视图—楼层平面的顺序打开"新建楼层平面"对话框，配合使用 Shift 和 Ctrl 键选中对话框中显示的所有标高，单击"确定"按钮完成并返回。

（8）展开项目浏览器下的楼层平面目录，查看已生成的楼层平面是否均已完成。保存该项目，命名为"建筑—标高"。完成标高的创建，如图 5-8 所示。

图 5-8 完成标高的创建

5.2 轴网

轴网也是有限的平面，其作用与标高相似，用于确定模型主体之间的定位关系。

预习重点

◎ 创建轴网，修改轴网属性。

5.2.1 轴网的创建

轴网是模型创建的基准和关键所在，用于定位柱、墙体等，在 MEP 中，设备族的定位也和轴网有密切的关系。

【执行方式】

功能区："建筑"选项卡→"基准"面板→"轴网"

快捷键：GR

【操作步骤】

（1）通过项目浏览器将视图切换至相关标高楼层平面，如图 5-9 所示。

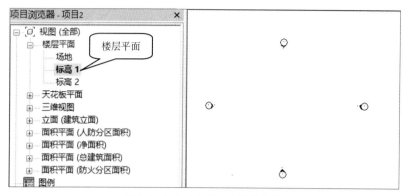

图 5-9　切换至相关标高楼层平面

（2）执行上述操作，在弹出的"放置轴网上下文"选项卡中，如图 5-10 所示，选择绘制面板中的直线命令，其他设置为默认。

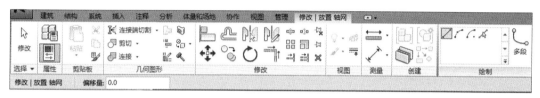

图 5-10　"放置轴网上下文"选项卡

（3）选择轴网类型。

在"属性"对话框中，单击下拉菜单，从中选取轴网的类型，如图 5-11 所示。

图 5-11　轴网类型选择器

（4）设置轴网属性相关参数。

选定相关轴网类型后，单击属性框中的"编辑类型"按钮，打开"类型属性"对话框，如图 5-12 所示，在该对话框中可以修改轴网的其他参数信息。

在类型属性框中，设计人员均可以按照自己的绘图习惯设置轴网的颜色、符号等。

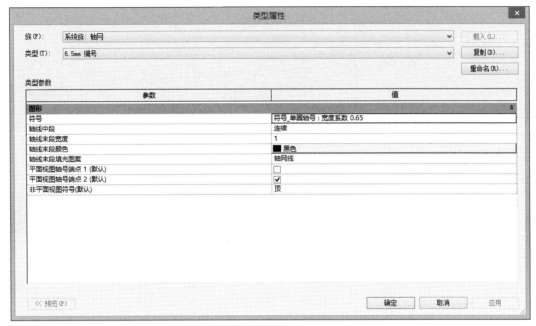

图 5-12　"类型属性"对话框

各项说明如下。

- 符号：用于显示轴线端点的符号。
- 轴线中段：在轴网中显示轴网中段的类型，有"连续"、"无"、"自定义"3 种类型。
- 轴线末段宽度：表示连续轴线的线宽。
- 轴线末段填充图案：若轴线中段选择为"自定义"类型，则使用填充图案来表示轴网中段的样式类型。
- 平面视图轴号端点 1（默认）：在平面视图中，用于显示轴网起点处编号的默认设置。
- 平面视图轴号端点 2（默认）：在平面视图中，用于显示轴网终点处编号的默认设置。
- 非平面视图符号（默认）：在立面视图和剖面视图中，轴网上显示编号的默认位置。有"顶"、"底"、"两者"、"无"4 种选择。

（5）设置轴网选项栏。

偏移量：设置实际绘制轴网与绘制参照线之间的距离。

（6）绘制轴网。

在绘图区域，单击确定轴网的起点，向下滑动鼠标到另一位置，再次单击确定轴网的终点，按 Esc 键退出绘制状态。

一般按照先从左到右（1—n）绘制，再从下往上（A—Z）绘制的顺序来创建轴网。

轴网也可以通过拾取线命令快速创建，主要通过导入相关的 CAD 图，以 CAD 图原有的轴网为依据来创建。

选择"建筑"选项卡下"基准"面板中的"轴网"按钮，在弹出的"上下文"选项卡中，选择

"绘制"面板中的"拾取线"命令，如图 5-13 所示。

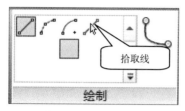

图 5-13 轴网绘制工具

保持当前状态，将鼠标移动到绘图区域，找到拾取线对象，单击完成拾取，生成新的轴网，如图 5-14 所示。

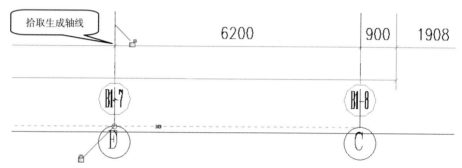

图 5-14 拾取方式完成轴网

5.2.2 轴网的修改

轴网的创建和标高的创建有很多相似之处，仍然可以采取复制、阵列等方式来快速创建轴网，以达到快速建模的要求，同时可以对已建轴网进行调整。

【操作步骤】

选择某一根轴网，修改该轴网的类型属性，各符号所表示的意义如图 5-15 所示。

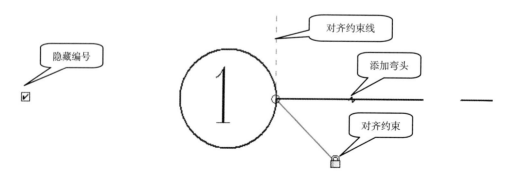

图 5-15 轴网的修改

由图 5-15 可以看出轴网的修改和标高的修改是一样的，每个符号所表达的意思也一致，可以根据调整标高的方式来调整轴网。

↘ 实操实练-02 轴网的创建

（1）打开"建筑—标高"项目，在项目浏览器下，展开楼层平面目录，双击 1F_±0.000 名称进入标高 1 楼层平面视图。

（2）单击"建筑"选项卡下"基准"面板中的"轴网"按钮，在绘图区域中绘制第一条纵向轴线，按 Esc 键两次退出绘制状态，选中该轴线，在"类型属性"对话框中，将轴线中段设置为连续，勾选"平面视图轴号端点 1（默认）"复选框。单击"确定"按钮返回。

（3）选中该轴号为 1 的轴线，单击"复制"按钮，勾选"约束"和"多个"复选框。在该轴线上任一位置处单击作为复制的起点，向右滑动鼠标，使用键盘直接输入 3 000，然后按 Enter 键。接着分别输入 1 800、3 600、4 800、1 800，每输入一次都按 Enter 键完成。

（4）双击轴线圈中的轴号，修改纵向轴线的轴号分别为 1、1/1、2、3、4、1/4。

（5）单击"轴网"按钮继续绘制横向轴线，先绘制完成第一条横向轴线，按 Esc 键两次退出绘制状态。

（6）选中该横向轴线，单击"复制"按钮，勾选"约束"和"多个"复选框。在该轴线上任一位置处单击作为复制的起点，向上滑动鼠标，使用键盘直接输入 2 000，然后按 Enter 键。接着分别输入 1 000、850、3 950、4 200、4 200、3 950、850、1 000、2 000，每输入一次都按 Enter 键完成。

（7）双击轴线圈中的轴号，修改横向轴线的轴号分别为 A、1\A、2\A、B、C、1\C、D、E、1\E、2\E、F。

（8）将视图切换到东立面，拖曳轴线的模型端点，将轴线上端拖曳到大墙顶_11.400 标高线之上。

（9）将视图切换到北立面，拖曳轴线的模型端点，将轴线上端拖曳到大墙顶_11.400 标高线之上。

（10）将项目文件另存为"建筑—轴网"，完成对该项目轴网的创建，如图 5-16 所示。

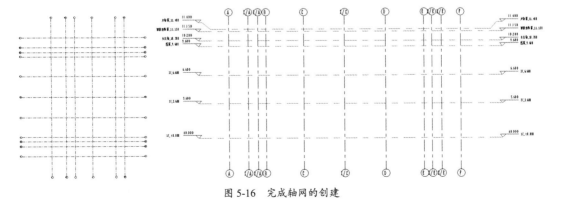

图 5-16 完成轴网的创建

5.3　建筑柱

在 Revit 中，柱包含结构柱和建筑柱两大类，本节主要介绍建筑柱的功能。

✎ **预习重点**

◎ 柱的载入，柱的放置方式。

5.3.1　建筑柱的类型

建筑柱由于起装饰作用，所以其种类繁多，一般都根据设计要求来确定。柱类型除矩形柱以外还有：壁柱、倒角柱、欧式柱、中式柱、现代柱、圆柱、圆锥形柱等。也可以通过族模型创建设计要求的柱类型。

结构柱主要为有承重作用的柱结构，包括钢结构、混凝土结构等。

5.3.2　建筑柱的载入与属性调整

在项目载入需要的柱类型，以及调整柱的参数信息来满足设计的要求。

📏 **【执行方式】**

功能区："建筑"选项卡→"构建"面板→"柱"面板下拉菜单→"建筑柱"

🖱 **【操作步骤】**

（1）执行上述操作。

（2）柱的载入。

按照上述执行方式，软件进入后放置柱模式，单击弹出的"修改/放置柱上下文"选项卡下"模式"板块中的"载入族"按钮，如图 5-17 所示。

图 5-17　"载入族"按钮

在弹出的"载入族"对话框中，选择相关的建筑柱族文件，单击"打开"按钮，这时就已经完成了将柱载入到项目中，如图 5-18 所示。

单击属性框中的类型选择下拉菜单，就会看到刚刚载入进来的新柱类型，如图 5-19 所示。

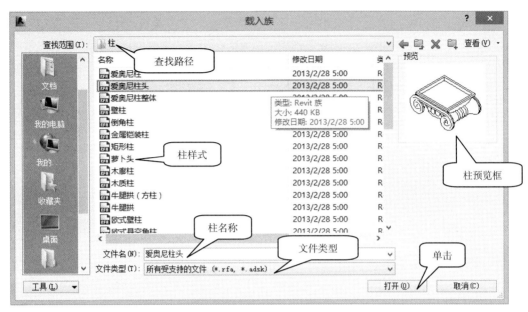

图 5-18　"载入族"对话框

图 5-19　柱类型选择器

将柱载入到项目之后，需要对柱的属性进行相关调整，以满足设计的要求。柱的属性设置也包括类型属性设置和实例属性设置两种。通常先设置类型属性，再设置实例属性。

保持放置柱的状态，在"类型选择"下拉菜单中任选一种尺寸的柱，如矩形柱 610mm×610mm，单击属性框中的"编辑类型"按钮，弹出如图 5-20 所示的"类型属性"对话框。

当前设置为矩形柱的类型属性，以需创建"矩形柱 350mm×400mm"为例来进行调整，从上往下一项项地设置，族（F）：矩形柱，在"类型"下拉菜单中没有 350mm×400mm 这个尺寸，单击类型后面的"复制"按钮，在弹出的"名称"对话框中输入"350mm×400mm"，如图 5-21 所示。

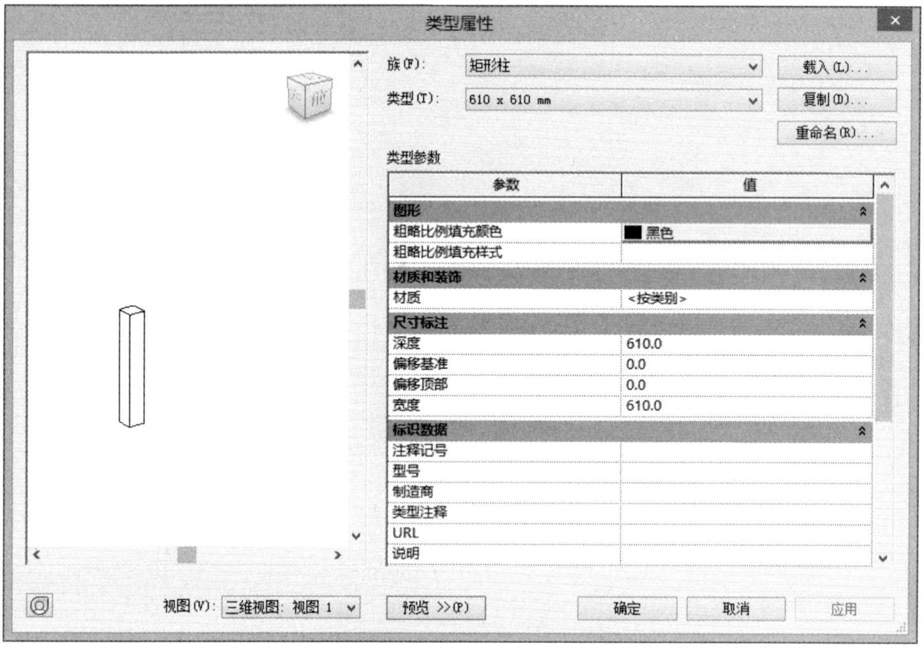

图 5-20　"类型属性"对话框

图 5-21　"名称"对话框

输入完成后单击"确定"按钮返回到类型属性对话框，这时在类型（T）一栏会自动显示尺寸值为 35mm×400mm。然后继续设置下面的类型参数，各参数说明如下（不包含标识数据板块下的参数说明）。

- 粗略比例填充颜色：指在任一粗略平面视图中，粗略比例填充样式的颜色。单击可选择其他颜色，默认为黑色。
- 粗略比例填充样式：指在任一粗略平面视图中，柱内显示的截面填充图案样式。单击该行后面的 ... 按钮添加。
- 材质：给柱赋予某种材质，单击该行后面的 ... 按钮添加，与之前给墙体赋予材质的方法一致。
- 深度：放置时柱的深度，矩形柱截面显示为长方形，该值表示长方形的宽度。输入值 350。
- 偏移基准：设置柱基准的偏移量，默认为 0。
- 偏移顶部：设置柱顶部的偏移量，默认为 0。
- 宽度：放置时柱的宽度，矩形柱截面显示为长方形，该值表示长方形的长度。输入值 400。

下一步设置实例属性，如图 5-22 所示。

图 5-22　"属性"对话框

各参数说明如下。

- 房间边界：确定放置的柱是否为房间的边界。
- 随轴网移动：确定柱在放置时是否随着网格线移动。

5.3.3　建筑柱的布置和调整

在完成了柱的类型属性和实例属性设置后，就可以把柱放置到项目中所在的位置。

【执行方式】

功能区："建筑"选项卡→"构建"面板→"柱"面板下拉菜单→"建筑柱"

【操作步骤】

（1）执行上述操作。

（2）在类型选择器下选择柱类型。

（3）设置柱选项栏。

选项栏中的参数设置，如图 5-23 所示。

图 5-23　"柱放置"选项栏

相关说明如下。

- 放置后旋转：确定放置柱后可继续进行旋转操作。
- 高度|深度：设置柱的布置方式，并设置深度或高度值。
- 房间边界：确定放置的柱是否为房间的边界。

（4）布置柱。

设置其参数后，将鼠标移动到绘图区域，柱的平面视图形状会跟随着鼠标的移动而移动，将鼠标移动到横纵轴网的交汇处，相应的轴网高亮显示，单击将柱放置在交汇点上，按两次 Esc 键退出当前状态，单击选择放置的柱，通过临时尺寸标注将柱调整到合适的位置，如图 5-24 所示。

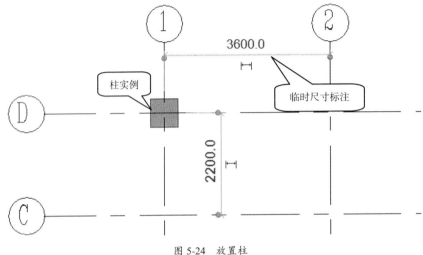

图 5-24 放置柱

通过此方法将其他的类型柱放置到合适的位置，再通过临时尺寸标注调整，对于柱类型一致，与相邻轴网的位置关系相同的，可以通过复制的方法快速创建。

➥ 实操实练-03 柱的布置

（1）打开"建筑—轴网"项目，在项目浏览器下，展开楼层平面目录，双击 1F_±0.000 名称进入标高 1 楼层平面视图。

（2）单击"建筑"选项卡下"柱"下拉列表中的"建筑柱"按钮，在类型选择器中选择某一尺寸的矩形柱，在类型属性参数中复制创建尺寸为 250mm×250mm 的矩形柱，修改原尺寸的深度和宽度值均为 250mm，并赋予和外墙一致的材质。单击"确定"按钮保存修改并返回，如图 5-25 所示。

材质和装饰		⪢
材质	外墙材质	
尺寸标注		⪢
深度	250.0	
偏移基准	0.0	
偏移顶部	0.0	
宽度	250.0	

图 5-25 "建筑柱类型属性"对话框

（3）在类型选择器列表中选择刚刚创建完成的矩形柱 250mm×250mm，设置底部标高为 1F_±0.000，底部偏移 −500.0，顶部标高为 2F_±3.600，单击"应用"按钮，如图 5-26 所示。

限制条件	⇧
底部标高	1F_±0.000
底部偏移	-500.0
顶部标高	2F_3.600
顶部偏移	0.0
随轴网移动	✔
房间边界	✔

图 5-26 "建筑柱实例属性"对话框

（4）在轴线 2-D、3-D 交点处分别放置该柱，选中 2-D 轴线交点上的柱，通过临时尺寸标注修改柱中心到轴线 2、轴线 D 的距离分别为 25mm、325mm。选中 3-D 轴线交点上的柱，通过临时尺寸标注修改柱中心到轴线 3、轴线 D 的距离分别为 25mm、325mm。

（5）按照上述步骤继续复制创建其他尺寸类型的柱子，并放置到项目中的轴网位置，之后通过临时尺寸标注，将柱子调整至精确的位置。

（6）框选当前视图中的所有建筑柱，配合使用过滤器进行过滤只留下柱类型。单击"镜像-拾取轴"按钮，然后单击轴线 1\C，软件自动生成平面视图下方的柱子。

（7）框选当前视图中的所有建筑柱，配合使用过滤器进行过滤只留下柱类型。使用复制到剪贴板工具和粘贴到与选定的标高对齐工具，创建其他标高层中的建筑柱。对创建生成的部分建筑柱进行限制条件的修改。

（8）将项目文件另存为"建筑—柱"，完成对该项目柱的布置，如图 5-27 所示。

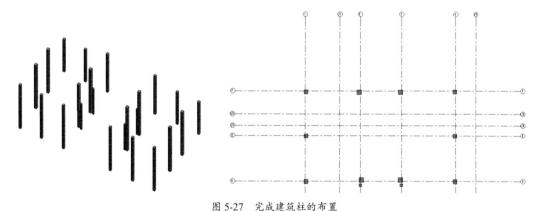

图 5-27 完成建筑柱的布置

5.4 墙体

有了轴网和标高的基础，可以在建筑模型中绘制特定类型墙体。

✎ 预习重点

◎ 创建墙体，修改墙体类型属性，赋予对象材质。

5.4.1 墙体的构造

5.3.3 节在介绍类型属性设置时，简单介绍了结构编辑的内容。本节将对这部分内容详细介绍，包括墙体的功能、材质、厚度设置等。

【执行方式】

功能区："建筑"选项卡→"构建"面板→"墙"下拉菜单→"墙：建筑"

快捷键：WA

【操作步骤】

（1）执行上述操作。

（2）基本墙的构造设置。

在"实例属性"对话框，族类型选择器中选择相应族类型，单击编辑类型，打开如图 5-28 所示的"编辑部件"对话框，系统默认的墙体已有的功能只有结构一部分，在此基础上可插入其他的功能结构层，以完善墙体的实际构造。

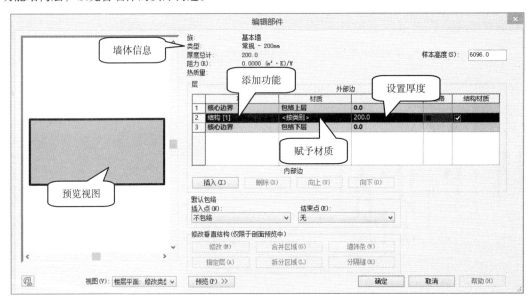

图 5-28　"编辑部件"对话框

单击功能板块前段序号，这时该行处于全部选择状态，再次单击下边的"插入"按钮，这时在选择行的上方就会出现新的添加行，内容如图 5-29 所示。

	功能	材质	厚度	包络	结构材质
1	结构 [1]	<按类别>	0.0	☑	

图 5-29　墙体构造层设置

单击功能板块下的结构[1]，单击后面的下拉菜单按钮，在弹出的下拉选项中选择新功能类型，如图 5-30 所示。

图 5-30 墙体构造层功能

按照此方式继续添加墙体的构造功能，完成后，可以选择某行，单击下面的"向上"、"向下"按钮调整功能所处的位置，如果需要删除，在选择状态下单击"删除"按钮。

在完成功能的添加后，需要对每一项功能赋予相应的材质，使得墙体在"着色"或"真实"模式下都能够呈现良好的效果，这也是信息化模型重要的一步。

单击材质面板下每行后面的▦按钮，弹出"材质浏览器"对话框，如图 5-31 所示。

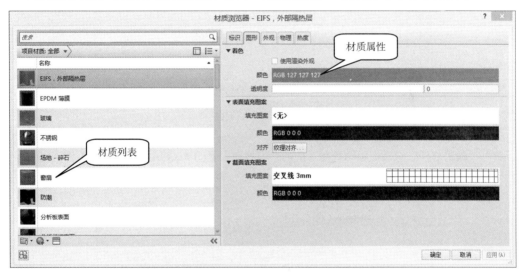

图 5-31 "材质浏览器"对话框

在材质项目列表中选取结构功能对应的材质，如果列表中没有，可以单击下方的 按钮添加新材质，选择某一材质后，在右边的材质属性框中就会显示当前材质的各种参数信息，包括颜色、外观、物理特征等，部分参数可以自行设置，完成后单击"确定"按钮，完成材质添加。

设置厚度

在每一项结构功能后面的厚度框中输入相应的数据即可，当所有的厚度值都输入完成后，"墙体信息厚度总计"一项就会显示当前墙体的总厚度值。单击确定，完成基本墙体的构造设置。

（3）叠层墙的构造设置。

叠层墙为基本墙体叠加而形成的复合墙体。

在"墙体类型"下拉菜单中选择"外部 - 砌块勒脚砖墙"，单击编辑类型，弹出如图 5-32 所示的对话框。

图 5-32 "叠层墙类型属性"对话框

单击"复制"按钮，并为新创建的墙体类型命名。

单击"编辑部件"对话框中结构所对应的编辑按钮，如图 5-33 所示。

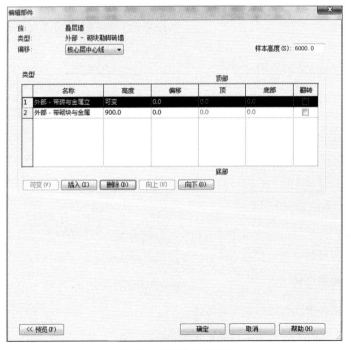

图 5-33 叠层墙构造设置

单击插入,并在名称列表中选择相应的墙体对象作为本复合墙体的子墙体,同时,设置子墙体相应参数,如高度、偏移等。单击预览,可对新创建的复合墙体类型剖面进行预览,如图 5-34 所示。

单击确定,完成叠层墙的构造设置。

5.4.2 墙体的创建

墙体是建立建筑模型过程中工程量较多的一项,可通过使用墙工具在建筑模型中创建。

【执行方式】

功能区:"建筑"选项卡→"构建"面板→"墙"下拉菜单→"墙:建筑"

快捷键:WA

【操作步骤】

(1)执行上述操作。

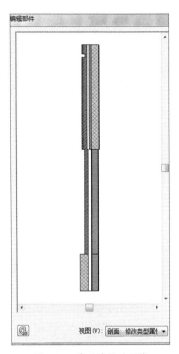

图 5-34 叠层墙构造预览

在"建筑"选项卡下"构建"面板中的"墙"下拉列表中可以看到,有建筑墙、结构墙、面墙、墙饰条、墙分隔缝 5 种类别,如图 5-35 所示,首先对建筑墙进行讲解。

(2)族类型选择器中选择相关类型,如图 5-36 所示。

图 5-35 墙下拉菜单

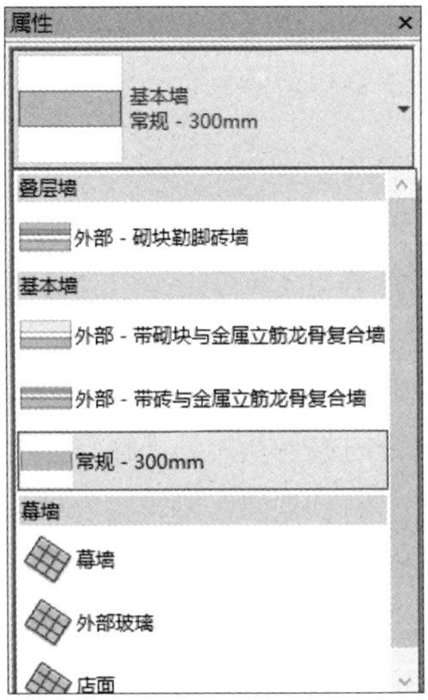

图 5-36 墙类型选择器

(3)建筑墙体的类型选择。

选择建筑墙体后,在弹出的"属性框类型"下拉列表中,可以看到如图 5-36 所示的建筑墙体,分为叠层墙、基本墙、幕墙三种类型，各个类型说明如下。

- 叠层墙：指由叠放在一起的两面或多面子墙组成的组合墙体。
- 基本墙：指在构建过程中一般的垂直结构构造墙体，其使用频率很高。
- 幕墙：指附着到建筑结构，不承担建筑的楼板或屋顶荷载的一种外墙。

（4）设置墙体属性。

选好墙体类型，如基本墙。其属性设置包括类型属性设置和实例属性设置，首先设置其类型属性。单击属性框中右上侧的"编辑类型"按钮，弹出"类型属性"对话框，如图 5-37 所示。

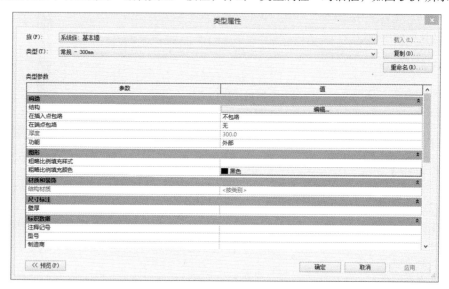

图 5-37 "类型属性"对话框

表中各项参数说明如下。

- 结构：单击后面的"编辑"按钮，在弹出的对话框中可以设置墙体的结构、材质、厚度等信息。
- 在插入点包络：设置位于插入点墙的层包络，可以包络复杂的插入对象，如非矩形对象、门和窗等。
- 在端点包络：设置墙端点处的层包络。
- 厚度：通过结构功能的设置，显示墙体的具体厚度值。
- 功能：可将创建的墙体设置为外墙、内墙、挡土墙、基础墙、核心竖井等类别。
- 粗略比例填充样式：设置在粗略比例视图中，墙的填充样式类型。
- 粗略比例填充颜色：对于粗略比例视图中墙的填充样式，可以选择相应的颜色予以区分。
- 结构材质：根据结构功能样式的添加和材质的赋予，显示材质的类型。
- 壁厚：墙体在尺寸标注时的具体厚度。
- 注释记号：注释相关信息作为备注。
- 型号：一般不适用于墙的属性。

- 制造商：一般不适用于墙的属性。
- 类型注释：标注墙类型的常规注释。
- URL：链接相关的网址信息。
- 说明：墙体的说明。
- 部件说明：基于当前所选部件代码的部件说明。
- 部件代码：从层级列表中选择的统一格式部件代码。
- 类型标记：用于指定项目中特定的墙体。
- 防火等级：用于设置墙体的防火等级级别。
- 成本：建造墙体的材料成本。
- 传热系数（U）：用于计算热传导，通常用到流体和实体之间的对流和阶段变化。
- 热阻（R）：用于测量对象或材质抵抗热流量的温度差。
- 热质量：用于测量对象或材质抵抗热流量的质量。
- 吸收率：用于测量对象吸收辐射的能力，等于吸收的辐射通量与入射通量的比率。
- 粗糙度：用于测量表面的纹理程度。
- 幕墙：勾选与否表示是否可以在墙体中插入幕墙系统。

在完成墙体的类型属性设置后，可以单击左下角的"预览"按钮查看墙体的实例样式，如果满足要求即可单击"确定"按钮，完成类型属性的设置。

选择设置好的类型属性的墙体，在属性框中来设置当前的实例属性，如图 5-38 所示。

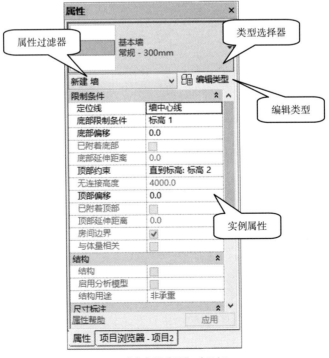

图 5-38 "墙实例属性"对话框

实例属性各项参数说明如下。

- 定位线：墙体在指定平面的定位线。
- 底部限制条件：墙体底部的起始位置，一般为某层标高。
- 底部偏移：墙体距墙体底部限制标高的距离。
- 已附着底部：指墙体底部是否附着到另一个模型构件，如楼板。
- 底部延伸距离：当墙层可以延伸时，墙层底部移动的距离。
- 顶部约束：墙体顶部的高度约束限定，一般为某层标高。
- 无连接高度：绘制墙体时，从其底部到顶部的测量高度值。
- 顶部偏移：墙体距墙体顶部限制标高的距离。
- 已附着顶部：指墙体顶部是否附着到另一个模型构件，如屋顶、天花板等。
- 顶部延伸距离：墙层顶部移动的距离。
- 房间边界：勾选与否决定着墙体是否成为房间边界的一部分。
- 与体量相关：指示当前创建的墙体图元是从体量图元创建的。
- 结构：指将当前的建筑墙体转化为结构墙体，在进行明细表统计时的划分。
- 启用分析模型：勾选后可以创建相应分析模型。
- 结构用途：指示当前创建的墙体的结构用途，承重或非承重。
- 面积：指墙体的面积。
- 体积：指墙体的体积。
- 注释：在此添加用于描述当前实例墙体的特殊注释。
- 标记：将各种特定的数值应用于项目中各墙体的标签。
- 备注：在此添加当前实例墙体的其他信息。

（5）设置墙体绘制选项栏。

- 链：勾选与否表示是否绘制一系列在端点处连接的墙分段。勾选后可以连续绘制，并形成墙链。
- 偏移量：以指定墙的定位线与光标位置或选定的线或面之间的偏移。
- 半径：用于表示绘制弧形墙体时的半径数值。

（6）绘制墙体。

在弹出的"放置墙"选项卡下"绘制"面板中选择绘制工具，进行绘制，如图 5-39 所示。

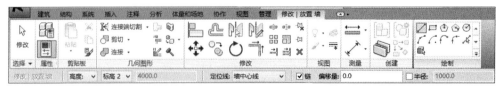

图 5-39 "放置墙上下文"选项卡

单击确定墙体的起点，移动鼠标，再一次单击确定墙体的终点，沿顺时针方向绘制墙体。如果勾选"链"，则可以在当前的绘制状态下，以墙体的终点作为下一段墙体的起点，继续绘制下一段墙体。绘制完成后，按 Esc 键退出当前状态。

5.4.3　墙体连接关系

墙体自动连接后，软件提供了平接、斜接、方接三种连接方式供操作人员调整，墙体默认的连接方式为平接。

✎【执行方式】

功能区："修改"选项卡→"几何图形"面板→"墙连接"按钮

🖱【操作步骤】

（1）执行上述操作。

（2）单击墙连接位置。

（3）切换墙体连接方式及显示样式。

将鼠标放置在墙体连接位置后，在相应选项栏可以对墙体连接方式做调整，如图 5-40 所示。

图 5-40　墙连接选项栏

选择墙连接方式，同时使用"上一个"、"下一个"可切换同一种连接方式可能出现的几种情况，如图 5-41 所示。

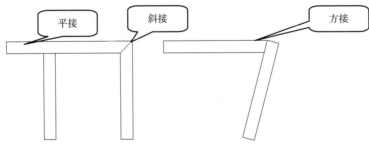

图 5-41　墙连接关系

在显示下拉菜单可以选择显示样式。使用不清理连接可在二维平面显示连接交线。

（4）墙体不连接。

若要使这两面墙体不连接，选择垂直的墙体，在拖曳点单击鼠标右键，在弹出的命令栏中选择"不允许连接"命令，如图 5-42 所示。

图 5-42　鼠标右键快捷菜单

在未连接状态下，墙体会出现"允许连接"符号，如图 5-43 所示，表示两面墙体未连接，单击允许连接符号，墙体重新回到连接状态。按 Esc 键退出当前状态。

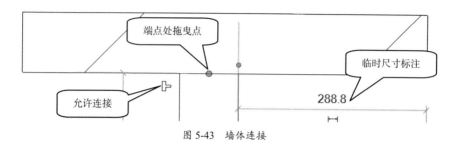

图 5-43　墙体连接

5.4.4　墙饰条的创建

通过沿着某条路径在墙体的外围创建装饰类的饰条。

【执行方式】

功能区："建筑"选项卡→"构建"面板→"墙"下拉菜单→"墙：饰条"。

【操作步骤】

（1）切换操作视图。

将视图切换到三维模式或立面视图、剖面视图，只有在这三种视图模式下，才能激活墙饰条工具，推荐在三维模式下创建。

（2）执行上述操作。

（3）选择墙饰条类型。

在实例属性类型选择器中选择需要添加的墙饰条类型。

（4）属性参数设置。

在显示的属性框中单击编辑类型按钮进入类型属性设置对话框，如图 5-44 所示。

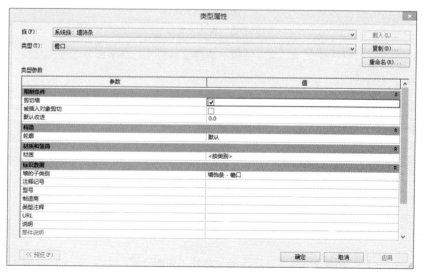

图 5-44　"墙饰条类型属性"对话框

在类型属性对话框中，设置饰条的各项参数，如材质、轮廓样式等，设置完成后单击"确定"按钮，返回绘制状态。

（5）选择墙饰条布置方式。

选择墙饰条布置方式，包括水平和垂直两种方式，如图 5-45 所示。

（6）放置墙饰条。

选择好布置方式后，在绘图区域中，鼠标处于放置状态，将光标放在墙上以高亮显示墙饰条位置，单击以放置墙饰条，如图 5-46 所示。

图 5-45　墙饰条布置方式　　　　　　　　　　　图 5-46　墙饰条放置后

如果需要对放置墙饰条进行调整，单击"放置"面板中的"重新放置墙饰条"按钮。将光标移到墙上所需的位置，单击以放置墙饰条。

放置完成后，若要调整某一墙饰条的位置高度，选择该墙饰条，在属性面板实例属性中设置"相对标高的偏移"项，如图 5-47 所示，单击"应用"按钮，即可完成该墙饰条的调整。

图 5-47　"墙饰条实例属性"对话框

5.4.5 墙分隔缝的创建

通过沿着某条路径拉伸轮廓以在外墙上创建裁切，与墙饰条的创建方法一致。

【执行方式】

功能区："建筑"选项卡→"构建"面板-"墙"下拉菜单→"墙：分隔缝"。

【操作步骤】

（1）切换操作视图。

将视图切换到三维模式或立面视图、剖面视图，只有在这两种视图模式下，才能激活墙饰条工具，推荐在三维模式下创建。

（2）执行上述操作。

（3）选择分隔缝饰条类型。

在实例属性类型选择器中选择需要添加的分隔缝类型。

（4）属性参数设置。

在显示的属性框中单击编辑类型按钮进入墙分隔缝类型属性对话框，如图 5-48 所示。

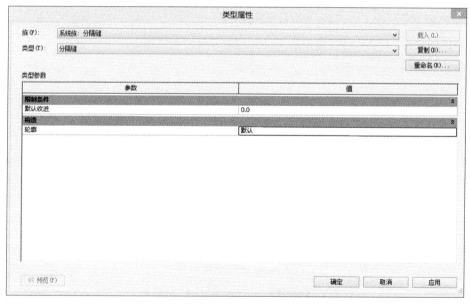

图 5-48 墙分隔缝类型属性对话框

在"类型属性"对话框中，设置饰条的各项参数，如材质、轮廓样式等，设置完成后单击"确定"按钮，返回绘制状态。

（5）选择分隔缝布置方式。

选择墙分隔缝布置方式，包括水平和垂直两种方式，如图 5-49 所示。

图 5-49　墙分隔缝布置方式

（6）放置墙分隔缝

选择好布置方式后，在绘图区域中，鼠标处于放置状态，将光标放在墙上以高亮显示墙饰条位置，单击以放置分隔缝。

如果需要对放置分隔缝进行调整，单击"放置"面板中的"重新放置分隔缝"按钮。将光标移到墙上所需的位置，单击以放置分隔缝。

放置完成后，若要调整某一墙饰条的位置高度，选择该分隔缝，在属性面板实例属性中设置"相对标高的偏移"项，单击"应用"按钮，即可完成该分隔缝的调整。

5.4.6　编辑墙轮廓

一般在创建墙体时，墙的轮廓为矩形，如果在设计中墙体有其他的轮廓样式，就需要对墙体进行轮廓的编辑。

【执行方式】

功能区："修改墙上下文"选项卡→"模式"面板→"编辑轮廓"

【操作步骤】

（1）将视图切换到立面视图或剖面视图。

（2）选择墙体，单击"编辑轮廓"进入编辑轮廓草图绘制状态，此时，墙的轮廓线以洋红色的模型线显示，如图 5-50 所示。

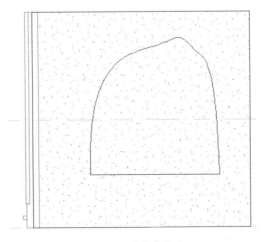

图 5-50　墙轮廓草图

（3）配合使用"修改"面板下"绘制"相关工具，将墙的轮廓修改成符合设计要求的轮廓形式，需要注意的是，在绘制草图轮廓时必须保证轮廓草图线形成闭合区域。单击"上下文"选项卡下"模式"面板中的"完成"按钮，墙轮廓修改完成。

（4）若要将已编辑完成的墙体恢复到其原始形状，选择该墙，然后单击"模式"面板下的"重设轮廓"按钮。

📖 提示

不能编辑弧形墙的立面轮廓。若要在弧形墙上放置如洞口等，可以使用墙洞口工具。

5.4.7　墙洞口的创建

通过使用墙洞口工具，可以为矩形墙体或弧形墙体剪切创建矩形洞口。

📏【执行方式】

功能区："建筑"选项卡→"洞口"面板→"墙洞口"

🖱【操作步骤】

（1）切换至操作相关视图。

将视图切换到立面视图或剖面视图。

（2）执行上述操作。

（3）绘制墙洞口。

将鼠标光标移动到绘图区域，并将光标放在墙边缘，当高亮显示时单击。将鼠标光标移动到墙上，单击作为洞口的起点，继续沿斜下方向滑动鼠标到另一点单击，作为洞口终点，

（4）调整墙洞口位置和大小。

配合使用临时尺寸标注，将洞口的大小尺寸以及准确位置锁定，按 Esc 键退出当前状态，这样矩形洞口就创建好了。选择墙洞口，其属性对话框如图 5-51 所示。通过该对话框中的顶部偏移、底部偏移、无连接高度、底部限制条件、顶部约束等选项的设定，也可以准确控制洞口大小和位置。

图 5-51　墙洞口实例属性对话框

📖 **提示**

> 墙洞口工具可以在直墙或弯曲墙上剪切矩形洞口，墙轮廓编辑可以在直墙上剪切圆形或多边形洞口。

↘ 实操实练-04　墙体的布置

（1）打开"建筑—柱"项目，在项目浏览器下，展开楼层平面目录，双击 1F_±0.000 名称进入标高 1 楼层平面视图。

（2）单击"建筑"选项卡下"墙"下拉列表中的"建筑墙"按钮，在类型选择器中选择某一尺寸厚度的常规墙体，在类型属性参数中复制创建尺寸厚度为 250mm 的别墅外墙。在"编辑部件"对话框中设置墙体的功能、厚度、材质，如图 5-52 所示。

	功能	材质	厚度	包络	结构材质
1	面层 1 [4]	外墙材质	10.0	☑	
2	**核心边界**	**包络上层**	**0.0**		
3	结构 [1]	砌体-普通砖 75x225mm	250.0	☐	☑
4	**核心边界**	**包络下层**	**0.0**		
5	面层 2 [5]	内墙墙面	4.0	☑	

图 5-52　墙构造层设置

（3）设置墙体功能为外部，插入点及端点的包络均为外部。设置完成后单击"确定"按钮返回。

（4）在类型选择器中选择刚刚复制创建的 250mm 别墅外墙，在属性框中设置定位线为核心层中心线，底部标高为 1F_±0.000，底部偏移 –300.0，顶部约束为女儿墙_10.200，顶部偏移为 0.0，如图 5-53 所示。完成后单击"应用"按钮。

限制条件	⌃
定位线	核心层中心线
底部限制条件	1F_±0.000
底部偏移	-300.0
已附着底部	☐
底部延伸距离	0.0
顶部约束	直到标高: 女儿墙_10.200
无连接高度	10500.0
顶部偏移	0.0
已附着顶部	☐
顶部延伸距离	0.0
房间边界	☑
与体量相关	☐

图 5-53　墙实例属性对话框

（5）勾选选项栏中的"链"复选框，不设置偏移量，不勾选半径复选框，如图 5-54 所示。

图 5-54　墙放置选项栏

（6）单击轴线 1-D 的交点作为绘制墙体的起点，顺时针绘制别墅的外墙，绘制完成后，按 Esc

键两次退出绘制墙状态，切换到三维视图下查看完成后的效果。

（7）按照上述步骤继续复制创建其他尺寸厚度的墙体，设置完成相关参数后，在轴网中接着绘制。

（8）将项目文件另存为"建筑—墙"，完成对该项目墙体的绘制，如图 5-55 所示。

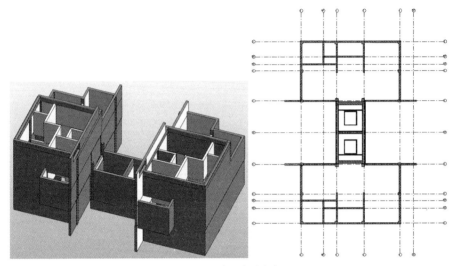

图 5-55　墙体布置完成

5.5　门

门是基于墙主体的构件族，门必须放置在墙体之上。

✎ 预习重点

　◎ 门的载入，门的创建。

5.5.1　门的载入

门是基于墙体的主体族，在 Revit 软件中，可以通过载入族的方式将项目需要的门类型载入到项目中。

📏【执行方式】

功能区："建筑"选项卡→"构建"面板→"门"按钮

快捷键：DR

🖱️【操作步骤】

（1）执行上述操作，在弹出的"放置门"选项卡中，单击"模式"面板下的"载入"族按钮，在弹出的"载入族"对话框中，找到门的构件族文件，如图 5-56 所示。

图 5-56　门载入族对话框

5.5.2　门的布置

门族载入后，设置其参数信息，然后就可以把门插入到项目中的墙体上。

【执行方式】

功能区："建筑"选项卡→"构建"面板→"门"按钮

快捷键：DR

【操作步骤】

（1）切换门布置操作视图。

放置门时，可以在楼层平面视图中放置，也可以在三维视图、立面视图以及剖面视图中放置。

（2）执行上述操作。

（3）门的属性设置。

在类型选择器下拉菜单中选取某一门类型，单击"编辑类型"按钮，如图 5-57 所示，弹出门类型属性对话框，如图 5-58 所示。

调整门的构造、材质、尺寸等参数信息，调整完成后单击"确定"按钮返回放置状态，同样地，这时再调整属性框中的实例属性以及选择栏中的信息。

（4）门的布置。

调整完成各个参数后，可将鼠标光标移动到绘图区域进行布置。门是基于主体的构件族，将鼠标光标移动到无墙体区域时，显示状态为不能放置；而移动到墙体平面上时，会显示门的平面视图，使用鼠标确定放置位置，单击，完成门的布置。

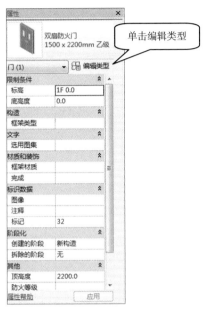

图 5-57　门实例属性类型选择器

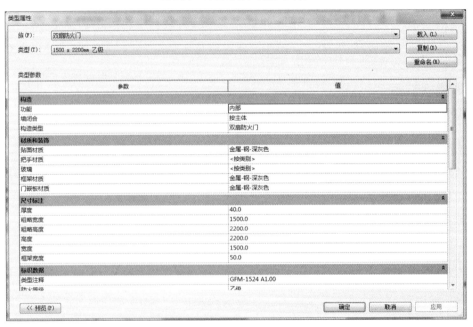

图 5-58　门类型属性对话框

5.5.3　门的调整

将门放置到墙体上后，还需调整门的准确位置、开门方向及门板的翻转方向。

【操作步骤】

选择已放置的门构件，这时会激活针对该门的设置符号，如图 5-59 所示。

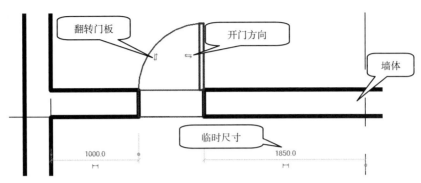

图 5-59 门的调整

通过临时尺寸标注可确定门的准确位置；然后再单击翻转门板和开门方向设置按钮调整门的方向，也可使用空格键进行切换，完成后按 Esc 键退出当前状态。

↘ 实操实练-05 门的添加

（1）打开"建筑—墙"项目，在项目浏览器下，展开楼层平面目录，双击 1F_±0.000 名称进入标高 1 楼层平面视图。

（2）单击"建筑"选项卡下的"门"按钮，在类型选择器中选择单扇平开格栅门类型，在类型属性参数中复制创建尺寸为 1 000mm×2 100mm 的新尺寸类型。在"材质和装饰"栏下设置门的框架、把手、贴面及门嵌板等的材质，如图 5-60 所示。完成后单击"确定"按钮保存并返回。

材质和装饰		
玻璃	别墅门玻璃	
框架材质	别墅门边框材质	
把手材质	金属 - 不锈钢，抛光	
贴面材质	别墅门边框材质	
门嵌板材质	别墅门边框材质	
尺寸标注		
厚度	50.0	
粗略宽度	1000.0	
粗略高度	2100.0	
框架宽度	45.0	
高度	2100.0	
宽度	1000.0	

图 5-60 门参数调整

（3）移动鼠标光标至需要放置该类型门的墙平面上，左右滑动鼠标选择放置位置，单击进行放置，通过修改临时尺寸值将放置的门调整到准确的位置上，如图 5-61 所示。

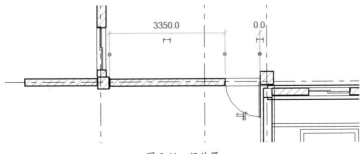

图 5-61 门放置

（4）通过单击门控制柄来调整门垛位置及开门方向。

（5）按照上述步骤继续复制创建其他门类型的尺寸，设置完成相关参数后，在相关的墙体中接着放置。

（6）将项目文件另存为"建筑—门"，完成对该项目门的放置，如图5-62所示。

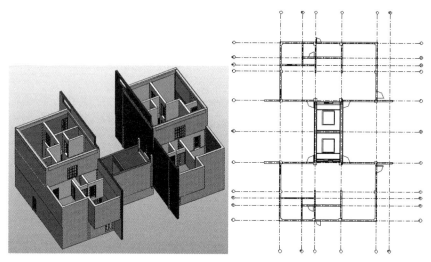

图5-62　完成门的放置

5.6　窗

窗是基于主体的构件族，使用窗工具可以在墙上放置窗或在屋顶放置天窗。

✎ **预习重点**

◎ 窗的载入、窗的创建。

5.6.1　窗的载入

窗与门的载入方法相同，可以通过载入族的方式将项目需要的窗类型载入到项目中。

📏 **【执行方式】**

功能区："建筑"选项卡→"构建"面板→"窗"按钮

快捷键：WN

🖱 **【操作步骤】**

（1）执行上述操作，在弹出的"放置窗上下文"选项卡中，单击"模式"面板下的"载入族"按钮，在弹出的"载入族"对话框中，找到窗的构件族文件，如图5-63所示。

（2）单击"打开"按钮，有时会弹出如图5-64所示的"指定类型"选择面板，在该面板下选择项目中需要的窗尺寸类型。

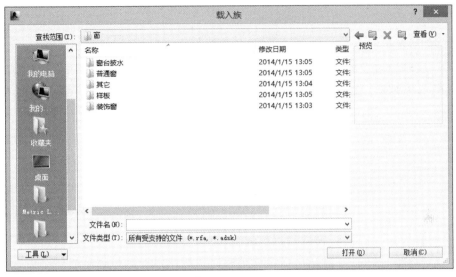

图 5-63　窗载入族对话框

图 5-64　指定载入族类型

（3）单击选择某一类型，单击"确定"按钮，将选择的族文件载入到当前项目中，这时在属性框中类型选择器下拉列表中就可以找到新载入进来的窗类型。

5.6.2　窗的布置

将需要的窗族载入后，设置其参数信息，就可以把窗插入到项目中的墙体上。

【执行方式】

功能区："建筑"选项卡→"构建"面板→"窗"按钮

快捷键：WN

【操作步骤】

（1）切换窗布置操作视图。

放置窗时，可以在楼层平面视图中放置，也可以在三维视图、立面视图及剖面视图中放置。

（2）执行上述操作。

（3）窗的属性设置。

在类型选择器下拉菜单中选取某一窗类型，单击"编辑类型"按钮，在弹出的窗类型属性对话框中，如图 5-65 所示，调整窗的构造、材质、尺寸等参数信息，调整完成后单击"确定"按钮返回放置状态。

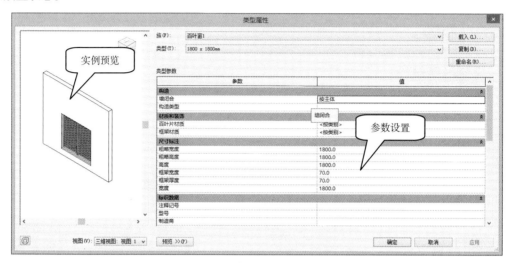

图 5-65　窗类型属性对话框

参数说明如下。

- 墙闭合：用于设置窗周围的层包络，替换主体中的任何设置。
- 构造类型：窗的构造类型。
- 百叶片材质：窗中百叶片的材质类型。
- 框架材质：窗外框架的材质类型设置。

类型属性设置完成后，在属性框中设置类型的实例属性，主要设置窗的底高度，在"上下文"选项卡中设置在放置时是否标记。

（4）窗的布置。

调整完成各个参数后，可将鼠标光标移动到绘图区域进行放置。窗是基于主体的构件族，当鼠标光标移动到无墙体区域时，显示状态为不能放置；当移动到墙体平面上时，会显示窗的平面视图，通过鼠标确定放置位置后，单击，完成放置。

5.6.3　窗的调整

将窗放置到墙体上后，还需调整窗的准确位置，以及是否需要翻转实例面。

【执行方式】

功能区："建筑"选项卡→"构建"面板→"窗"按钮

【操作步骤】

（1）选择放置的窗构件，软件会激活相应的设置参数，如图 5-66 所示。

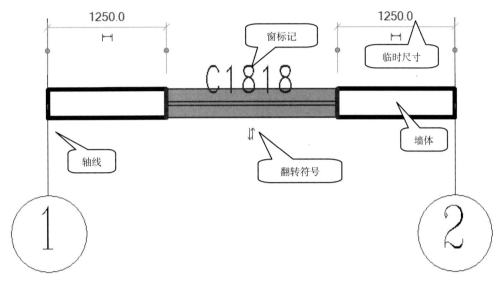

图 5-66　窗的放置

（2）通过临时尺寸标注可以对窗进行精确定位。

（3）单击翻转符号可以调整窗的布置方位，使用空格键也可完成该操作。

（4）完成后按 Esc 键退出当前状态。

实操实练-06　窗的添加

（1）打开"建筑—门"项目，在项目浏览器下，展开楼层平面目录，双击 1F_±0.000 名称进入标高 1 楼层平面视图。

（2）单击"建筑"选项卡下的"窗"按钮，在类型选择器中选择双层单列组合窗类型，在类型属性参数中复制创建尺寸为 1 800mm×2 200mm 的新尺寸类型。在"材质和装饰"栏下设置窗玻璃以及框架的材质，如图 5-67 所示。完成后单击"确定"按钮保存并返回。

材质和装饰	☆
玻璃	别墅窗玻璃
框架材质	别墅窗材质
尺寸标注	☆
粗略宽度	1800.0
粗略高度	2250.0
高度	2250.0
框架宽度	50.0
框架厚度	80.0
上部窗扇高度	600.0
宽度	1800.0

图 5-67　窗类型参数设置

（3）在属性框中设置窗的底高度为 900，单击"应用"按钮。移动鼠标光标至需要放置该类型窗的墙平面上，左右滑动鼠标选择放置位置，单击进行放置，通过修改临时尺寸值将放置的窗调整到准确的位置上，如图 5-68 所示。

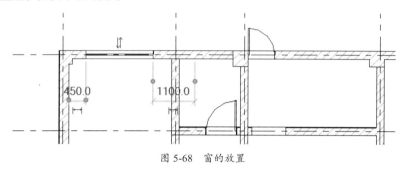

图 5-68　窗的放置

（4）通过单击窗控制柄来翻转窗的内外面方向。

（5）按照上述步骤继续复制创建其他窗类型的尺寸，设置完成相关参数后，在相关的墙体中接着放置。

（6）将项目文件另存为"建筑—窗"，完成对该项目窗的放置，如图 5-69 所示。

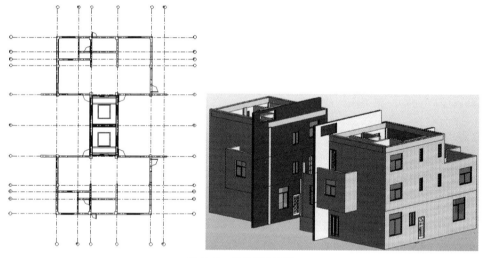

图 5-69　完成窗的放置

5.7　幕墙

幕墙是一种特殊的墙体，幕墙的绘制方式、幕墙门窗的添加均和普通墙体不同。

✎ 预习重点

◎ 幕墙绘制、网格划分、幕墙门窗添加等。

5.7.1　幕墙的分类

在 Revit 软件中，幕墙根据其绘制形式，分为线性幕墙和面幕墙，面幕墙又称为幕墙系统。线性幕墙创建方式与基本墙体创建类似，而幕墙系统一般基于体量模型创建，并可根据体量模型面的变化而变化。图 5-70 所示为幕墙。

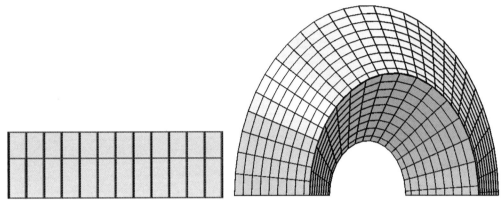

图 5-70　幕墙

5.7.2　线性幕墙的绘制

【执行方式】

功能区："建筑"选项卡→"构建"面板→"墙"下拉菜单→"墙：建筑"

快捷键：WA

【操作步骤】

（1）切换到需要绘制幕墙的平面视图。

（2）执行上述操作。

（3）选择幕墙类型。

在弹出的属性框中，单击实例属性类型下拉菜单，可以看到幕墙的类型，如图 5-71 所示，系统默认幕墙类型有三种，即幕墙、外部玻璃和店面。选择其中任意一种幕墙类型。

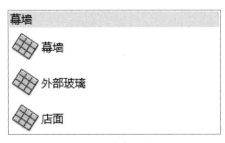

图 5-71　幕墙的类型

其中，幕墙没有网格或竖梃。未设置网格划分规则。此墙类型的灵活性最强。外部玻璃具有预设网格。店面具有预设网格和竖梃。

（4）设置幕墙属性。

按照上述方式进入到幕墙绘制状态，单击属性框中的"编辑类型"按钮，软件弹出幕墙类型属性对话框，如图 5-72 所示。

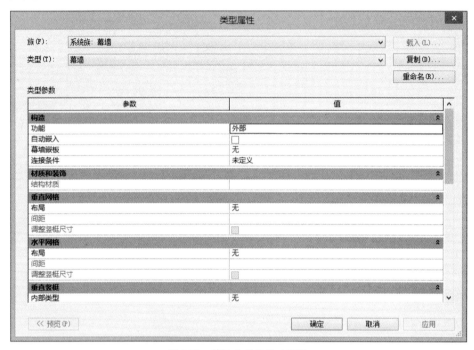

图 5-72　幕墙类型属性对话框

部分参数说明如下。

- 功能：指明墙体的功能为外部、内部、挡土墙、基础墙、檐底板或核心竖井中的某一种。
- 自动嵌入：指示幕墙是否自动嵌入到墙体中。
- 幕墙嵌板：设置幕墙中需要插入某图元时嵌板的族类型。
- 连接条件：控制在某个幕墙图元类型中在交点处的连接方式。
- 布局：沿幕墙长度设置幕墙网格线的自动垂直/水平布局方式。
- 间距：当"布局"设置为"固定距离"或"最大间距"时启用。间距值为固定值、最小值、最大值。
- 调整竖梃尺寸：指示调整类型从网格线的位置，以确保幕墙嵌板的尺寸相等。
- 内部类型：指定内部垂直/水平竖梃的竖梃族类型。
- 边界 1 类型：指定左边界上垂直/水平竖梃的竖梃族类型。
- 边界 2 类型：指定右边界上垂直/水平竖梃的竖梃族类型。
- 壁厚：指示幕墙的整体厚度值。

完成类型属性参数的设置后，单击"确定"按钮返回到属性框中，进一步设置实例属性参数，如图 5-73 所示。

图 5-73 幕墙实例属性对话框

部分参数说明如下。

- 房间边界：勾选与否指示创建的幕墙是否为房间边界的一部分。
- 与体量相关：指示此图元是从体量图元创建而来的。该值为只读。
- 编号：指示幕墙图元的特别编号，一般为只读。
- 对正：网格间距无法平均分割幕墙图元面的长度时，如何沿幕墙图元面调整网格间距。
- 角度：将幕墙网格旋转到输入的指定角度位置上。
- 偏移量：从距离网格对正点的指定距离开始放置幕墙网格。
- 长度：指示幕墙的长度，该值为只读。
- 面积：指示幕墙的面积，该值为只读。

（5）绘制幕墙。

设置完成幕墙的类型属性和实例属性参数后，在"修改 | 放置墙上下文"选项卡下"绘制"面板中，选取某种绘制方式，在绘图区域中指定位置单击作为幕墙的起点，拖动鼠标到另一位置上单击作为幕墙的终点，幕墙的创建可以单独绘制，也可以在墙体中嵌入式绘制。

绘制完成后，将视图切换到三维视图界面，查看幕墙效果。

5.7.3 幕墙系统的创建

【执行方式】

功能区："建筑"选项卡→"构建"面板→"幕墙系统"

【操作步骤】

（1）切换至相关操作视图，建议使用三维视图。

（2）执行上述操作，选择要添加到幕墙的面，如图 5-74 所示。

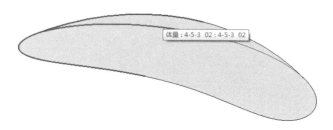

图 5-74 体量

当体量模型包含多个面，可使用 Tab 键切换选择，选择完面后，单击功能区的"创建系统"，完成幕墙系统的创建，如图 5-75 所示。

图 5-75 幕墙系统

5.7.4 幕墙网格的划分

幕墙绘制完成后，通过绘制幕墙网格，将幕墙划分为指定大小的网格。网格的绘制有两种方式，一种为手动，一种为自动，当相邻网格的间距不统一时，可手动去绘制网格。下面分别简要介绍两种网格的划分方式。

1. 幕墙网格自动划分

【操作步骤】

（1）选择需要自动划分网格的幕墙图元。

（2）设置幕墙属性中的布局模式。

选择需要修改的幕墙，单击属性框中的"编辑类型"按钮进入到类型属性设置对话框，分别设置幕墙的布局模式和相关间距，如图 5-76 所示，设置完成后单击"确定"按钮。

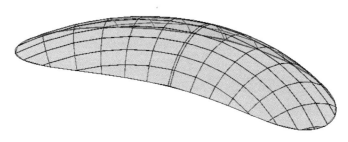

垂直网格		⌃
布局	固定距离	
间距	1500.0	
调整竖梃尺寸	☑	
水平网格		⌃
布局	固定距离	
间距	1800	
调整竖梃尺寸	☑	

图 5-76 幕墙类型参数设置

单击属性框中"编辑类型"按钮，弹出幕墙类型属性对话框，如图 5-77 所示。

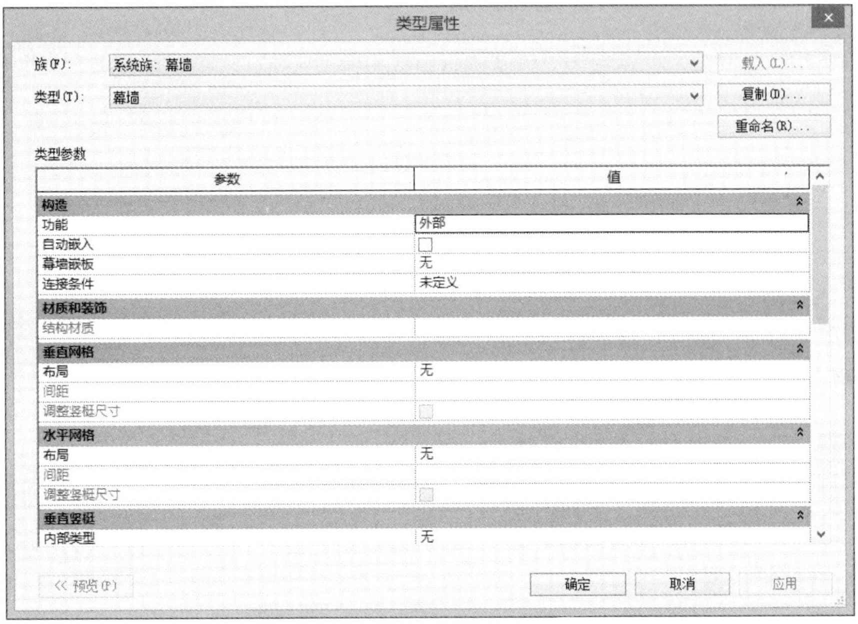

图 5-77　幕墙类型属性对话框

2．幕墙网格手动划分

【执行方式】

功能区："建筑"选项卡→"构建"面板→"幕墙网格"

【操作步骤】

（1）切换至相关操作视图，建议使用立面图或剖面图。

（2）网格划分。

执行上述操作，在弹出的"上下文"选项卡的"放置"面板上出现 3 种划分方式，如图 5-78 所示。

图 5-78　网格划分方式

选取其中的某一种方式，将光标移动到绘图区域中的幕墙上，这时在幕墙上就会出现随鼠标光标移动的网格线和临时尺寸标注，单击放置，网格生成，通过临时尺寸标注进行精确定位。水平和垂直的网格创建完成后，选择某网格，通过"添加/删除线段"来修改网格线。

5.7.5 添加竖梃

完成网格线的绘制后，可以网格线为基础，生成相应的竖梃，竖梃的生成方式和网格线类似，有手动和自动两种方式。

1. 竖梃属性设置

【执行方式】

功能区："建筑"选项卡→"构建"面板→"竖梃"

【操作步骤】

（1）执行上述操作。

（2）类型属性设置。

在竖梃属性框实例类型下拉菜单中，选取某一种类型的竖梃，单击"编辑类型"按钮进入到竖梃类型属性对话框，如图 5-79 所示。

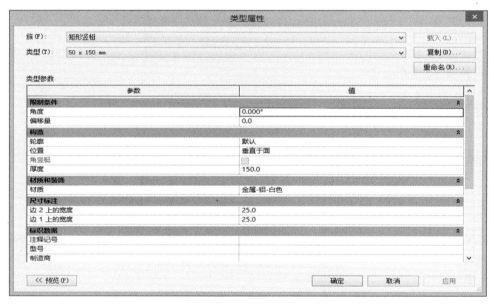

图 5-79　竖梃类型属性对话框

参数说明如下。

- 角度：设置旋转竖梃轮廓的角度值。
- 偏移量：设置竖梃距嵌板的偏移值。
- 轮廓：设置竖梃的轮廓，可以自定义创建轮廓。
- 位置：旋转竖梃轮廓，"垂直于面"、"与地面平行"适用于倾斜的幕墙嵌板类型。
- 角竖梃：指示竖梃是否为角竖梃。
- 厚度：设置竖梃的厚度值。

- 材质：设置竖梃的材质类型。
- 边 2 上的宽度：设置右边竖梃的宽度。
- 边 1 上的宽度：设置左边竖梃的宽度。

设置完成竖梃的类型参数后，单击"确定"按钮完成竖梃属性设置。

2．手动添加

【执行方式】

功能区："建筑"选项卡→"构建"面板→"竖梃"

【操作步骤】

（1）执行上述操作。

（2）选择竖梃类型。

（3）选择竖梃添加方式并添加竖梃。

在弹出的"上下文"选项卡"放置"面板上出现了三种添加方式，如图 5-80 所示。

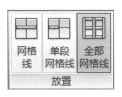

图 5-80　竖梃添加方式

选取某一种添加方式，将光标移动到绘图区域，拾取幕墙上的网格线，高亮显示时单击，这时在网格线处就会生成竖梃。

3．自动添加

【操作步骤】

（1）选择需要添加竖梃的幕墙。

（2）设置幕墙类型属性中竖梃的相关参数。

单击属性框中的"编辑类型"按钮进入到类型属性设置对话框，分别在垂直竖梃、水平竖梃下设置对应的参数值，如图 5-81 所示。

垂直竖梃		
内部类型	矩形竖梃：50 x 150 mm	
边界 1 类型	矩形竖梃：50 x 150 mm	
边界 2 类型	矩形竖梃：50 x 150 mm	
水平竖梃		
内部类型	矩形竖梃：50 x 150 mm	
边界 1 类型	矩形竖梃：50 x 150 mm	
边界 2 类型	矩形竖梃：50 x 150 mm	

图 5-81　幕墙竖梃设置

设置好参数后，单击"确定"按钮，完成竖梃的添加。

5.7.6 幕墙门、窗的添加

幕墙是一种特殊的墙体，普通门窗无法直接放置在幕墙上。幕墙门窗的放置方式一致，通过幕墙门窗嵌板替换完成放置。

【操作步骤】

（1）载入幕墙门窗嵌板族。

（2）幕墙嵌板的划分。

在幕墙上绘制网格线，用网格线将幕墙划分为单块的嵌板，嵌板大小与即将放置的门窗尺寸相同。

（3）嵌板置换。

将光标移到放置门窗位置的嵌板边界，通过使用"Tab"键来回切换，选择该块嵌板，然后在属性框实例类型下拉菜单中找到载入进来的幕墙门或幕墙窗族，单击"应用"按钮，完成幕墙门窗的添加，如图 5-82 所示。

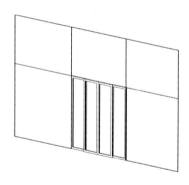

图 5-82　完成幕墙门窗的添加

➘ 实操实练-07　幕墙的创建与调整

（1）打开"建筑—屋顶"项目，在项目浏览器下，展开楼层平面目录，双击 1F_±0.000 名称进入标高 1 楼层平面视图。

（2）单击"建筑"选项卡下的"墙"按钮，在下拉菜单中选择建筑墙，在类型选择器中选择幕墙类型，在类型属性参数中设置幕墙的功能为外部，设置连接条件为垂直网格连续，如图 5-83 所示。完成后单击"确定"按钮保存并返回。

构造		⌃
功能	外部	
自动嵌入	☑	
幕墙嵌板	无	
连接条件	垂直网格连续	

图 5-83　幕墙类型属性对话框

（3）在属性框中，设置幕墙的底部限制条件为 1F_±0.000，底部偏移值为 −300，顶部约束为玻璃装饰顶_11.150，顶部偏移为 0.0，如图 5-84 所示。

限制条件	
底部限制条件	1F_±0.000
底部偏移	-300.0
已附着底部	☐
顶部约束	直到标高: 玻璃装饰顶_11.150
无连接高度	11450.0
顶部偏移	0.0
已附着顶部	☐
房间边界	☑
与体量相关	☐

图 5-84　幕墙实例属性对话框

（4）将光标移动到 2、3 轴线间，在外墙的一侧来绘制幕墙。

（5）使用"建筑"选项卡下的"幕墙网格"工具，对幕墙的每一面的横、纵方向都进行网格划分。

（6）使用竖梃工具，在"上下文"选项卡中选择全部网格线按钮，单击已划分好的网格线生成相应的竖梃。

（7）按照上述步骤继续绘制别墅另一边的幕墙。

（8）将项目文件另存为"建筑—外立面幕墙"，完成对该项目幕墙的创建，如图 5-85 所示。

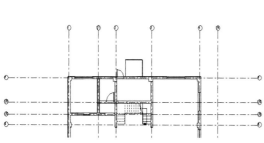
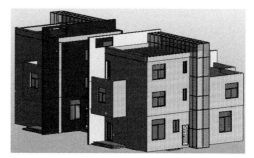

图 5-85　完成幕墙的创建

5.8　楼板

楼板是基于标高，通过拾取墙或者使用"线"工具绘制楼板边界而创建的。

✎ **预习重点**

◎ 楼板的构造和创建。

5.8.1　建筑楼板的构造

本节主要介绍楼板的构造，包括楼板的功能、材质和厚度设置等。

【执行方式】

功能区："建筑"选项卡→"构建"面板→"楼板"下拉菜单→"楼板：建筑"或"楼板：结构"

【操作步骤】

（1）执行上述操作。

（2）选择楼板类型。

（3）对楼板构造进行设置。

在楼板属性对话框中单击编辑类型，打开"编辑部件"对话框，系统默认的楼板已有的功能只有结构一部分，在此基础上可插入其他的功能结构层，以完善其实际构造，如图 5-86 所示。

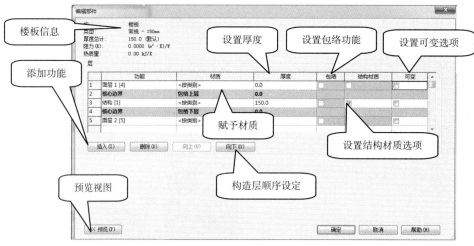

图 5-86 楼板构造设置对话框

单击功能板块前段的序号，这时该行处于全部选择状态，再次单击下边的"插入"按钮，这时在选择行的上方就会出现新的添加行，如图 5-87 所示。

功能	材质	厚度	包络	结构材质
1	结构 [1]	<按类别>	0.0	☑	

图 5-87 添加楼板构造

单击功能板块下的"结构[1]"，单击后面的下拉菜单按钮，在弹出的下拉选项中选择新功能类型，如图 5-88 所示。

图 5-88 楼板功能区的选择

构造层添加完成后，可以选择某行，单击下面的"向上"、"向下"按钮调整功能所处的位置，如果需要删除，在选择状态下单击"删除"按钮即可完成。

在完成功能的添加后，需要对每一项功能赋予相应的材质。单击"材质"面板下每行后面的 按钮，弹出"材质浏览器"对话框，如图 5-89 所示。

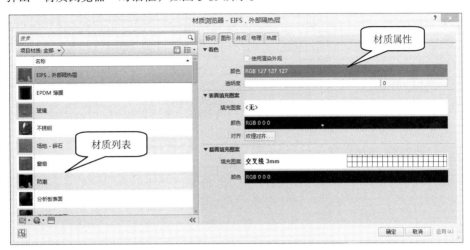

图 5-89 "材质浏览器"对话框

在材质项目列表中选取结构功能对应的材质，完成材质的添加。

在每一项结构功能后面的厚度框中输入相应的数据即可，当所有的厚度值都输入完成后，在"墙体信息厚度总计"一项就会显示当前墙体的总厚度值。单击"确定"按钮，完成楼板的构造设置。

5.8.2 楼板的创建

【执行方式】

功能区："建筑"选项卡→"构建"面板→"楼板"下拉菜单→"楼板：建筑"

【操作步骤】

（1）设置绘制平面。

楼板是基于某标高而绘制的，在项目浏览器楼层平面目录下双击楼层标高，进入到对应的楼层平面。

（2）设置楼板参数。

楼板的参数设置也包括类型属性和实例属性的设置，其中主要的参数有楼板的材质、厚度、功能以及自标高的高度偏移值等，如图 5-90 所示。

（3）绘制边界。

在"绘制"面板上选取绘制方式，在绘图区域绘制楼板的边界线，如图 5-91 所示。需要注意的是，楼板边界轮廓必须为闭合环。

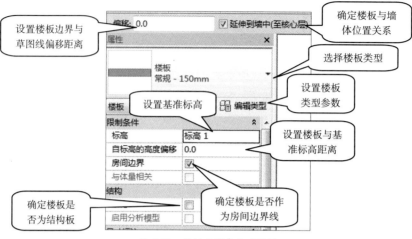

图 5-90 楼板实例参数对话框

图 5-91 楼梯草图线

若要在楼板上开洞,可以在需要开洞的位置绘制另一个闭合环,如图 5-92 所示。

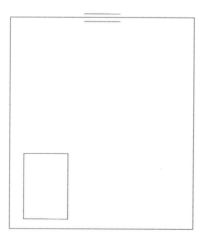

图 5-92 预留洞口楼板草图

（4）设置坡度箭头。

当楼板存在一定坡度时，可绘制坡度箭头。选择坡度箭头，在其实例属性中设置相应的参数，如坡度、首高、尾高等参数，控制楼板坡度，如图 5-93 所示。

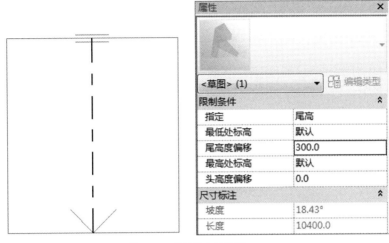

图 5-93　楼板坡度的设置

（5）设置楼板跨方向。

通过使用楼板跨方向符号可更改钢面板的方向，如图 5-94 所示。

设置好跨方向后，单击绿色按钮完成编辑状态，完成楼板的绘制。

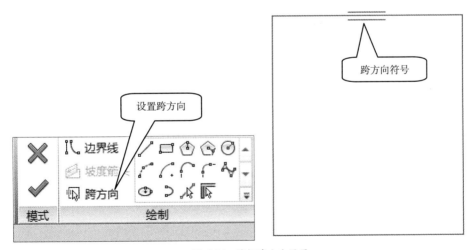

图 5-94　楼板跨方向设置

（6）编辑楼板。

完成楼板的生成后，可以在平面视图以及三维视图中查看楼板的效果，若需要修改楼板，单击选择楼板，在弹出的"上下文"选项卡"模式"面板中，单击"编辑边界"按钮，软件会跳转至楼板编辑模式，此时可以对楼板进行再次的编辑，单击绿色按钮完成编辑。

5.8.3 修改楼板子图元

✐ 【执行方式】

功能区：选择楼板→"修改"选项卡→"修改|楼板"→"形状编辑"面板

🖰 【操作步骤】

（1）修改子图元。

执行上述操作，单击功能区中的"修改子图元"按钮，如图 5-95 所示。

图 5-95 "形状编辑"面板

所选楼板会以所组成的点、线元素显示，提示为绿色，如图 5-96 所示。

图 5-96 楼板编辑状态

楼板子图元进入编辑状态后，单击子图元，输入相对高程，调整楼板形状，如图 5-97 所示。

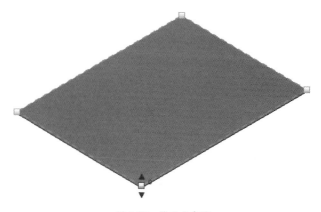

图 5-97 修改点高程

（2）添加点。

单击添加点，可在楼板范围内任意位置添加控制点，如图 5-98 所示。

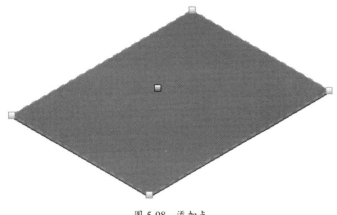

图 5-98　添加点

（3）添加分割线。

单击添加分割线，即可在楼板范围内添加相应分割线，同时在分割线端点处自动产生控制点，如图 5-99 所示。

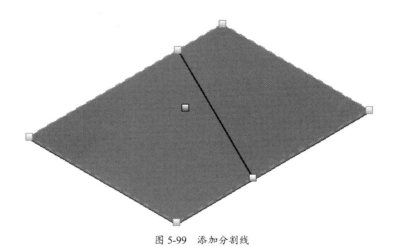

图 5-99　添加分割线

（4）拾取支座。

通过拾取支座，可以根据支座位置添加分割线，同时将楼板与支座结合起来。

❯ 实操实练-08　楼板的创建

（1）打开"建筑—窗"项目，在项目浏览器下，展开楼层平面目录，双击 1F_±0.000 名称进入标高 1 楼层平面视图。

（2）单击"建筑"选项卡下的"楼板"按钮，在下拉菜单中选择建筑楼板，在类型选择器中选

择常规 –100mm 楼板类型，在类型属性参数中复制创建命名为一层楼板的新类型。将楼板功能设置为内部，并在结构编辑部件中设置楼板的各功能层以及对应的材质，如图 5-100 所示。完成后单击"确定"按钮保存并返回。

	功能	材质	厚度	包络	结构材质	可变
1	核心边界	包络上层	0.0			
2	结构 [1]	木地板	100.0	☐	☑	☐
3	核心边界	包络下层	0.0			

图 5-100　设置楼板构造

（3）在属性框中设置自标高的高度偏移值为 0，单击"应用"按钮。在绘制工具中选择直线工具，按照墙体边界绘制一个闭合的轮廓线，完成后单击✔按钮退出草图绘制模式。

（4）切换到三维模式查看完成后的楼板样式，可选中创建完成后的楼板，单击"编辑边界"按钮，对楼板的轮廓进行二次修改。

（5）按照上述步骤继续复制创建其他厚度尺寸的楼板类型，设置完成相关参数后，在对应的楼层平面上进行绘制。

（6）将项目文件另存为"建筑—楼板"，完成对该项目楼板的创建，如图 5-101 所示。

图 5-101　完成楼板的添加

5.9　洞口

使用"洞口"工具可以在墙、楼板、天花板、屋顶、结构梁、支撑和结构柱等图元上剪切洞口。

✎ 预习重点

◎ 各洞口的特点和创建。

5.9.1　洞口的类型

在"建筑"选项卡下的"洞口"面板，如图 5-102 所示，可以看到洞口的类型有面洞口、竖井洞口、墙洞口、垂直洞口和老虎窗洞口 5 种类型。

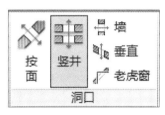

图 5-102 "洞口"面板

5.9.2 面洞口的特点和创建

通过面洞口工具可以创建一个垂直于屋顶、楼板或天花板选定面的洞口，洞口方向始终保持与选择面垂直。

【执行方式】

功能区："建筑"选项卡→"洞口"面板→"按面"

【操作步骤】

（1）切换到需要创建面洞口的视图。

（2）执行上述操作。

（3）在需要开洞的建筑构件中选择一个面，软件自动切换到草图模式。

（4）绘制所需洞口轮廓，如图 5-103 所示。

图 5-103 面洞口轮廓草图

（5）完成洞口的创建，如图 5-104 所示。

图 5-104　面洞口

5.9.3　垂直洞口的特点和创建

通过垂直洞口工具可以剪切一个贯穿屋顶、天花板或楼板的洞口，洞口始终保持垂直方向。

📏【执行方式】

功能区："建筑"选项卡→"洞口"面板→"垂直"

🖱【操作步骤】

（1）将视图切换到楼层平面。

（2）执行上述操作。

（3）选择建筑构件对象，软件自动切换到草图模式，利用"绘制"面板中的工具来绘制洞口的边界线，如图 5-105 所示。

图 5-105　垂直洞口轮廓草图

（4）单击"完成"按钮，完成绘制，如图 5-106 所示。

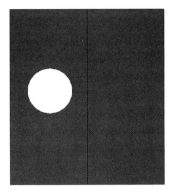

图 5-106　垂直洞口

📖 提示

　　如果创建的洞口要垂直于所选的面，则使用"面洞口"工具。如果创建的洞口垂直于某个标高，则使用"垂直洞口"工具。

5.9.4　竖井洞口的特点和创建

　　通过竖井洞口工具可以创建一个跨多个标高的垂直洞口，对贯穿其间的楼板、天花板、屋顶都进行相应的剪切操作。

📏【执行方式】

　　功能区："建筑"选项卡→"洞口"面板→"竖井"

🖱【操作步骤】

　　（1）切换至楼层平面。

　　（2）执行上述操作。

　　（3）设置洞口实例属性。

　　软件切换到草图编辑状态，在绘制洞口轮廓之前，先设置洞口的实例属性，如图 5-107 所示。

图 5-107　竖井洞口实例属性对话框

在属性框中"限制条件"面板下，设置好洞口的相关参数，其中包括顶、底部偏移，底部限制条件以及顶部约束条件，软件会自动计算出洞口无连接高度值。

（4）洞口的创建。

参数设置完成后，在草图编辑模式下创建任意形状的洞口轮廓，如图 5-108 所示。单击"完成"按钮即可完成竖井洞口的创建。

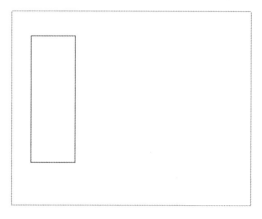

图 5-108　竖井洞口草图

将视图切换到三维模式下，可以看到竖井洞口的样式，洞口所经过的楼板、天花板、屋顶都进行了相应的剪切，如图 5-109 所示。

图 5-109　竖井洞口

（5）洞口的调整。

若创建的竖井洞口高度不能满足设计要求，可以选择该洞口，通过编辑草图编辑洞口形状。

选择洞口后，在属性框中继续设置其实例属性的限制条件，如图 5-110 所示。

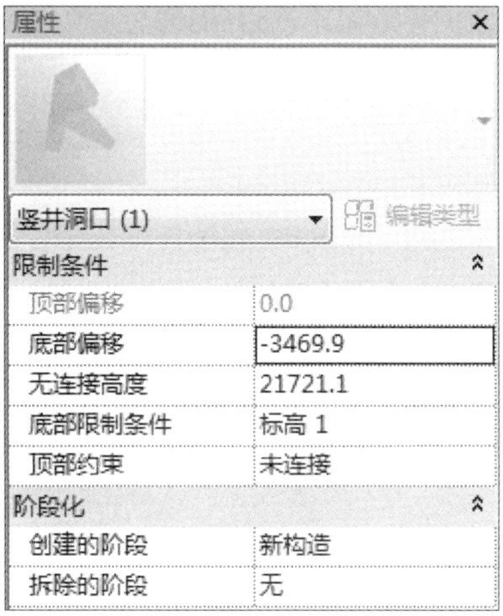

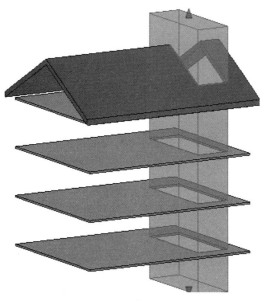

图 5-110 竖井洞口实例属性对话框

也可以通过洞口上、下两端的造型操纵柄拖动洞口的上、下端长度，以达到设计的要求，如图 5-111 所示。

图 5-111 调整竖井洞口

5.9.5 墙洞口的特点和创建

通过墙洞口工具可以在直墙或弯曲墙上剪切一个或多个矩形洞口。

【执行方式】

功能区："建筑"选项卡→"洞口"面板→"墙"

【操作步骤】

（1）切换至绘制视图，三维视图或楼层平面视图均可。

（2）执行上述操作。

（3）绘制墙洞口。

以三维视图为例，选择需要添加洞口的墙面，在墙体上任一位置单击作为起点，然后拖动鼠标，在另一位置上单击作为矩形的对角点，完成绘制。

（4）设置墙洞口参数。

矩形洞口创建完成后，可精确设置洞口的尺寸参数，点取创建好的洞口，这时在洞口的下部会显示临时尺寸标注，如图 5-112 所示，单击数据并输入设计要求的数值，按 Enter 键完成修改。

洞口的高度设置可在属性框中完成。墙洞口实例属性对话框如图 5-113 所示。

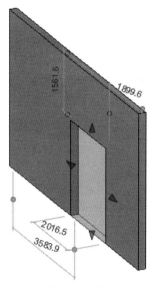

图 5-112　墙洞口

图 5-113　墙洞口实例属性对话框

在"限制条件"面板下，设置好洞口的相关参数，其中包括顶、底部偏移，底部限制条件以及顶部约束条件，软件会自动计算出洞口无连接高度值。设置的方法和竖井洞口的实例属性设置一致。

5.9.6　老虎窗洞口的特点和创建

老虎窗洞口基于屋顶创建，相对较为复杂，牢记老虎窗绘制三大步骤可帮助读者尽快学习掌握，即绘制对象、处理对象关系、开洞。

【执行方式】

功能区："建筑"选项卡→"洞口"面板→"老虎窗"

🖱【操作步骤】

（1）创建主屋顶和次屋顶以及相关墙体。

使用迹线屋顶创建双坡主屋顶和次屋顶，如图 5-114 所示。

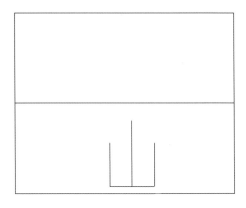

图 5-114　屋顶的创建

调整次屋顶标高位置，如图 5-115 所示。

图 5-115　调整次屋顶标高位置

以次屋顶边界为墙面外边，绘制如图 5-116 所示的相关墙体。

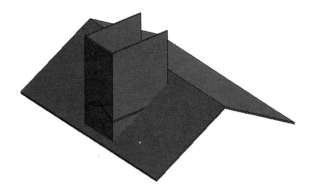

图 5-116　绘制相关墙体

墙体与屋顶的关系，如图 5-117 所示。

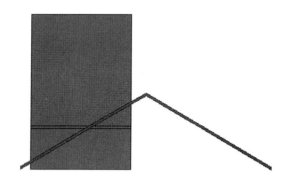

图 5-117　墙体与屋顶的关系

（2）处理构件的相互关系。

选择三面墙体，单击附着，设置选项为底部，选择主屋顶，将墙体附着到主屋顶，如图 5-118 所示。

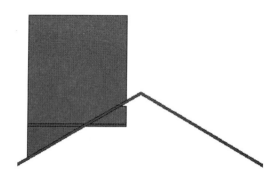

图 5-118　墙底部附着屋顶

选择三面墙体，单击附着，设置选项为顶，选择主屋顶，将墙体附着到次屋顶，如图 5-119 所示。

图 5-119　墙顶部附着屋顶

单击修改菜单下的屋顶连接，依次拾取次屋顶与主屋顶连接边、主屋顶与次屋顶连接面，如图 5-120 所示。

图 5-120　屋顶连接

（3）创建老虎窗洞口。

执行上述操作，选择主屋顶，进入老虎口洞口编辑模式，如图 5-121 所示。

图 5-121　老虎窗洞口编辑面板

依次拾取墙体和次屋顶，软件自动生成相应草图线，如图 5-122 所示。

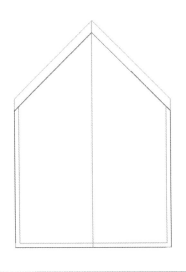

图 5-122　老虎窗洞口草图（一）

选择墙体处草图线，单击翻转，将草图线翻转到墙体内部边线，如图 5-123 所示。

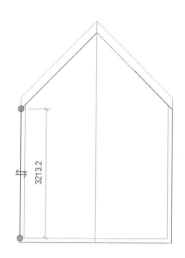

图 5-123　老虎窗洞口草图（二）

修剪草图线，以形成闭合区域，如图 5-124 所示。

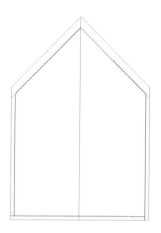

图 5-124　老虎窗洞口草图（三）

单击"完成"按钮，完成绘制，如图 5-125 所示。

图 5-125　完成老虎窗洞口的创建

5.10　楼梯

在 Revit 软件中可以通过按草图和按构件两种方式为建筑物添加楼梯。

✎ 预习重点

◎ 按草图和按构件绘制楼梯的方式。

5.10.1　楼梯的绘制方式

在 Revit 中提供了按草图和按构件两种绘制楼梯的方式。

按草图方式绘制楼梯为先在平面视图中绘制楼梯的踢面线及边界线，绘制完成后生成楼梯为一个建筑构件。

按构件方式绘制楼梯为创建梯段构件、平台构件等多个构件，通过构件组合形成楼梯。

按构件方式绘制楼梯为 Revit 2012 之后版本新增加的功能，按构件方式绘制楼梯更灵活，同时还可以对楼梯增加楼梯路径等符号。

5.10.2　按草图绘制楼梯

按草图绘制楼梯，可通过定义楼梯梯段或绘制踢面线和边界线，在平面视图中创建楼梯。

📏【执行方式】

功能区："建筑"选项卡→"楼梯坡道"面板→"楼梯"下拉菜单→"楼梯（按草图）"

🖱【操作步骤】

（1）设置楼梯属性。

按照上述步骤执行，软件会进入到草图编辑模式，在弹出的属性框实例类型下拉列表中选取某一楼梯的类型，如图 5-126 所示。

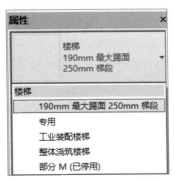

图 5-126　楼梯实例属性类型选择器

单击属性框中的"编辑类型"按钮，弹出楼梯类型属性对话框，如图 5-127 所示，在对话框中设置各参数的具体数值。

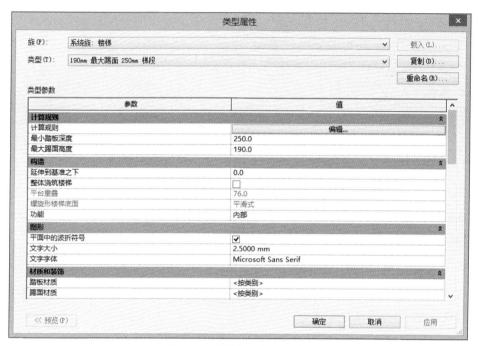

图 5-127　楼梯类型属性对话框

参数说明如下。

- 计算规则：单击后边的"编辑"按钮以设置楼梯计算规则，一般选择默认。

- 最小踏板深度：设置实例的踏板深度的初始值。如果实例设置的值超出此值，软件会发出警告。

- 最大踢面高度：设置每个踢面的最大高度。实例中调整踏步数计算出的值超出此值时软件会发出警告。

- 延伸到基准之下：对于梯边梁附着至楼板洞口表面而不是放置在楼板表面的情况，这时设置负值可以将梯边梁延伸到楼梯底标高之下。

- 整体浇筑楼梯：指定楼梯将由一种材质构造。

- 功能：指示所创建的楼梯是内部的还是外部的。

- 平面中的波折符号：指定平面视图中的楼梯图例是否具有截断线。

- 文字大小：修改平面视图中楼梯文字标注符号的尺寸。

- 文字字体：修改平面视图中楼梯文字标注符号的字体。

- 材质和装饰：设置踏板、踢面、梯边梁的结构材质类型。

- 踏板厚度：设置楼梯踏板的厚度。

- 楼梯前缘长度：指定相对于下一个踏板的踏板深度悬挑量。

- 楼梯前缘轮廓：添加到踏板前侧的放样轮廓。

- 开始于踢面：选择与否表示在楼梯的开始部分是否添加踢面。

- 结束于踢面：选择与否表示在楼梯的末端部分是否添加踢面。

- 踢面类型：创建直线型或倾斜型踢面或不创建踢面。

- 踢面厚度：设置楼梯踢面的厚度值。
- 踢面至踏板连接：切换踢面与踏板的相互连接关系。踢面可延伸至踏板之后，或踏板可延伸至踢面之下。
- 在顶部修剪梯边梁：设置顶部梯边梁修剪形式，有不修剪、匹配标高、匹配平台梯边梁三种形式。
- 右侧梯边梁：设置楼梯右侧的梯边梁类型，有"无"、"闭合"、"打开"三种方式。
- 左侧梯边梁：设置楼梯左侧的梯边梁类型，有"无"、"闭合"、"打开"三种方式。
- 中间梯边梁：设置楼梯左、右侧之间的楼梯下方出现的梯边梁数量。
- 梯边梁厚度：设置梯边梁的厚度值。
- 梯边梁高度：设置梯边梁的高度值。
- 楼梯踏步梁高度：设置数值以控制侧梯边梁和踏板之间的关系。
- 平台斜梁高度：允许梯边梁与平台的高度关系不同于梯边梁与倾斜梯段的高度关系。

类型属性设置完成后，单击"确定"按钮返回到草图绘制模式。

下一步继续设置属性框中的实例参数，如图 5-128 所示。

图 5-128　楼梯实例属性对话框

参数说明如下。

- 多层顶部标高：设置多层建筑中楼梯的顶部。相对于绘制单个梯段，如果修改一个梯段上的栏杆扶手，则会在所有梯段上修改此栏杆扶手。
- 所需踢面数：踢面数是根据标高间的高度计算出来的，如果需要其他值的踢面数，可以自行设置，前提是要保证由此计算出的实际踢面高度值小于类型属性中的设定值。

（2）绘制楼梯。

各参数设置完成后，将鼠标光标移动到绘图区域中的平面视图上，单击楼梯的起始位置，拖动鼠标，这时软件会提示已创建的踢面数和剩余踢面数，如图 5-129 所示。

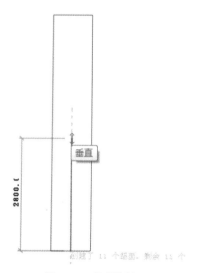

图 5-129　绘制楼梯

继续拖动，单击本梯段末端位置，完成一段梯段绘制，如图 5-130 所示。

完成一段梯段草图后，继续绘制下一段梯段，直到软件提示已创建多少个踢面，剩余 0 个，楼梯的草图即绘制完成，如图 5-131 所示。

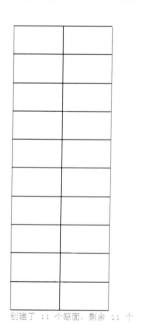

图 5-130　楼梯草图

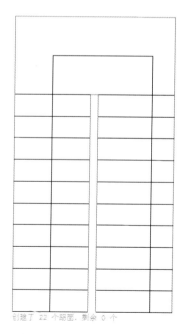

图 5-131　完成楼梯草图的绘制

此时，楼梯草图由踢面线和边界线组成，可对踢面线和边界线再次进行编辑。

单击"上下文"选项卡下"工具"面板中的"楼梯扶手"按钮，在弹出的"栏杆扶手"对话框中设置栏杆扶手的类型和放置位置，如图 5-132 所示。

图 5-132　"栏杆扶手"对话框

单击完成草图编辑模式，楼梯创建完成，切换到三维视图中查看，如图 5-133 所示。

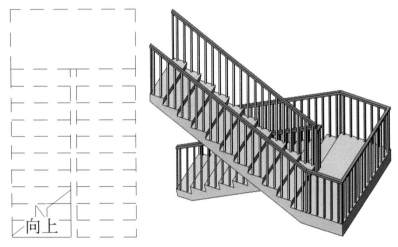

图 5-133　完成楼梯的创建

如果需要对楼梯做修改调整，可以选择楼梯，单击"编辑草图"按钮进入到楼梯草图绘制状态，修改草图以达到设计要求。

5.10.3　按构件绘制楼梯

按构件绘制楼梯，可通过定义楼梯梯段、平台等构件，组合成完整楼梯。

【执行方式】

功能区："建筑"选项卡→"楼梯坡道"面板→"楼梯"下拉菜单→"楼梯（按构件）"

【操作步骤】

（1）设置楼梯属性。

按照上述步骤执行，软件会进入到"修改|创建楼梯"模式，在弹出的属性框实例类型下拉列表中选取某一楼梯的类型，如图 5-134 所示。

图 5-134　楼梯实例属性对话框

单击属性框中的"编辑类型"按钮，弹出楼梯类型属性对话框，如图 5-135 所示，在对话框中设置各参数的具体数值。

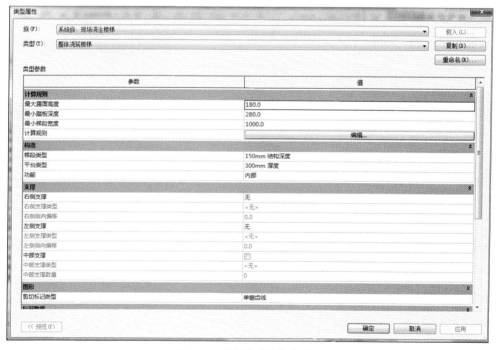

图 5-135　楼梯类型属性对话框

参数说明如下。

- 最大踢面高度：设置最大踢面高度值，通过计算规则，可计算实际踢面高度。
- 最小踏步深度：设置最大踢面高度值，通过计算规则，可计算梯段相关参数。
- 最小梯段宽度：设置最小踢面宽度值，通过计算规则，可计算梯段相关参数。
- 计算规则：单击"编辑"按钮以设置楼梯计算规则。
- 梯段类型：对梯段结构参数进行设置。
- 平台类型：对平台结构参数进行设置。
- 功能：设置楼梯使用功能。
- 右侧支撑：设置右侧梯边梁、支撑梁形式。
- 右侧支撑类型：设置左侧梯边梁、支撑梁形式。
- 右侧侧向偏移：设置右侧支撑侧向偏移量。
- 左侧支撑：设置左侧支撑侧向偏移量。
- 左侧支撑类型：设置左侧梯边梁、支撑梁形式。
- 左侧侧向偏移：设置左侧支撑侧向偏移量。
- 中部支撑：设置中部支撑形式。
- 中部支撑类型：设置中部支撑类型。
- 中部支撑数量：设置中部支撑数量。
- 剪切标记类型：设置平面剪切标记符号类型参数。

类型属性设置完成后，单击"确定"按钮返回到创建楼梯模式。

下一步继续设置属性框中的实例参数，如图 5-136 所示。

图 5-136　楼梯实例属性对话框

参数说明如下。

- 多层顶部标高：设置多层建筑中楼梯的顶部。相对于绘制单个梯段，如果修改一个梯段上的栏杆扶手，则会在所有梯段上修改此栏杆扶手。

- 所需踢面数：踢面数是根据标高间的高度计算出来的，如果需要其他值的踢面数，可以自行设置，前提是要保证由此计算出的实际踢面高度值小于类型属性中的设定值。

（2）绘制楼梯。

各参数设置完成后，将鼠标光标移动到绘图区域中的平面视图上，单击楼梯的起始位置，拖动鼠标，这时软件会提示已创建的踢面数和剩余踢面数，如图 5-137 所示。

图 5-137　绘制楼梯

继续拖动，单击本梯段末端位置，完成一段梯段的绘制，此时，软件会自动生成该梯段构件的三维模型，如图 5-138 所示。

完成一段梯段后，继续绘制下一段梯段，直到软件提示已创建多少个踢面，剩余 0 个，如图 5-139 所示。

此时，楼梯由梯段构件和平台构件组成，在编辑状态下，可对任意组成构件再次进行编辑。

单击"上下文"选项卡下"工具"面板中的"楼梯扶手"按钮，在弹出的"栏杆扶手"对话框中设置栏杆扶手的类型和放置位置，如图 5-140 所示。

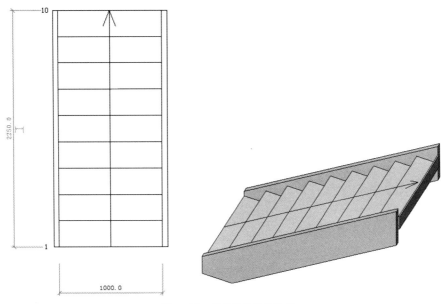

图 5-138　完成单构件的绘制

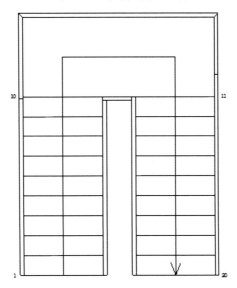

图 5-139　完成楼梯的绘制

图 5-140　"栏杆扶手"对话框

单击完成草图编辑模式，楼梯绘制完成，切换到三维视图中查看，如图 5-141 所示。

图 5-141　楼梯绘制完成

　　如果需要对楼梯做修改调整，可以选择楼梯，单击"编辑草图"按钮进入到楼梯草图绘制状态，修改草图以达到设计要求。

➤ 实操实练-09　楼梯的创建

　　（1）打开"建筑—窗"项目，在项目浏览器下，展开楼层平面目录，双击 1F_±0.000 名称进入标高 1 楼层平面视图。

　　（2）单击"建筑"选项卡下的"楼梯"按钮，在下拉菜单中选择楼梯（按构件），在类型选择器中选择整体浇筑楼梯类型，在类型属性参数中计算规则下，修改最大踢面高度、最小踏板深度、最小梯段宽度分别为 190、220、800。设置楼梯的梯段类型以及平台类型，将楼梯功能设置为内部，如图 5-142 所示。完成后单击"确定"按钮保存并返回。

计算规则		⌃
最大踢面高度	190.0	
最小踏板深度	220.0	
最小梯段宽度	800.0	
计算规则	编辑...	
构造		⌃
梯段类型	150mm 结构深度	
平台类型	300mm 厚度	
功能	内部	

图 5-142　设置楼梯类型属性

　　（3）在属性框中，设置楼梯的底部标高为 1F_±0.000，顶部标高为 2F_3.600。底部、顶部偏移均为 0。设置所需踢面数为 19，如图 5-143 所示。

　　（4）将鼠标光标移动到绘制楼梯的区域，单击绘制楼梯的起点，向上拖动鼠标，创建完成 5 个踢面后向左滑动鼠标继续创建 9 个踢面，接着再向下滑动鼠标创建剩余的 5 个踢面。完成后，使用对齐工具将楼梯边界与墙边界对齐。单击✔按钮退出草图绘制模式。

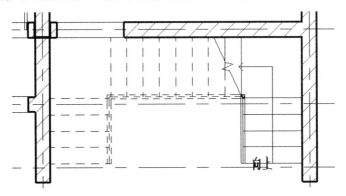

图 5-143　楼梯实例属性对话框

（5）删除楼梯靠墙面一侧的栏杆扶手。

（6）按照上述步骤继续通过草图模式创建其他楼层的楼梯，如图 5-144 所示。

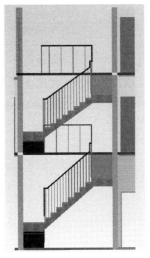

图 5-144　绘制楼梯

（7）将项目文件另存为"建筑—楼梯"，完成对该项目楼梯的创建，如图 5-145 所示。

图 5-145　完成对该项目楼梯的创建

5.11 坡道

在平面视图或三维视图中，可以使用坡道工具将坡道添加到建筑模型中。

✎ **预习重点**

◎ 绘制坡道的方法。

5.11.1 坡道的属性

坡道的创建和楼梯有相似之处，在绘制坡道的梯段之前，需要设置坡道的属性。坡道的属性包括类型属性和实例属性。

📏 【执行方式】

功能区："建筑"选项卡→"楼梯坡道"面板→"坡道"

🖱 【操作步骤】

（1）执行上述操作。

（2）在"属性"对话框中选择坡道类型。

（3）设置坡道类型属性。

单击属性框中的"编辑类型"按钮进入到坡道类型属性对话框，如图 5-146 所示。

图 5-146 坡道类型属性对话框

参数说明如下。

● 厚度：设置坡道的厚度。仅当"造型"属性设置为结构板时，厚度设置才会启用。

- 功能：指示创建的当前坡道是建筑内部的还是外部的。
- 最大斜坡长度：指定创建的坡道中连续踢面高度的最大数量值。
- 坡道最大坡度：设置坡道的最大坡度值。
- 造型：设置坡道的造型为"实体"或"结构板"，造型为结构板时才能启用厚度设置。

（4）坡道实例属性设置。

类型属性设置完成后单击"确定"按钮返回，在属性框中继续设置实例属性，如图 5-147 所示。

图 5-147　坡道实例属性对话框

参数说明如下。

- 多层顶部标高：设置多层建筑中的坡道顶部。
- 宽度：设置坡道的宽度。

其他参数所代表的意义与楼梯实例参数相同。

5.11.2　坡道的绘制

✏️【执行方式】

功能区："建筑"选项卡→"楼梯坡道"面板→"坡道"

🖱️【操作步骤】

（1）执行上述操作。

（2）在"属性"对话框中选择坡道类型。

（3）在设置完各类属性参数后，绘制状态下，选择"绘制"面板上的"梯段"按钮，坡道的绘制有直线绘制和圆点-端点弧绘制两种方式，对应生成的坡道为直线型坡道和环形坡道。

以直线型为例，设置好实例属性中的限制条件，可先在绘图区域任一位置单击作为坡道的起点，拖动鼠标到坡道的末端再单击，这时坡道的草图即绘制完成，草图由绿色边界、踢面和中心线组成，如图 5-148 所示，可以对其做相应修改调整。

图 5-148　坡道草图

（4）设置坡道栏杆。

单击"工具"面板中的"栏杆扶手"按钮，如图 5-149 所示。

在弹出的"栏杆扶手"对话框中，单击下拉菜单，选择某扶手类型，如图 5-150 所示。单击"确定"按钮返回。

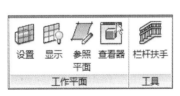

图 5-149　坡道栏杆设置面板

图 5-150　"栏杆扶手"对话框

单击完成，完成坡道绘制，如图 5-151 所示。

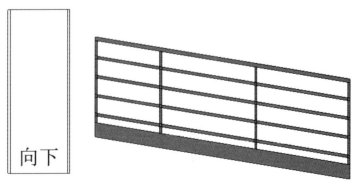

图 5-151　栏杆扶手绘制完成

5.11.3　坡道的调整

🖰 【操作步骤】

（1）选择需要修改的坡道，在弹出的"修改｜坡道上下文"选项卡中，单击"模式"面板下的"编辑草图"按钮，进入到绘制界面，修改坡道轮廓线，完成。

（2）修改坡道造型。

将坡道类型属性中的坡道造型由结构板改为实体后，坡道样式发生变化，如图 5-152 所示。

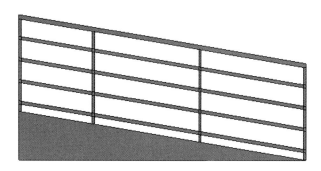

图 5-152　修改坡道造型

5.12　栏杆扶手

在平面视图中，通过绘制栏杆扶手路径来创建栏杆扶手。

✏️ 预习重点

◎ 栏杆的属性设置和绘制方法。

5.12.1　栏杆的主体设置

栏杆主体是指栏杆依附的主体对象，默认情况下为当前标高，在某些情况下需要单独指定栏杆主体，如在坡道、楼梯上绘制栏杆时，需要指定坡道、楼梯作为栏杆主体。

5.12.2　栏杆的属性设置

作为系统族的栏杆扶手，在绘制扶手前，需要设置栏杆属性设置，包括类型属性和实例属性。

📏 【执行方式】

功能区："建筑"选项卡→"楼梯坡道"面板→"栏杆扶手"下拉菜单→"绘制路径"

🖰 【操作步骤】

（1）执行上述操作。

（2）在类型属性中选择栏杆类型。

（3）单击属性框中的"编辑类型"按钮进入到栏杆扶手类型属性对话框，如图 5-153 所示。

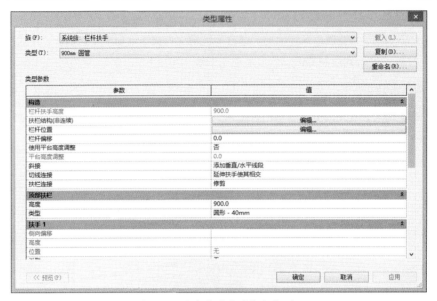

图 5-153　栏杆扶手类型属性对话框

参数说明如下。

- 栏杆扶手高度：设置栏杆扶手系统中最高扶栏的高度。灰显状态，由顶部扶栏高度值确定。
- 扶栏结构（非连续）：单击此选项后的"编辑"按钮，在弹出的对话框中设置扶手的名称、高度、偏移、轮廓、材质等结构参数信息，如图 5-154 所示。

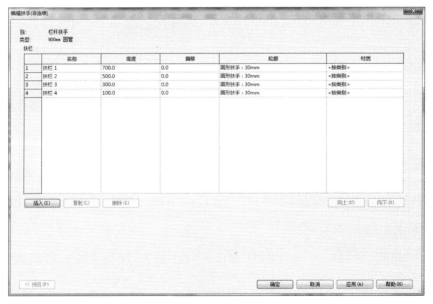

图 5-154　"编辑扶手"对话框

- 栏杆位置：单击此选项后的"编辑"按钮，在弹出的对话框中设置栏杆的样式，参数信息较多，主样式和直柱均在这里设置，如图 5-155 所示。

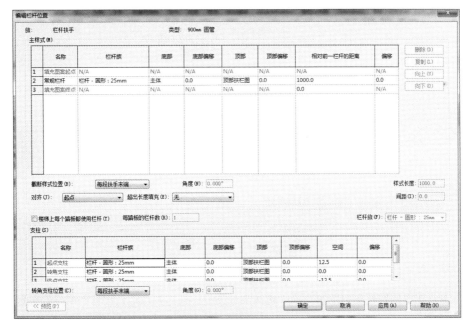

图 5-155　"编辑栏杆位置"对话框

- 栏杆偏移：指的是距扶栏绘制线的栏杆偏移值。
- 使用平台高度调整：用来控制平台栏杆扶手的高度。
- 平台高度调整：当"使用平台高度调整"选择为"是"时激活此项，输入相应的数据用来提高或降低栏杆扶手高度。
- 斜接：如果两段栏杆扶手在平面内相交成一定角度，但没有垂直连接，则可以选择"添加垂直/水平线段"创建连接，或选择"无连接件"留下间隙。
- 切线连接：如果两段相切栏杆扶手在平面中共线或相切，但没有垂直连接，则可以选择"添加垂直/水平线段"创建连接，或选择"无连接件"留下间隙，或选择"延伸扶手使其相交"创建平滑连接。
- 扶栏连接：如果软件无法在栏杆扶手段之间进行连接时创建斜接连接，则可以选择"修剪"使用垂直平面剪切分段，或选择"接合"以尽可能接近斜接的方式连接分段。接合连接最适合于圆形扶栏轮廓。
- 高度：设置栏杆扶手系统中顶部扶栏的高度值。
- 类型：指定顶部扶栏的类型。
- 类型（扶手 1、扶手 2）：指定扶手的类型。

（4）栏杆扶手的实例属性。

设置完成类型属性后，在绘制路径前还需设置实例属性。实例属性的参数设置仍在属性框中进行，如图 5-156 所示。

图 5-156　栏杆扶手实例属性对话框

首先需要在实例属性类型下拉菜单中选择某一类型栏杆，其次就是设置限制条件参数。

参数说明如下。

- 底部标高：指定栏杆扶手系统不位于楼梯或坡道上时的底部标高。
- 底部偏移：若栏杆扶手系统不位于楼梯或坡道上，此值是楼板或标高到栏杆扶手系统底部的距离。
- 踏板/梯边梁偏移：若在创建楼梯时自动放置了栏杆扶手，可以选择将栏杆扶手放置在踏板或梯边梁上。
- 长度：指栏杆扶手的实际长度值。

5.12.3　栏杆的绘制

栏杆的绘制方法有两种，绘制路径生成栏杆扶手和拾取主体生成栏杆扶手。

1．绘制路径方式

【执行方式】

功能区："建筑"选项卡→"楼梯坡道"面板→"栏杆扶手"下拉菜单→"绘制路径"

【操作步骤】

（1）将工作平面切换至楼层平面视图。

（2）执行上述操作，进入绘图模式，在绘图区域绘制栏杆路径草图，如图 5-157 所示。

图 5-157 绘制栏杆路径草图

（3）设置栏杆主体。

在选项卡上单击拾取新主体，如图 5-158 所示，选择栏杆主体对象，完成编辑模式。

图 5-158 选择栏杆主体对象

2．拾取主体方式

此方法创建基于楼梯主体的栏杆扶手，在创建栏杆前，需要有相应楼梯等主体。

【执行方式】

功能区："建筑"选项卡→"楼梯坡道"面板→"栏杆扶手"下拉菜单→"放置在主体上"

【操作步骤】

（1）执行上述操作。

（2）在"实例属性"对话框中选择栏杆类型

（3）在"上下文"选项卡"位置"面板上，单击选择"踏板"或"梯边梁"，如图 5-159 所示。

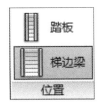

图 5-159 设置栏杆放置位置

　　将鼠标光标移动到绘图区域，在将光标放置在主体构件时，主体将高亮显示，单击，软件会自动在主体边界位置生成相应的栏杆扶手，如图 5-160 所示。

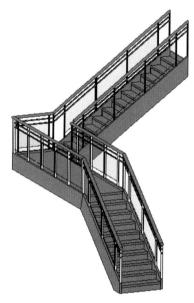

图 5-160　栏杆放置完成

　　单击"翻转扶手方向"（双箭头）控制柄，可用来修改放置在踏板或梯边梁之间的扶手位置。

　　若要进一步调整放置在踏板或梯边梁上的栏杆扶手位置，选择该栏杆，在实例属性面板中修改踏步/梯边梁偏移的值即可。

5.13　天花板

　　天花板是基于其所在标高以上指定某一高度值所创建的图元。

✎　预习重点

　　◎ 天花板的构造和创建。

5.13.1　天花板的构造

　　本节主要介绍了天花板构造的设置，包括楼板的功能、材质、厚度设置等。

📏【执行方式】

　　功能区："建筑"选项卡→"构建"面板→"天花板"

🖱【操作步骤】

　　（1）执行上述操作。

　　（2）在"实例属性"对话框中选择天花板类型。

（3）单击"编辑类型"按钮，打开天花板类型属性对话框，如图 5-161 所示。

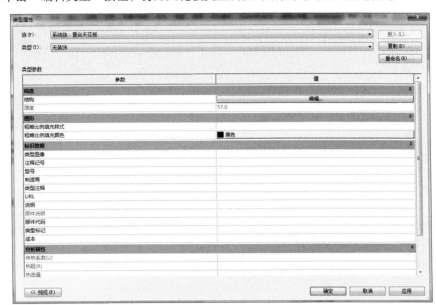

图 5-161　天花板类型属性对话框

单击"结构"选项后的"编辑"按钮，打开天花板编辑部件对话框，设置相关参数，如图 5-162 所示。

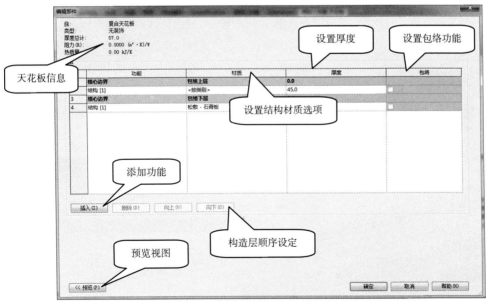

图 5-162　天花板编辑部件对话框

单击功能板块前段的序号，这时该行处于全部选择状态，再次单击下边的"插入"按钮，这时在选择行的上方就会出现新的添加行，如图 5-163 所示。

	功能	材质	厚度	包络	结构材质
1	结构 [1]	<按类别>	0.0	✔	

图 5-163　添加天花板构造层

单击功能板块下的结构[1]，单击后面的下拉菜单按钮，在弹出的下拉选项中选择新功能类型，如图 5-164 所示。

	功能	材质	厚度	包络
1	**核心边界**	**包络上层**	**0.0**	
2	结构 [1]	<按类别>	45.0	
3	**核心边界**	**包络下层**	**0.0**	
4	结构 [1] ▾	松散 - 石膏板	12.0	

结构 [1]
衬底 [2]
保温层/空气层 [3]
面层 1 [4]
面层 2 [5]
涂膜层

插入 (I)　删除 (D)　向上 (U)　向下 (O)

图 5-164　设置天花板构造层功能

按照此方式继续添加天花板的构造功能，完成后，可以选择某行，单击下面的"向上"、"向下"按钮调整功能所处的位置，如果需要删除，在选择状态下单击"删除"按钮即可完成。

在完成功能的添加后，需要对每一项功能赋予相应的材质。单击材质面板下每行后面的 按钮，弹出"材质浏览器"对话框，如图 5-165 所示。选择相关材质，确定完成材质设置。

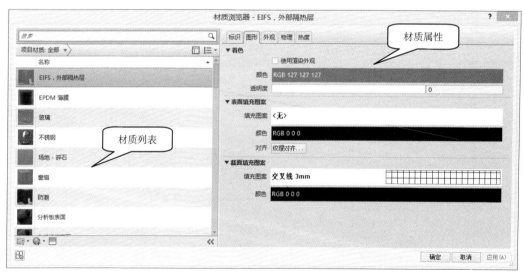

图 5-165　"材质浏览器"对话框

在结构功能后面的厚度框中输入相应的数据确定各构造层厚度，当所有的厚度值都输入完成后，在"墙体信息厚度总计"一项就会显示当前墙体的总厚度值。单击"确定"按钮，完后楼板的构造设置。

5.13.2　天花板的创建

在 Revit 软件中，天花板的创建有两种方式，即自动创建天花板和绘制天花板。

【执行方式】

功能区："建筑"选项卡→"构建"面板→"天花板"按钮→"绘制天花板"

【操作步骤】

（1）切换工作平面至天花板投影平面视图。

（2）执行上述操作。

（3）选择天花板类型并在属性框中设置天花板的绘制标高以及自标高的高度偏移值。

（4）绘制天花板。

设置完成后，在弹出的"上下文"选项卡下"天花板"面板中选取某一种创建方式，如图 5-166 所示。

图 5-166　天花板的创建方式

- 若选择"自动创建天花板"，将鼠标光标移动到某一封闭的墙体内部时，软件会自动拾取当前所能创建的天花板边界线，一般显示为红色线条，如图 5-167 所示。

图 5-167　自动创建天花板

单击，完成创建，如图 5-168 所示。

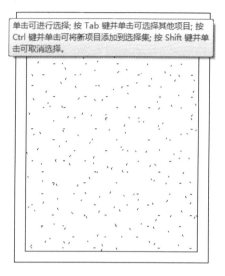

图 5-168　完成自动创建天花板

- 若选择"绘制天花板",软件会进入到绘制草图模式,在"绘制"面板下选择拾取或绘制等工具,在墙边界为天花板绘制边界线,如图 5-169 所示。形成一个封闭的环状,完成编辑模式。

图 5-169　天花板草图

若需对创建的天花板进行修改,选择该天花板,可以"编辑边界"修改天花板轮廓形状,并可在属性框中继续修改其实例属性参数。

➥ 实操实练-10　天花板的创建

(1)打开"建筑—窗"项目,在项目浏览器下,展开天花板平面目录,双击 1F_±0.000 名称进入标高 1 天花板平面视图。

（2）单击"建筑"选项卡下的"天花板"按钮，在类型选择器中选择 600mm×600mm 复合天花板类型，在类型属性参数的结构编辑部件下，设置天花板的各功能层以及对应的厚度与材质。完成后单击"确定"按钮保存并返回。

（3）在属性框中，设置天花板自标高 1 的高度偏移值为 3 150，单击"应用"按钮，如图 5-170 所示。

限制条件	⋩
标高	1F_±0.000
自标高的高度偏移	3150.0
房间边界	☑

图 5-170　天花板实例属性设置

（4）对封闭的房间区域，选择"上下文"选项卡下的"自动创建天花板"按钮，将光标移动到房间平面区域，软件会自动拾取房间的边界，并显示天花板的轮廓线，单击完成天花板的创建。

（5）对于敞开的区域，选择"上下文"选项卡下的"绘制天花板"按钮，软件进入到草图轮廓编辑模式，在绘制工具中选择直线工具，在绘图区域中绘制闭合的天花板轮廓线。单击✔按钮退出草图绘制模式。

（6）按照上述步骤继续绘制其他楼层的天花板。

（7）将项目文件另存为"建筑—天花板"，完成对该项目天花板的创建，如图 5-171 所示。

图 5-171　完成天花板的绘制

5.14　屋顶

通过使用"建筑"面板下的屋顶工具为项目创建各个样式的屋顶。

✎　预习重点

◎　屋顶的类型、各类型屋顶的创建及修改。

5.14.1 屋顶的构造

本节主要介绍屋顶构造的设置，包括屋顶的功能、材质、厚度设置等。

✏️ **【执行方式】**

功能区："建筑"选项卡→"构建"面板→"屋顶"下拉菜单→"迹线屋顶"

🖱️ **【操作步骤】**

（1）执行上述操作。

（2）在"实例属性"对话框中选择屋顶类型。

（3）修改类型属性。

单击编辑类型，打开"编辑部件"对话框，如图 5-172 所示。

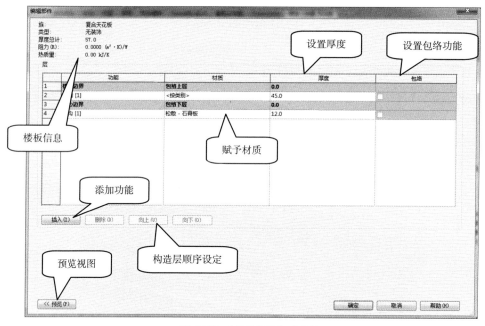

图 5-172　"编辑部件"对话框

单击功能板块前段的序号，这时该行处于全部选择状态，单击下边的"插入"按钮，这时在选择行的上方就会出现新的添加行，内容如图 5-173 所示。

功能	材质	厚度	包络	结构材质
1	结构 [1]	<按类别>	0.0	✓

图 5-173　添加屋顶构造层

单击功能板块下的"结构[1]"，单击后面的下拉菜单按钮，在弹出的下拉选项中选择新功能类型，如图 5-174 所示。

图 5-174　设置屋顶构造层功能

按照此方式继续添加屋顶的构造功能，完成后，可以选择某行，单击下面的"向上"、"向下"按钮调整功能所处的位置。

在完成功能的添加后，需要对每一项功能赋予相应的材质。

单击"材质"面板下每行后面的⊡按钮，弹出"材质浏览器"对话框，如图 5-175 所示。

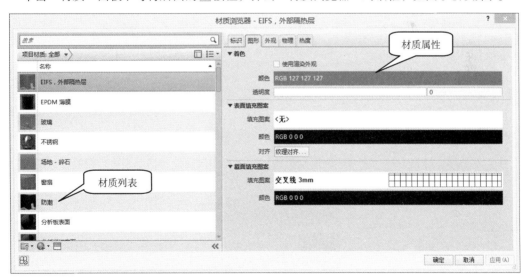

图 5-175　"材质浏览器"对话框

在结构功能后面的厚度框中输入相应数据设置构造层厚度，当所有的厚度值都输入完成后，"屋顶信息厚度总计"一项就会显示当前屋顶的总厚度值。单击"确定"按钮，完成屋顶的构造设置。

5.14.2　屋顶的创建方式

在 Revit 软件中，屋顶的创建方式主要有 3 种，分别是迹线屋顶、拉伸屋顶和面屋顶，在"建筑"面板下"屋顶"工具的下拉列表中可以看到这几种类型，如图 5-176 所示。

图 5-176　屋顶的创建方式

各类型的形式和创建方法详见下文。

5.14.3　迹线屋顶的创建和修改

使用建筑迹线定义其边界，在楼层平面视图或天花板投影平面视图创建屋顶。

【执行方式】

功能区："建筑"选项卡→"构建"面板→"屋顶"下拉菜单→"迹线屋顶"

【操作步骤】

（1）切换操作平面至屋顶楼层平面。

（2）执行上述操作。

（3）在"属性"对话框中选择屋顶类型设置屋顶实例类型。

在实例类型选择器下拉列表中选取屋顶类型。在屋顶实例属性对话框中进行相关参数的设置，如图 5-177 所示。

图 5-177　屋顶实例属性对话框

部分参数说明如下。

- 房间边界：选择与否意味着屋顶是否为房间边界的一部分，可在绘制完成后选择屋顶再进行修改。
- 与体量相关：指示此图元是从体量图元创建的。
- 自标高的底部偏移：指示屋顶以当前标高为底部基准，需要相对偏移的距离值。
- 截断标高：指定某一标高，在该标高上方所有迹线屋顶的几何图形都不会显示出来。
- 截断偏移：设置在指定的标高以上或以下屋顶的截断高度。
- 椽截面：定义屋檐上的椽截面形式。
- 封檐带深度：定义封檐带的线长。
- 最大屋脊高度：屋顶顶部位于建筑物底部标高以上的最大高度。
- 定义坡度：勾选与否决定着是否将屋顶的边界线指定为坡度定义线。
- 悬挑：调整此线距相关墙体的水平偏移距离。
- 延伸到墙中（至核心层）：设置悬挑基准，勾选后悬挑为从屋顶边到外部核心墙的悬挑尺寸。

（4）设置屋顶选项栏。

在屋顶草图绘制模式下，可以参见屋顶选项栏，如图 5-178 所示。

图 5-178　屋顶草图选项栏设置

- 定义坡度：确定是否定义坡度，平屋顶可不勾选，勾选后，可以选择草图并设置坡度。
- 悬挑：设置悬挑数值。
- 延伸到墙中（至核心层）：设置悬挑基准，勾选后悬挑为从屋顶边到外部核心墙的悬挑尺寸。

（5）绘制迹线。

设置各参数后，即可绘制迹线，为屋顶绘制或拾取一个闭合的环，单击完成编辑模式。

若要修改某一边坡度，选择该草图线，在属性框中尺寸标注下坡度对应的框中输入修改后的数值即可，也可以在绘图区域中单击尺寸值修改。

若某一条迹线无坡度，选择该草图线，在选项栏中取消勾选"定义坡度"。

单击"修改"选项卡中的"完成编辑模式"按钮完成迹线的绘制。

5.14.4　拉伸屋顶的创建和修改

通过拉伸绘制的轮廓线来创建屋顶。

【执行方式】

功能区："建筑"选项卡→"构建"面板→"屋顶"下拉菜单→"拉伸屋顶"

🖱 【操作步骤】

（1）执行上述操作。

（2）设置绘制轮廓线工作平面。

执行拉伸屋顶命令后，软件会弹出"工作平面"对话框，如图 5-179 所示，在对话框选择指定一个新的工作平面方式，单击"确定"按钮。下面以"拾取一个平面"为例。

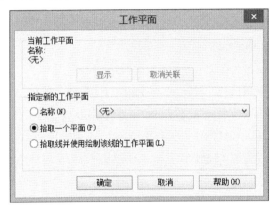

图 5-179　"工作平面"对话框

光标呈十字光标形式，提示拾取垂直平面，软件弹出"转到视图"对话框，如图 5-180 所示，此对话框只有在平面视图中拾取工作平面才会显示。

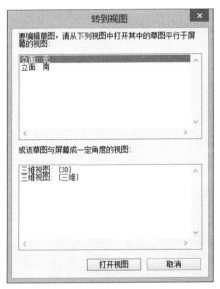

图 5-180　转到视图对话框

在对话框中选择某一立面视图，此视图即为轮廓线的绘制视图，也是拉伸屋顶的起始位置，选择后单击"打开视图"按钮，这时视图会自动切换到选择的视图界面下，并弹出"屋顶参照标高和偏移"对话框，如图 5-181 所示。

图 5-181 "屋顶参照标高和偏移"对话框

在"标高"下拉列表中选择将要创建的屋顶所在的标高，默认情况下，将选择项目中最高的标高。设置偏移值，偏移值指以所选标高为基准，屋顶顶部到标高的距离。

（3）绘制轮廓。

通过使用"绘制"面板下的工具，绘制开放环形式的屋顶轮廓，可以使用样条曲线工具绘制屋顶轮廓，如图 5-182 所示。

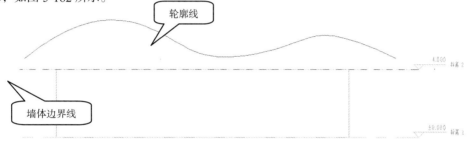

图 5-182 绘制屋顶轮廓线

单击"上下文"选项卡下的绿色完成按钮完成轮廓的绘制，生成拉伸屋顶。

（4）修改调整。

选择拉伸屋顶，在属性框中可以选择屋顶类型，并可修改屋顶的类型属性和实例属性。

若需要继续修改屋顶的样式，可以选择屋顶，单击"编辑轮廓"按钮，软件进入到绘制轮廓草图模式调整轮廓。

5.14.5　面屋顶的创建和修改

通过拾取体量表面来创建屋顶。

【执行方式】

功能区："建筑"选项卡→"构建"面板→"屋顶"下拉菜单→"面屋顶"

【操作步骤】

（1）为方便拾取相关面，将视图切换到三维状态。

（2）通过体量和场地菜单-显示体量命令，如图 5-183 所示，显示体量曲面。

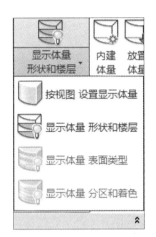

图 5-183　显示体量曲面

（3）执行上述操作。

（4）设置屋顶类型。

在屋顶实例属性下拉菜单中选择要创建的屋顶类型，如图 5-184 所示。

图 5-184　屋顶实例属性对话框

（5）拾取曲面表面，如图 5-185 所示。

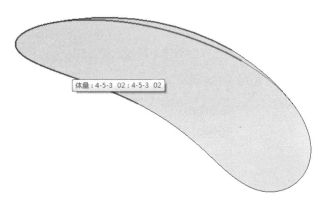

图 5-185　拾取体量

（6）当曲面为多重曲面时，可拾取多个连续的曲面，单击完成，完成面屋顶的绘制，如图 5-186 所示。

图 5-186　体量转化为面屋顶

取消体量显示，如图 5-187 所示。

图 5-187　面屋顶完成效果

5.14.6　屋檐底板的创建和修改

通过拾取屋顶和墙体相关要素，生成屋檐底板。

【执行方式】

功能区："建筑"选项卡→"构建"面板→"屋顶"下拉菜单→"屋檐|底板"

【操作步骤】

（1）执行上述操作。

（2）选择屋檐底板并设置其相关参数。

在屋檐底板实例属性下拉菜单中选择要创建的屋檐底板类型。

设置屋檐底板实例属性，如图 5-188 所示。

图 5-188　屋檐底板实例属性对话框

单击编辑类型，设置屋檐底板类型属性，如图 5-189 所示。相关参数与楼板一致。

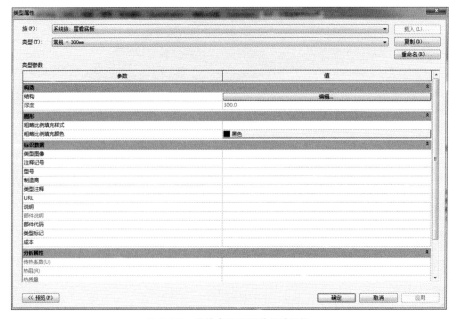

图 5-189　屋檐底板类型属性对话框

单击"结构"栏后的"编辑"按钮，设置屋檐底板构造层，如图 5-190 所示。相关参数设置与楼板一致。

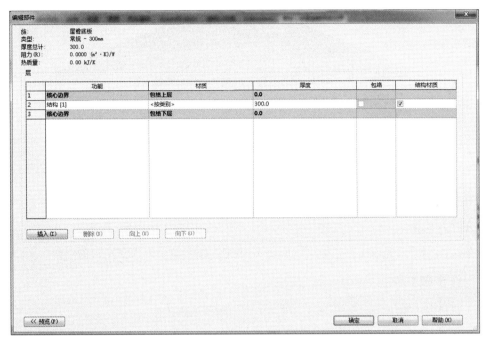

图 5-190　屋檐底板构造设置对话框

（3）绘制屋檐底板草图。

设置好屋檐底板类型及实例相关属性后，绘制屋檐底板草图。

绘制屋檐底板草图时有若干绘制命令，如图 5-191 所示。

通常情况下，可以通过拾取墙体外部边和屋顶外边生成草图线，如图 5-192 所示。

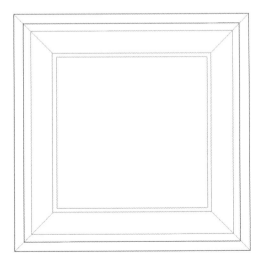

图 5-191　屋檐底板草图绘制面板　　　　　　图 5-192　屋檐底板草图

通过修剪命令，确保草图线形成闭合区域，单击"完成"按钮，生成屋檐底板，如图 5-193 所示。

图 5-193　完成屋檐底板的绘制

5.14.7　屋顶封檐带的创建和修改

通过创建屋顶封檐带可以为屋顶、檐底板和其他封檐带边缘及模型线添加封檐带。

【执行方式】

功能区："建筑"选项卡→"构建"面板→"屋顶"下拉菜单→"屋顶|封檐带"

【操作步骤】

（1）执行上述操作。

（2）设置封檐带类型。

在屋顶封檐带实例属性下拉菜单中选择要创建的屋顶封檐带类型，并在其实例属性对话框中设置相关参数，如图 5-194 所示。

图 5-194　封檐带实例属性对话框

单击"编辑类型"按钮，进入封檐带类型属性对话框，设置相应属性，如图 5-195 所示。

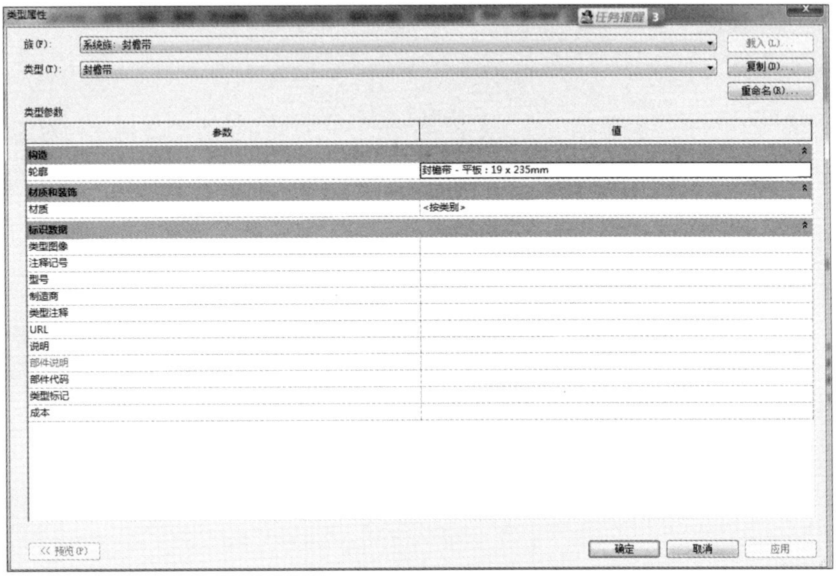

图 5-195　封檐带类型属性对话框

图 5-194 中的参数说明如下。

- 垂直轮廓偏移：表示将封檐带或檐沟向创建时所基于的边缘以上或以下移动。例如，如果选择一条水平屋顶边缘，一个封檐带就会向此边缘以上或以下移动。
- 水平轮廓偏移：表示将封檐带或檐沟移向或背离创建时所基于的边缘。
- 长度：表示封檐带或檐沟的实际长度。
- 注释：表示有关屋顶封檐带或檐沟的注释。
- 标记：表示应用于屋顶封檐带或檐沟的标签。
- 创建的阶段：表示创建封檐带或檐沟的阶段。
- 拆除的阶段：表示拆除封檐带或檐沟的阶段。
- 角度：表示旋转封檐带或檐沟至所需的角度。

（3）创建屋顶封檐带。

设置好屋顶封檐带类型后，将鼠标光标放置到屋顶、檐底板、其他封檐带或模型线的边缘，然后单击以放置此封檐带。单击边缘时，Revit 会将其作为一个连续的封檐带。如果封檐带的线段在角部相遇，它们会相互斜接。单击此视图的空白区域，以完成屋顶封檐带的放置。

5.14.8　屋顶檐槽的创建和修改

通过创建屋顶檐槽可以为屋顶、檐底板和其他封檐带边缘以及模型线添加屋顶檐槽。

【执行方式】

功能区："建筑"选项卡→"构建"面板→"屋顶"下拉菜单→"屋顶|檐槽"

【操作步骤】

（1）执行上述操作。

（2）设置屋顶檐槽类型。

在屋顶檐槽实例属性下拉菜单中选择要创建的屋顶檐槽类型。在其实例属性对话框中设置相关参数，如图 5-196 所示。

图 5-196　檐槽实例属性对话框

单击"编辑类型"按钮，进入"类型属性"对话框，设置相应属性，如图 5-197 所示。

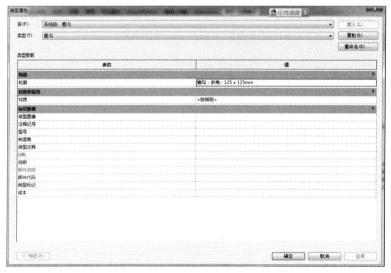

图 5-197　檐槽类型属性对话框

其参数说明与封檐带相同。

（3）创建屋顶檐槽。

设置好屋顶檐槽类型后，将鼠标光标放置到屋顶、檐底板、其他封檐带或模型线的边缘，然后单击以放置此封檐带。单击边缘时，Revit 会将其作为一个连续的檐槽。如果封檐带的线段在角部相遇，它们会相互斜接。单击此视图的空白区域，以完成屋顶檐槽的放置。

📖 提示

不同的檐槽不会与其他现有的檐槽形成斜接关系。

↘ 实操实练-11　平屋顶的创建

（1）打开"建筑—天花板"项目，在项目浏览器下，展开楼层平面目录，双击屋顶_9.600 名称进入屋顶标高楼层平面视图。

（2）单击"建筑"选项卡下的"屋顶"按钮，在下拉菜单中选择迹线屋顶按钮，在类型选择器中选择常规 –100mm 屋顶类型，在类型属性参数中复制创建命名为别墅屋顶 –100mm 的新类型，并在结构编辑部件中设置屋顶的各功能层以及对应的厚度与材质，如图 5-198 所示。完成后单击"确定"按钮保存并返回。

	功能	材质	厚度	包络	可变
1	面层 1 [4]	别墅大屋面	10.0	☐	☐
2	核心边界	包络上层	0.0		
3	结构 [1]	混凝土	90.0	☐	☐
4	核心边界	包络下层	0.0		

图 5-198　设置屋顶构造

（3）在属性框中，设置屋顶的底部标高为屋顶_9.600，自标高的底部偏移为 0.0。单击"应用"按钮。取消勾选选项栏中的"定义坡度"选项，设置悬挑为 0.0，勾选"上延伸到墙中"复选框。

（4）软件进入到草图轮廓编辑模式，在绘制工具中选择直线工具，在绘图区域中绘制闭合的屋顶轮廓线。单击 ✔ 按钮退出草图绘制模式。

（5）按照上述步骤继续绘制别墅另一边的屋顶。

（6）将项目文件另存为"建筑—屋顶"，完成对该项目屋顶的创建，如图 5-199 所示。

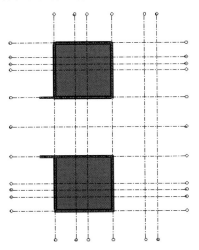

图 5-199　完成屋顶的绘制

5.15 模型文字

通过模型文字工具可以将三维文字作为建筑物上的记号加到模型中。

✏️ 预习重点

◎ 模型文字的添加和修改。

5.15.1 模型文字的添加

模型文字是添加到主体上的，所以在放置文字前，需要创建相应的主体。

📏【执行方式】

功能区："建筑"选项卡→"模型"面板→"模型文字"

🖱️【操作步骤】

（1）切换操作平面。

模型文字需放在主体的某一面上，应切换到立面视图或剖面视图来放置文字。

（2）执行上述操作，这时软件提示需选取一个工作平面，如图 5-200 所示。

图 5-200　设置工作平面

单击"确定"按钮，在该立面视图上，用鼠标选取相应的墙体作为创建文字的工作平面，设定好工作平面后，软件弹出"编辑文字"对话框，如图 5-201 所示，在此对话框中输入需要放置在墙体上的具体文字。

图 5-201　"编辑文字"对话框

输入完成后单击"确定"按钮，这时文字跟随鼠标光标的移动而移动，将光标移动到墙体上放置点位置后单击，文字会自动放置到主体上。

5.15.2　模型文字的修改

【操作步骤】

（1）模型文字类型属性设置。

选择已放置的文字，单击属性框中的"编辑类型"按钮，弹出文字类型属性对话框，如图 5-202 所示。

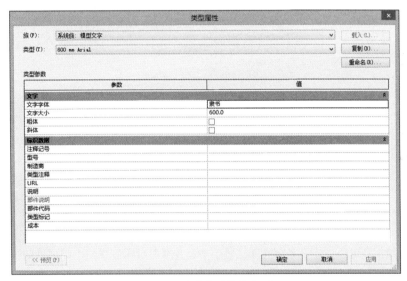

图 5-202　文字类型属性对话框

部分参数说明如下。

- 文字字体：设置模型文字的字体。
- 文字大小：设置文字的大小，具体指模型文字的长宽大小，文字的深度值在实例属性面板中设置。
- 粗体：勾选此选项即设置模型文字为粗体。
- 斜体：勾选此选项即设置模型文字为斜体。

类型属性设置完成后单击"确定"按钮。

（2）设置属性框中的实例属性参数，如图 5-203 所示。

部分参数说明如下。

- 工作平面：指示当前模型文字所放置实例的工作平面。
- 文字：单击"编辑"按钮弹出"编辑文字"对话框，从而继续修改文字的内容。
- 水平对齐：指文字数量存在多行时，每行文字的对正方式。

图 5-203　文字实例属性对话框

- 材质：指给模型文字赋予某种材质类型。
- 深度：指文字的深度或者厚度。

5.16　模型线

通过模型线工具可以创建一条存在于三维空间中且在项目所有视图中都可见的线。

✎ **预习重点**

◎ 模型线的特点和绘制。

5.16.1　模型线的特点

模型线是基于工作平面的图元，存在于三维空间且在所有视图中都可见。

5.16.2　模型线的绘制

模型线的绘制有两种方式，即绘制生成、转换生成。

1．绘制生成

📏【执行方式】

功能区："建筑"选项卡→"模型"面板→"模型线"

🖱【操作步骤】

（1）将视图切换至相关平面视图。

（2）执行上述操作。

（3）设置模型线选项栏。

（4）绘制模型线。

模型线可以绘制成直线或曲线，在选项卡中选择对应的绘制工具绘制，可以单独绘制、链状绘制或者以矩形、圆形、椭圆形或其他多边形的形状进行绘制。模型线也可以通过拾取墙等构件图元的边生成。

2．转换生成

🖱️ **【操作步骤】**

（1）选择详图线、参照线等非模型线。

（2）执行转换线命令，转换为模型线。

5.17　参照平面

通过参照平面工具可以在平面视图中绘制参照平面，为设计提供基准辅助。

✏️ **预习重点**

◎ 参照平面的特点和绘制。

5.17.1　参照面的特点

参照平面是基于工作平面的图元，存在于平面空间，在二维视图中可见，在三维视图中不可见。参照平面的绘制只能使用直线绘制，且参照平面不能绘制为链状。

5.17.2　参照平面的绘制

📏 **【执行方式】**

功能区："建筑"选项卡→"工作平面"面板→"参照平面"

快捷键：RP

🖱️ **【操作步骤】**

（1）将视图切换至相关平面视图。

（2）执行上述操作。

（3）通过绘制直线或拾取线完成参照平面的绘制。

5.17.3 参照平面的影响范围

👆【操作步骤】

选择已绘制的参照平面，在"修改|参照平面"选项卡中单击"影响范围"按钮，如图 5-204 所示。

设置该参照平面的影响范围，如图 5-205 所示。

图 5-204 "参照平面上下文"选项卡

图 5-205 "影响基准范围"对话框

5.18 房间

房间是基于墙、楼板、屋顶和天花板等图元对建筑模型中的空间进行细分的部分。

✎ 预习重点

◎ 房间标记的添加和面积的添加。

5.18.1 房间的添加

📏【执行方式】

功能区："建筑"选项卡→"房间和面积"面板→"房间"

快捷键：RM

👆【操作步骤】

（1）设置面积和体积计算。

在创建房间前，需要对房间进行相关的设置。单击"建筑"选项卡下"房间和面积"面板中的 房间和面积 ▼下拉菜单，单击"面积和体积计算"选项，在弹出的"面积和体积计算"对话框中进行相关的设置，如图 5-206 所示。

图 5-206 "面积和体积计算"对话框

（2）设置"计算"选项卡下的两个参数，在"体积计算"框中选择"仅按面积（更快）"单选按钮，在"房间面积计算"框中选择"在墙核心层（L）"单选按钮。设置完成后单击"确定"按钮。

（3）将视图切换至相关平面视图。

（4）执行上述操作。

（5）选择房间标记类型。

在属性框中实例类型下拉菜单中选取标记的类型和样式，在属性框中的"限制条件"面板下设置上限、高度偏移、底部偏移值，单击属性框中的"应用"按钮完成实例属性的设置。

（6）房间放置。

单击"上下文"选项卡下的"在放置时进行标记"按钮，将鼠标光标移动到绘图区域中的某个房间位置时，软件会自动识别房间的边界线，单击，完成标记，如图 5-207 所示。

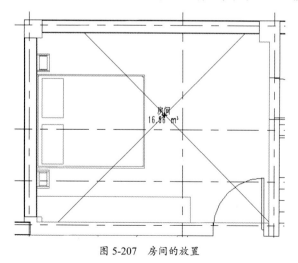

图 5-207 房间的放置

按 Esc 键退出标记状态，在文字标识上双击，将原有的"房间"文字修改为对应的房间名称，如"主卧"、"次卧"、"书房"等。

5.18.2　房间分割线的添加

在通过"房间"工具添加和标记房间时，往往会遇到软件无法拾取有效的墙边界，如敞开式盥洗室、楼梯间等，这时需要在房间边界添加分割线，放置房间时软件会自动以分割线作为房间边界。

📏【执行方式】

功能区："建筑"选项卡→"房间和面积"面板→"房间分割"

🖱️【操作步骤】

（1）将视图切换到楼层平面视图。

（2）绘制房间分割线。

执行上述操作，在需要绘制分割线墙体的一端单击作为分割线的起点，将鼠标光标滑动到另一墙体的端点处单击作为分隔线的终点，按两次 Esc 键退出绘制状态。

（3）补充添加房间。

分割线绘制好后，单击"房间和面积"面板上的房间工具，将光标移动到刚刚绘制好分割线的区域，单击完成房间的添加。

分割线的用途不仅仅可以为不存在墙或其他房间边界图元的房间进行分界，还可以将已存在边界的房间进行二次分界，然后再分别拾取房间进行标记，如图 5-208 所示，将厨房划分为操作区域与活动区域两个区域并分别进行了房间的添加和面积标记操作。

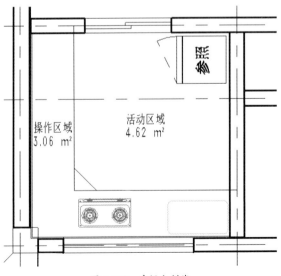

图 5-208　房间分割线

5.18.3　房间标记的添加

在添加房间时，如果在创建房间时未使用"在放置时进行标记"选项，那么可以通过"房间标记"工具对选定的房间进行统一标记。房间标记可以通过标记房间和标记所有未标记的对象两种方式执行。"标记房间"只适用于对房间进行标记，且只能逐一进行标记。"标记所有未标记的对象"不仅仅可以对房间进行统一标记，还可以对专用设备、卫浴装置、屋顶、天花板等进行标记，设计者可以通过项目实际情况进行选择。

1．标记房间

【执行方式】

功能区："建筑"选项卡→"房间和面积"面板→"房间标记"下拉菜单→"标记房间"或"标记所有未标记的对象"

快捷键：RT

【操作步骤】

执行上述操作，将光标移动到绘图区域中的房间位置，已经添加过的房间，软件会自动显示该房间的名称及面积，在房间中合适的区域单击放置标记。

2．标记所有未标记的对象

【执行方式】

功能区："建筑"选项卡→"房间和面积"面板→"房间标记"下拉菜单→"标记所有未标记的对象"

【操作步骤】

（1）执行上述操作，弹出"标记所有未标记的对象"对话框，如图 5-209 所示。

图 5-209　"标记所有未标记的对象"对话框

（2）在该对话框中的"类别"列表下选择房间标记，对应的在"载入的标记"列表下选择标记_房间-有面积的选项即可，其他选项按照默认设置，单击"确定"按钮，标记完成。

5.18.4 面积的添加

通过"房间和面积"面板中的工具，不仅可以为房间进行标记，还可以创建由墙和边界线定义的面积，如建筑物占地面积、楼层基底面积等。

✎【执行方式】

功能区："建筑"选项卡→"房间和面积"面板→"面积"

【操作步骤】

（1）设置面积和体积计算方案。

在"建筑"选项卡下"房间和面积"面板中，单击 房间和面积 ▾选项，在下拉菜单中选择"面积和体积计算"选项，在弹出的"面积和体积计算"对话框中将选项卡切换到"面积方案"选项卡下，单击右边的"新建"按钮，将"名称"栏和"说明"栏修改为需要进行标记的面积类别，如图 5-210 所示，单击"确定"按钮返回到楼层平面。

图 5-210 面积方案设置对话框

（2）创建面积平面。

在"建筑"选项卡下"房间和面积"面板中选择"面积"下拉列表中的"面积平面"选项，软件弹出"新建面积平面"对话框，如图 5-211 所示，在"类型"下拉列表中选择上一步面积类别，在下方的视图中选择需要进行标记基底面积的楼层标高。

图 5-211　新建面积平面对话框

单击"确定"按钮，这时软件弹出如图 5-212 所示的对话框，提示"是否要自动创建与所有外墙关联的面积边界线"，如需手动绘制边界线，单击"否（N）"按钮。

图 5-212　创建关联面积边界线对话框

软件切换到对应楼层的面积平面视图，如图 5-213 所示。

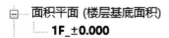

图 5-213　项目浏览器

（3）绘制面积边界。

单击"房间和面积"面板中的"面积边界"按钮，在弹出的"上下文"选项卡下，选择"绘制"面板中的"拾取线"命令，取消勾选功能区中的"应用面积规则"选项。将鼠标光标移动到面积平面视图上，拾取模型外墙的边界生成面积平面的边界线。

拾取完成后，利用"修改"面板中的修剪/延伸工具，将生成的边界线修剪为封闭区域。这样，面积边界即绘制完成。

（4）创建面积。

在"建筑"选项卡下"房间和面积"面板中选择"面积"下拉列表中的"面积"选项，单击"上下文"选项卡中的"在放置时进行标记"按钮，在属性框实例类型下拉菜单中选择载入到样板中的标注样式，将光标移动到面积平面视图上，软件会自动识别上一步绘制的面积边界，在视图中合适位置单击放置标记。

↘ 实操实练-12 房间的添加

（1）打开项目"建筑—门"，在项目浏览器中将视图切换到一层楼层平面图。

（2）使用在以下三处添加房间分割线，如图 5-214 所示。

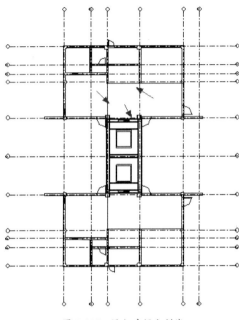

图 5-214 添加房间分割线

（3）执行房间命令，在"属性"对话框中选择"标记_房间-有面积-方案-黑体-4-5mm-0-8"作为房间标记。

（4）分别在上述各区域单击，添加房间。

（5）在房间标记文字上双击，并输入相关区域名称，完成房间的添加，如图 5-215 所示。

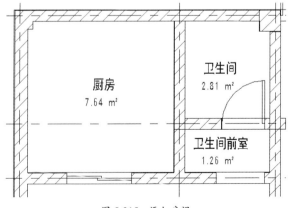

图 5-215 添加房间

（6）将项目另存为"建筑-房间"。

5.19 场地

通过场地创建工具可以完成项目地形曲面、场地构件、地坪等相关模型的创建。

✏️ **预习重点**

◎ 地表的创建、地坪的创建、场地构件的添加、场地的分割等。

5.19.1 场地设置

创建场地之前，应先设置场地相关参数。

📏 **【执行方式】**

功能区："体量和场地"选项卡→"模型场地"面板→" ▣ "

🖱️ **【操作步骤】**

执行上述操作，弹出"场地设置"对话框，如图 5-216 所示。根据项目情况，设置各参数。

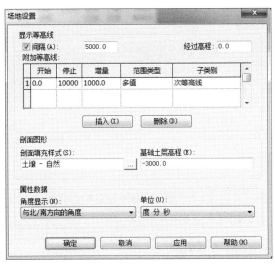

图 5-216 "场地设置"对话框

各参数含义如下。

* 显示等高线：显示等高线。如果取消勾选该复选框，自定义等高线仍会显示在绘图区域中。
* 间隔：设置等高线间的间隔。
* 经过高程：等高线间隔是根据这个值来确定的。
* 开始：设置附加等高线开始显示的高程。
* 停止：设置附加等高线不再显示的高程。
* 增量：设置附加等高线的间隔。
* 范围类型：选择"单一值"可以插入一条附加等高线。选择"多值"可以插入增量附加等高线。

- 子类别：设置将显示的等高线类型。从列表中选择一个值。
- 剖面填充样式：设置在剖面视图中显示的材质。
- 基础土层高程：控制着土壤横断面的深度。
- 角度显示：指定建筑红线标记上角度值的显示。
- 单位：指定在显示建筑红线表中的方向值时要使用的单位。

5.19.2 地形表面数据类型

在 Revit 软件中，创建地形表面可使用三种方式，分别为：手动放置点、指定实例和指定文本点。

- 手动放置点：手动指定高程点位置及高程或相对高程。
- 指定实例：使用导入的包含三维高程信息的 DWG 等文件。
- 指定文本点：文本点文件为使用逗号分隔的文件格式（可以是 CSV 或 TXT 文件）。点文件中必须包含 X、Y 和 Z 坐标值作为文件的第一个数值。忽略该文件的其他信息（如点名称）。如需添加其他数值信息，必须显示在 X、Y 和 Z 坐标值之后。

5.19.3 地形表面的创建

【执行方式】

功能区："体量和场地"选项卡→"场地建模"面板→"地形表面"

【操作步骤】

1）放置点方式

（1）切换至场地平面视图。

（2）执行上述操作，单击放置点，在选项栏中设置放置点高程值，如图 5-217 所示，并在绘图区域放置点，完成点放置后，如图 5-218 所示。

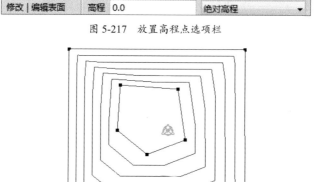

图 5-217 放置高程点选项栏

图 5-218 场地

- 绝对高程：点显示在指定的高程处。可以将点放置在活动绘图区域中的任何位置。
- 相对于表面：通过该选项，可以将点放置在现有地形表面上的指定高程处，从而编辑现有地形表面。要使该选项的使用效果更明显，需要在着色的三维视图中工作。

（3）单击完成，完成地形表面的创建，如图 5-219 所示。

图 5-219　场地三维图

2）指定实例

（1）将视图切换至场地平面视图。

（2）导入 DWG、DXF 或 DGN 格式三维等高线数据，如图 5-220 所示。

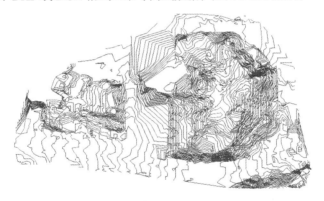

图 5-220　导入 DWG 文件

（3）在"修改|编辑表面"选项卡下的"工具"面板中选择"通过导入创建"下拉列表中的"选择导入实例"选项，如图 5-221 所示。

图 5-221　"修改|编辑表面"选项卡

选择绘图区域中已导入的三维等高线数据，打开"从所选图层添加点"对话框，如图 5-222 所示，选择数据图层。

图 5-222 "从所选图层添加点"对话框

Revit 将根据三维地形数据提取相关高程点信息，如图 5-223 所示。

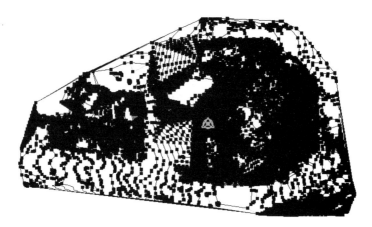

图 5-223 自动高程点

（4）通过简化表面命令，设置表面精度，如图 5-224 所示。

图 5-224 "简化表面"对话框

（5）单击"确定"按钮，完成地形表面的创建，如图 5-225 所示。

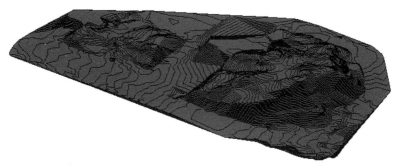

图 5-225　三维地形

3）导入点文件

（1）在"修改|编辑表面"选项卡下"工具"面板中选择"通过导入创建"下拉列表中的"指定点文件"选项。

（2）在"打开"对话框中，选择点文件，并在"格式"对话框中，指定点文件数据单位，单击"确定"按钮，如图 5-226 所示。

图 5-226　格式设置

（3）单击完成，完成地形表面的绘制，如图 5-227 所示。

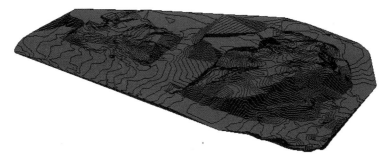

图 5-227　三维地形

5.19.4　场地构件的创建

【执行方式】

功能区："体量和场地"选项卡→"场地建模"面板→"场地构件"

【操作步骤】

（1）执行上述操作。

（2）选择构件类型，如图 5-228 所示，并在选项栏中设置构件标高，如图 5-229 所示。

图 5-228　构件类型选择器

图 5-229　构件放置选项栏

建筑构件会自动放置在地形表面，如图 5-230 所示。

图 5-230　构件放置

5.19.5　停车场构件的创建

✏️【执行方式】

功能区："体量和场地"选项卡→"场地建模"面板→"停车场构件"

【操作步骤】

（1）执行上述操作。

（2）选择停车场构件类型，如图 5-231 所示。

图 5-231　停车场构件类型选择器

设置放置标高，如图 5-232 所示。

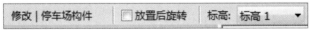

图 5-232　停车场构件放置选项栏

单击放置位置，完成停车场构件的放置。

5.19.6　建筑地坪

【执行方式】

功能区："体量和场地"选项卡→"场地建模"面板→"场地地坪"

【操作步骤】

（1）执行上述操作。

（2）选择建筑地坪类型，如图 5-233 所示。

设置场地地坪时，可以通过单击"编辑类型"按钮，打开建筑地坪类型属性对话框，如图 5-234 所示。对场地地坪进行自定义，自定义方式与楼板定义方式类似。

图 5-233　建筑地坪类型选择器

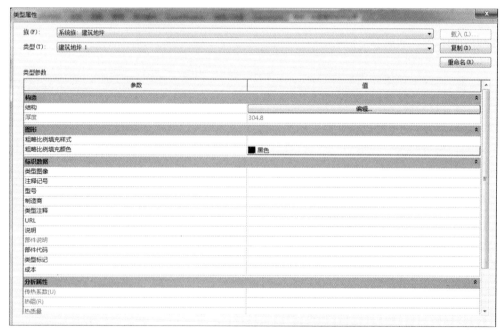

图 5-234　建筑地坪类型属性对话框

（3）绘制场地地坪边界线。

使用绘制草图线工具，绘制场地地坪草图线，如图 5-235 所示。

图 5-235　场地地坪草图

（4）完成场地地坪的创建，如图 5-236、图 5-237 所示。

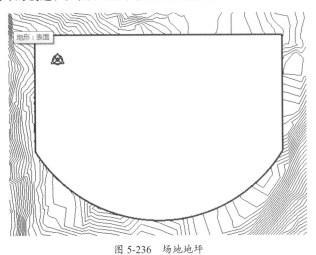

图 5-236　场地地坪

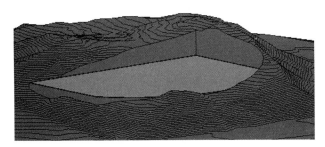

图 5-237　场地地坪三维图

5.19.7　场地红线

✎【执行方式】

功能区："体量和场地"选项卡→"修改场地"面板→"建筑红线"

【操作步骤】

（1）将视图切换到场地平面视图。

（2）执行上述操作。

（3）选择创建建筑红线方式，如图 5-238 所示。通过输入距离和方向角来创建或通过绘制来创建。

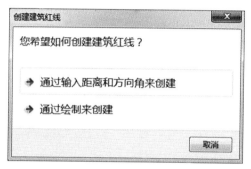

图 5-238　建筑红线创建方式选择

- 通过输入距离和方向角来创建时，在弹出的对话框中输入相关参数，如图 5-239 所示。完成绘制。

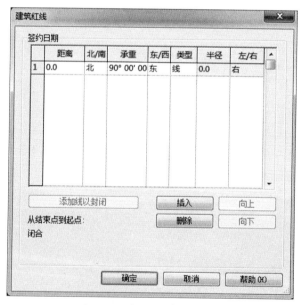

图 5-239　建筑红线参数对话框

- 通过绘制来创建时，通过绘制工具绘制建筑红线草图线，单击"完成"按钮，完成绘制，如图 5-240 所示。

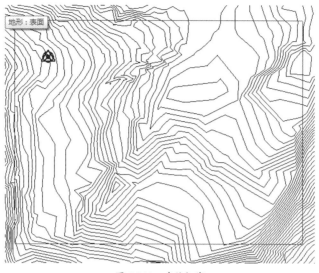

图 5-240　建筑红线

5.19.8　地形的修改

常见地形修改方式如下。

- 拆分表面：将一块表面分割为独立的两块表面，且绘制草图线必须闭合，如图 5-241 所示。效果如图 5-242 所示。

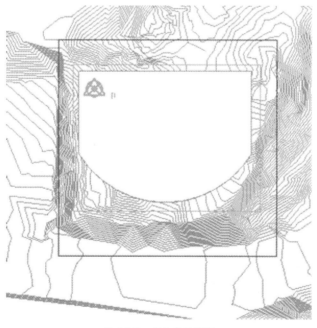

图 5-241　拆分表面草图

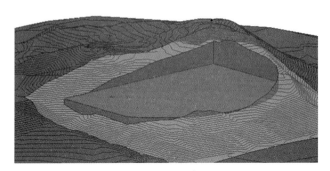

图 5-242　拆分表面

- 合并表面：将独立的两块表面合并为一块表面。
- 子面域：在地形表面绘制草图线，在草图线范围内创建依附于地形表面的子区域，可单独设置材质等参数。
- 场地平整：将地形表面切换到可以编辑模式，通过添加、删除点等操作，对地形进行改造。

➥ 实操实练-13　场地及场地构件的添加和调整

（1）打开"建筑—幕墙"项目，在项目浏览器下，展开楼层平面目录，双击场地名称进入场地平面视图。

（2）单击"体量和场地"选项卡下的"地形表面"按钮，在"上下文"选项卡下"工具"面板中选择放置点，在选项栏中的高程框中输入 –300，并选择绝对高程，如图 5-143 所示。

图 5-243　放置点选项栏

（3）在别墅平面的四周，分别单击放置 4 个点作为地形表面的边界交点。单击✔按钮完成地形表面的编辑。

（4）单击已创建完成的地形表面，在属性框中的材质一栏，为地形表面赋予草皮材质。

（5）将项目文件另存为"建筑—场地"，完成对该项目场地的创建，如图 5-244 所示。

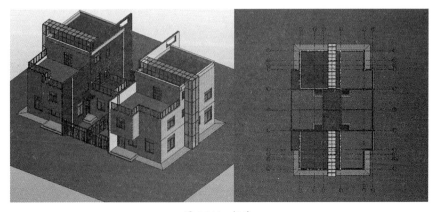

图 5-244　场地

第6章

结构模块

📓 知识引导

　　本章主要讲解 Revit 软件在结构模块中的实际应用操作，包括结构柱、结构墙、梁系统、结构洞口、支撑、桁架、钢筋以及基础等模块创建。

6.1　结构符号表达设置

本节主要介绍结构表达法的设置，包括结构符号缩进距离、支撑符号、连接符号等参数。

✏️ 预习重点

◎　结构符号的表达设置。

📏 【执行方式】

功能区："结构"选项卡→"结构"面板→"⌐"→"符号表示法设置"选项卡

图 6-1 所示为"符号表示法设置"选项卡。

图 6-1　"符号表示法设置"选项卡

各参数设置含义如下。

- 符号缩进距离：设置各结构框架图元连接的缩进距离。
  - ➢ 支撑：表示支撑和其他结构框架构件之间的缩进距离。
  - ➢ 梁/桁架：表示梁/桁架弦杆和其他结构框架构件之间的缩进距离。
  - ➢ 柱：表示柱和其他结构框架构件之间的缩进距离。
- 支撑符号：设置专门控制支撑表达的符号。平面表示方法包括平行线、有角度的线、加强支撑三种表示方法。
  - ➢ 平行线：平面视图中支撑的符号表示法由一条平行于该支撑的线表示，如图 6-2 所示。如果支撑低于标高，则该线显示在垂直支撑中心线的下方；如果该支撑高于标高，则该线显示在垂直支撑中心线的上方。

图 6-2　平行线表达

  - ➢ 有角度的线：平面视图中支撑的符号表示法由一条有角度的线表示，如图 6-3 所示。如果支撑和标高相交，则有角度的线的起点是支撑和标高的交点，否则是支撑上距离标高最近的点。对于支撑高于标高的部分，该符号的方向向上，否则向下。只有当支撑的结构用途设置为"竖向支撑"时，有角度的线支撑符号才显示在符号平面视图中。

图 6-3　有角度的线表达

其余的支撑设置指定下列显示的符号：支撑高于当前视图，支撑低于当前视图以及加强支撑。选择"显示上方支撑"和"显示下方支撑"以显示其符号。将平面表示从平行线修改为有角度的线时，任一符号会自动随之改变。只有当支撑的结构用途设置为"加强支撑"时，加强支撑符号才显示在符号平面视图中。

- 连接符号：显示在梁、支撑和柱符号的末尾。可以自定义连接类型，并为每种类型指定连接符号族。默认类型分为梁/支撑终点连接、柱顶部连接，以及柱底部连接。
  - ➢ 显示下列对象的符号：选择对应连接符号组，梁和支撑、柱底部或柱顶部。
  - ➢ 连接类型：选择可用的"连接类型"以定义显示时的组基础，"弯矩框架"、"悬臂力矩"、"柱脚底板符号"、"剪力柱连接"或"弯矩柱连接"。
  - ➢ 注释符号：选择"连接类型"对应的连接符号。

6.2　基础

使用条形基础、独立基础和基础底板工具为相关模型创建相关基础。

✎ **预习重点**

◎ 基础的分类和创建。

6.2.1　结构基础的分类

按照基础的样式和创建方式的不同，软件把基础分为三大类，分别为独立基础、条形基础和基础底板。

- 独立基础：将基脚或桩帽添加到建筑模型中，是独立的族。
- 条形基础：以条形结构为主体。可在平面或三维视图中沿着结构墙放置条形基础。
- 基础底板：用于建立平整表面上结构楼板的模型和建立复杂基础形状的模型。

6.2.2　独立基础的创建

独立基础自动附着到柱的底部，将独立基础族放置在项目模型中之前，需要通过载入族工具将相应的族载入到当前的项目中。

📏 **【执行方式】**

功能区："结构"选项卡→"基础"面板→"独立"

🖱 **【操作步骤】**

（1）独立基础族的载入。

执行上述操作，在"上下文"选项卡中，单击"模式"面板中的"载入族"按钮，弹出基础载入族对话框，如图 6-4 所示。

图 6-4　基础载入族对话框

选择需要载入的族文件，单击"打开"按钮完成载入。

（2）独立基础实例的参数设置。

在实例类型选择器下拉列表中选择基础族类型，设置基础的实例属性，如图 6-5 所示。

图 6-5 基础实例参数对话框

部分参数说明如下。

- 主体：将独立基础主体约束到的标高，一般为只读。
- 偏移量：指定独立基础相对约束标高的顶部高程。
- 随轴网移动：勾选后基础将限制到轴网上，基础随着轴网的移动而发生移动。
- 结构材质：为独立基础赋予某种材质类型。
- 底部高程：指示用于对基础底部进行标记的高程，一般为只读。

（3）独立基础族的布置。

设置完成独立基础的参数后，将光标移动到绘图区域中，在指定的位置单击以放置基础。

此外，创建基础还有两种方式，在“上下文”选项卡下多个面板中，还有“在轴网处”和“在柱上”两种放置方式。此两种方式可快速创建同类型的独立基础实例。

- 在轴网处：单击此按钮，在绘图区域中，框选轴网，在轴网的相交处会出现独立基础的临时模型，单击“上下文”选项卡下的“完成”按钮，完成创建。
- 在柱上：单击此按钮，在绘图区域中，选择已创建好的结构柱，配合使用 Ctrl 键可以同时选择多个柱，多选择的每根柱下会显示独立基础的临时模型，单击“上下文”选项卡下的“完成”按钮，完成创建。

6.2.3 条形基础的创建和修改

条形基础是以条形图元对象为主体创建的，所以要创建条形基础，首先要创建条形图元对象，基础被约束到其主体对象。如果主体对象发生变化，则条形基础也会随之调整。

【执行方式】

功能区："结构"选项卡→"基础"面板→"条形"

快捷键：FT

【操作步骤】

（1）条形基础参数设置。

执行上述操作，在"属性"对话框实例类型选择器列表中选择相关类型，单击"编辑类型"按钮进入基础类型属性对话框，如图 6-6 所示。

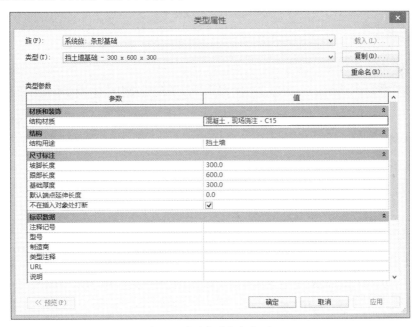

图 6-6 基础类型属性对话框

参数说明如下。

- 结构材质：为基础赋予某种材质类型。
- 结构用途：指定墙体的类型为挡土墙或承重墙。
- 坡脚长度：指定从主体墙边缘到基础的外部面的距离，仅挡土墙。
- 跟部长度：指定从主体墙边缘到基础的内部面的距离，仅挡土墙。
- 基础厚度：指定条形基础的厚度值。
- 默认端点延伸长度：指定基础将延伸至墙终点之外的距离。

- 不在插入对象处打断：指定位于插入对象下方的基础是连续还是打断的。
- 宽度：指定承重墙基础的总宽度，仅承重墙。

（2）条形基础的布置。

完成基础的参数设置后，将视图切换到平面或三维视图，将光标移动到绘图区域中，选择需要放置基础的墙体（可使用面板中"选择多个"命令，选择多面需要添加基础的墙体对象），软件将自动生成相应的条形基础。

6.2.4　结构板的创建和修改

基础底板不需要来自其他结构图元的支撑。使用基础底板可以在平整表面或复杂基础形状上为板建模。

【执行方式】

功能区："结构"选项卡→基础面板→"板"下拉菜单→"结构基础：楼板"

【操作步骤】

（1）结构板的属性设置。

执行上述操作，在"属性"对话框实例类型选择器下拉列表中选择基础底板类型。单击"编辑类型"按钮进入"类型属性"对话框，其参数的设置与楼板参数设置方法一致。

（2）结构基础板的绘制。

将视图切换到楼层平面视图，按照执行方式进入基础底板草图绘制界面，选择"绘制"面板中的工具来绘制基础底板的边界线，形成一个闭合环区域，完成后单击"完成"按钮，完成基础楼板的创建。

➤ 实操实练-14　基础的布置

（1）打开"结构—轴网"项目，在项目浏览器下，展开结构平面目录，双击基础_-1.800 名称进入基础平面视图。

（2）单击"结构"选项卡下的"独立"按钮，在类型选择器中找到放置在轴线 1、轴线 F 交点上的基础类型（各类型独立基础已在族编辑器中创建完成，并已载入到当前项目中）。

（3）在属性框中，设置放置标高为基础_-1.800，偏移量为 0.0，勾选"随轴网移动"复选框，如图 6-7 所示。

（4）移动鼠标至轴线 1、轴线 F 交点处，单击放置 J-8 基础，通过临时尺寸标注对放置的基础进行调整，如图 6-8 所示。

图 6-7　基础实例属性对话框

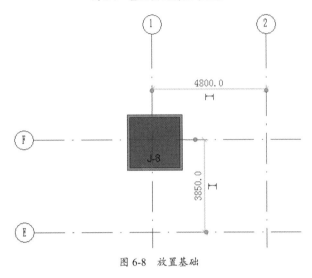

图 6-8　放置基础

（5）按照上述步骤继续将其他类型的独立基础布置到相应的轴网上。

（6）将项目文件另存为"结构—基础"，完成对该项目基础的布置，如图 6-9 所示。

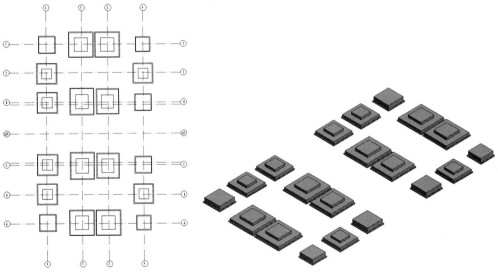

图 6-9　基础放置完成

6.3 结构柱

结构柱是用于建筑中的承重图元，主要目的是为了承受建筑荷载。

✎ **预习重点**

◎结构柱的创建和布置方式。

6.3.1 结构柱和建筑柱的差异

尽管结构柱与建筑柱共享许多属性，但结构柱还具有许多独特性质和行业标准定义的其他属性。在行为方面，结构柱也与建筑柱不同。结构图元（如梁、支撑和独立基础）与结构柱连接，它们不与建筑柱连接。

6.3.2 结构柱载入和属性参数设置

结构柱载入与建筑柱载入一致，属性参数多数与建筑柱一致。

📏 **【执行方式】**

功能区："建筑"选项卡→"构建"面板-"柱"面板下拉菜单→"结构柱"

快捷键：CL

🖰 **【操作步骤】**

（1）执行上述操作。

（2）结构柱的载入。

按照上述方式单击"结构柱"按钮，在"上下文"选项卡下，单击"模式"面板中的"载入族"按钮，弹出结构柱载入族对话框，如图 6-10 所示。

图 6-10　结构柱载入族对话框

在对话框中可以看到软件自带结构柱分为钢柱、混凝土柱、木质柱、轻型钢柱和预制混凝土柱 5 种类别，单击进入需要的柱类型文件夹，就可以找到需要的 rfa 族文件，单击"确定"按钮完成载入，在属性框实例类型下拉列表中找到刚刚载入进来的结构柱。

（3）结构柱属性设置。

在实例类型下拉列表中选择将要放置的结构柱样式，单击"编辑类型"按钮进入其类型属性对话框，如图 6-11 所示。

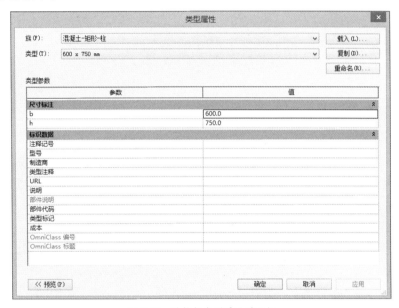

图 6-11　结构柱类型属性对话框

单击"复制"按钮，在弹出的结构柱类型名称对话框中输入新建的柱尺寸，b×h 值，如图 6-12 所示。

图 6-12　结构柱类型名称对话框

完成后单击"确定"按钮，返回到类型属性设置对话框中，这时在类型属性对话框中的"类型（T）"一栏就会显示刚刚命名的柱尺寸值。

修改尺寸标注下 b 和 h 后面的值，将原有的数值修改为新的尺寸值。在平面或截面视图下，其中 b 代表柱的长度，h 代表柱的宽度。单击"确定"按钮，完成类型属性的设置，返回到结构柱放置状态。

下一步进行实例属性的设置，返回到属性框，如图 6-13 所示。

图 6-13 结构柱实例属性对话框

部分参数说明如下。

- 随轴网移动：勾选此复选框，则轴网发生移动时，柱也随之移动。不勾选则柱不随轴网的移动而移动。
- 房间边界：勾选此复选框，则将柱作为房间边界的一部分，反之则不作为。
- 结构材质：为当前的结构柱赋予某种材质类型。
- 启用分析模型：勾选此复选框则显示分析模型，并将它包含在分析计算中。建模过程中建议不勾选。
- 钢筋保护层—顶面：设置与柱顶面间的钢筋保护层距离，此项只适用于混凝土柱。
- 钢筋保护层—底面：设置与柱底面间的钢筋保护层距离，此项只适用于混凝土柱。
- 钢筋保护层—其他面：设置从柱到其他图元面间的钢筋保护层距离，此项只适用于混凝土柱。

6.3.3　结构柱的布置方式

在完成 6.3.2 节所描述的创建和设置后，下一步即可在轴网中布置结构柱，布置时还需选择相应的布置方式。

【执行方式】

功能区："建筑"选项卡→"构建"面板→"柱"面板下拉菜单→"结构柱"

快捷键：CL

【操作步骤】

（1）切换至放置平面。

（2）执行上述操作。

（3）选择需要布置的结构柱类型。

（4）选择布置方式及标记。

放置前，还需在"上下文"选项卡下选择"放置"、"多个"、"标记"面板上的布置方式，如图6-14所示。

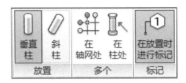

图 6-14　结构柱放置面板

各项说明如下。

- 垂直柱：表示在轴网上布置的柱为垂直的结构柱。
- 斜柱：表示在轴网上布置的柱为有角度倾斜的结构柱，通过两次不同的位置单击完成倾斜。
- 在轴网处：用于在选定轴网的交点处创建结构柱，能够快速创建同种类型的结构柱，单击"完成"按钮完成创建。
- 在柱处：用于在选定的建筑柱内部创建结构柱，结构柱能捕捉到建筑柱的中心。
- 在放置时进行标记：表示在布置完成结构柱后自动生成相应的结构柱标记。

（5）垂直柱方式布置。

在选项栏设置垂直柱布置深度或高度，设置布置标高，将光标移动到绘图区域中，确定布置位置后，单击，完成柱的布置。

（6）斜柱方式布置。

在选项栏设置斜柱第一点和第二点深度或高度，设置布置标高，将光标移动到绘图区域中，分别单击确定第一点和第二点布置位置后，完成柱的布置。

（7）在轴网处方式布置。

在轴网处布置结构柱适用于垂直柱，单击垂直柱并单击"上下文"选项卡中的"在轴网处"按钮，在选项栏设置好垂直柱布置标高后，选择相关轴网，在轴网相交处会出现结构柱布置，单击"完成"按钮完成柱的布置。

（8）在柱处方式布置。

在柱处布置结构柱适用于垂直柱，单击垂直柱并单击"上下文"选项卡中的"在柱处"按钮，在选项栏设置好垂直柱布置标高后，选择相关建筑柱，在建筑柱中心处会出现结构柱布置，单击"完成"按钮完成柱的布置。

6.3.4 结构柱的修改

选择已经放置的结构柱，结构柱的修改主要来自属性框实例属性的修改和"上下文"选项卡下"功能"面板中的修改。

【操作步骤】

（1）实例属性修改。

选择某结构柱，在属性框中修改该柱的实例属性，且不影响其他柱的属性，主要修改的内容就是限制条件，如图 6-15 所示。

限制条件	⋩
柱定位标记	F-1
底部标高	标高 1
底部偏移	0.0
顶部标高	标高 2
顶部偏移	0.0
柱样式	垂直
随轴网移动	✔
房间边界	✔

图 6-15 结构柱实例属性对话框

部分参数说明如下。

- 柱定位标记：指示项目轴网上垂直柱的坐标位置，如 F-1 表示 F 轴与 1 轴的交点。
- 底部标高：指示柱底部的限制标高。
- 底部偏移：指示柱底部到底部标高的偏移值，正值表示标高以上，负值表示标高以下。
- 顶部标高：指示柱顶部的限制标高。
- 顶部偏移：指示柱顶部到顶部标高的偏移值，正值表示标高以上，负值表示标高以下。
- 柱样式：指定修改柱的样式形式为"垂直"、"倾斜 - 端点控制"或"倾斜 - 角度控制"。

（2）"上下文"选项卡中柱的修改

选择结构柱，在弹出的"修改 | 结构柱上下文"选项卡下，可以看到如图 6-16 所示的几个面板工具，均用于修改柱。

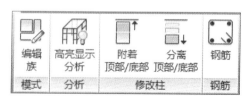

图 6-16 "修改|结构柱上下文"选项卡

各面板选项说明如下。

- 编辑族：表示可以通过族编辑器来修改当前的柱族，然后将其载入到项目中来。
- 高亮显示分析：指示在当前视图中，高亮显示与选定的物理模型相关联的分析模型。

- 附着顶部/底部：指示将柱附着到如屋顶和楼板等模型图元上。
- 分离顶部/底部：指示将柱从屋顶和楼板等模型图元上分离。
- 钢筋：指示放置平面或多平面钢筋。

通过上述两种方式可以将放置的结构柱修改成设计所需的形式。

➤ 实操实练-15　结构柱的布置

（1）打开"结构—基础"项目，在项目浏览器下，展开结构平面目录，双击 1F_±0.000 名称进入 1 层平面视图。

（2）单击"结构"选项卡下的"柱"按钮，在类型选择器中选择矩形截面平法柱的某一尺寸，在类型属性框中，复制创建命名为 KZ1 且尺寸值为 350mm×350mm 的矩形柱，设置其结构材质为 C25 级现场浇注混凝土，如图 6-17 所示。完成设置后单击"确定"按钮返回。

参数	值
材质和装饰	⌃
结构材质	混凝土 - 现场浇注混凝土 - C25
尺寸标注	⌃
柱高	350.0
柱宽	350.0
b	350.0
h	350.0

图 6-17　结构柱类型属性对话框

（3）在"上下文"选项卡中，选择垂直柱，并单击在放置时进行标记。在选项栏中，不勾选"放置后旋转"复选框，选择高度，直到 3F_6.550。勾选"房间边界"复选框，如图 6-18 所示。

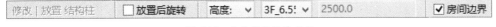

| 修改 \| 放置 结构柱 | ☐ 放置后旋转 | 高度: ∨ | 3F_6.5! ∨ | 2500.0 | ☑ 房间边界 |

图 6-18　结构柱放置选项栏

（4）移动鼠标光标至轴线 1、轴线 F 交点处，单击放置 KZ1 矩形柱，通过临时尺寸标注对放置的柱进行调整，如图 6-19 所示。

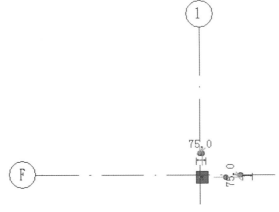

图 6-19　结构柱放置

（5）单击刚放置的 KZ1 矩形柱，在属性框中设置其底部偏移为 500，并勾选"随轴网移动"复选框，如图 6-20 所示。

图 6-20　结构柱实例属性对话框

（6）按照上述步骤继续在轴网上布置其他类型的结构柱。

（7）将项目文件另存为"结构—结构柱"，完成对该项目结构柱的布置，如图 6-21 所示。

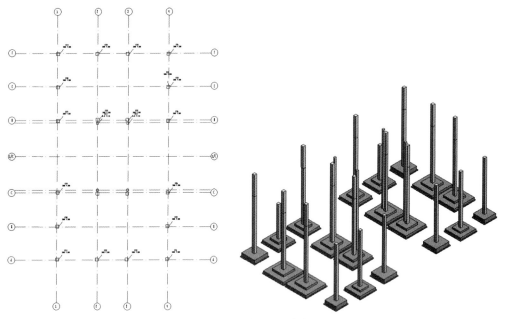

图 6-21　结构柱放置完成

6.4　结构墙

结构墙是指在建筑模型中创建承重墙或剪力墙。

✏️ **预习重点**

◎　结构墙的构造和创建。

6.4.1　结构墙和建筑墙的差异

在创建墙体时，不管选择了哪种类型的结构墙，其结构用途默认值为"承重"，建筑墙的结构用途默认值为"非承重"。

6.4.2　结构墙的构造

结构墙与建筑墙除结构用途不同之外，其构造设置与建筑墙一模一样，可以对照之前所讲的建筑墙体构造方法，来对结构墙体进行相关的构造设置。

【执行方式】

功能区："结构"选项卡→"结构"面板→"墙"下拉菜单→"墙：结构"

【操作步骤】

在属性框实例类型下拉列表中，从叠层墙、基本墙、幕墙三种墙体类型中任选一种尺寸墙体，单击"编辑类型"按钮，在弹出的类型属性对话框中，单击"编辑"按钮，弹出如图 6-22 所示的"编辑部件"对话框。

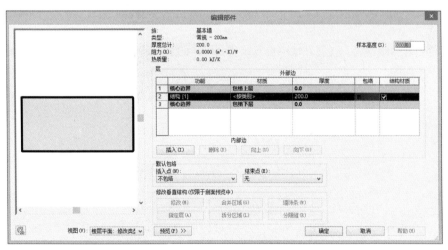

图 6-22　"编辑部件"对话框

结构墙体的构造设置与功能添加方法相同。完成后，单击"确定"按钮完成结构墙的构造设置。

6.4.3　结构墙的创建

在完成结构墙的构造设置后，就可以在绘图区域创建墙体。

【执行方式】

功能区："结构"选项卡→"结构"面板-"墙"下拉菜单→"墙：结构"

快捷键：WA

【操作步骤】

（1）选择墙体类型。

（2）选项栏设置。

（3）参数设置。

（4）结构墙绘制。

在弹出的"上下文"选项卡下"绘制"面板中选择直线工具，将光标移动到绘图区域，单击确定墙体的起点，移动鼠标光标，再一次单击确定墙体的终点，沿顺时针方向绘制墙体。如果勾选了"链"复选框，则可以在当前的绘制状态下，以墙体的终点作为下一段墙体的起点，继续绘制下一段墙体。绘制完成后，按 Esc 键退出当前状态，这样，结构墙体即可绘制完成。

6.4.4　结构墙的修改

创建完成项目中的墙体后，可以对墙体进行二次修改，以达到设计的要求，结构墙体的修改主要包括实例属性参数修改、"上下文"选项卡面板工具修改、绘图区域中墙与相邻墙的关系。

【操作步骤】

（1）实例属性参数修改。

选择已创建的结构墙，在属性框中修改该实例墙体的限制条件，如图 6-23 所示。参数设置与建筑墙体设置相同。

墙 (1)	∨	编辑类型
限制条件		
定位线	墙中心线	∨
底部限制条件	标高 1	
底部偏移	0.0	
已附着底部	☐	
底部延伸距离	0.0	
顶部约束	直到标高: 标...	
无连接高度	3000.0	
顶部偏移	0.0	
已附着顶部	☐	
顶部延伸距离	0.0	
房间边界	☑	
与体量相关	☐	

图 6-23　结构墙实例属性对话框

（2）"上下文"选项卡面板工具修改。

选择已创建的结构墙，在弹出的"上下文"选项卡下各面板中选择合适的工具按钮修改该实例墙体，具体工具如图 6-24 所示。

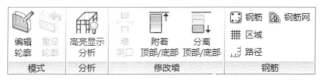

图 6-24　"结构墙上下文"选项卡

其中"编辑轮廓"工具主要是指给当前墙体剪切洞口，其他选项工具的应用和结构柱修改时的方法一致。

➥ 实操实练-16　结构墙的绘制

（1）打开"结构—梁"项目，在项目浏览器下，展开结构平面目录，双击 1F_±0.000 名称进入1 层结构平面视图。

（2）单击"结构"选项卡下"墙"下拉列表中的"结构墙"按钮，在类型选择器中选择某一尺寸厚度的常规墙体，在类型属性参数中复制创建厚度为 240mm 基础砖墙。在"编辑部件"对话框中设置墙体的功能、厚度、材质，如图 6-25 所示。

（3）设置墙体功能为外部，插入点及端点的包络均为外部，如图 6-25 所示。设置完成后单击"确定"按钮返回。

构造	⌃
结构	编辑…
在插入点包络	外部
在端点包络	外部
厚度	240.0
功能	外部

图 6-25　结构墙类型属性对话框

（4）在类型选择器中选择刚刚复制创建的 240mm 基础砖墙，在属性框中设置定位线为核心层中心线，底部标高为基础_−1.800，底部偏移为 1 740，顶部约束为 2F_3.550，顶部偏移为 0.0，如图 6-26 所示。完成后单击"应用"按钮。

限制条件	⌃
定位线	核心层中心线
底部限制条件	基础_-1.800
底部偏移	1740.0
已附着底部	☐
底部延伸距离	0.0
顶部约束	直到标高: 2F_3.550
无连接高度	3610.0
顶部偏移	0.0
已附着顶部	☐
顶部延伸距离	0.0
房间边界	☑
与体量相关	☐

图 6-26　结构墙实例属性对话框

（5）不勾选选项栏中的"链"复选框，不设置偏移量，不勾选"半径"复选框，如图 6-27所示。

图 6-27　结构墙布置选项栏

（6）单击轴线 1/D 与轴线 2 的交点作为绘制墙体的起点，水平滑动鼠标来绘制基础砖墙，绘制完成后，按 Esc 键两次退出绘制墙状态。

（7）按照上述步骤继续复制创建其他尺寸厚度的墙体，设置完成相关参数后，在轴网中接着绘制。

（8）将项目文件另存为"结构—结构墙"，完成对该项目结构墙体的绘制，如图 6-28 所示。

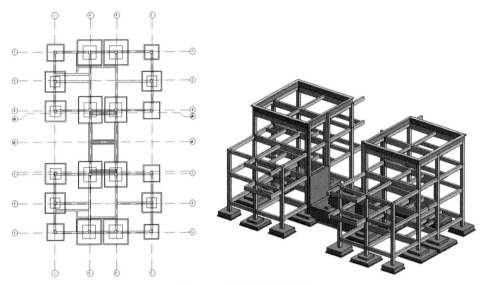

图 6-28　完成结构墙的绘制

6.5　梁

梁是通过特定梁族类型属性定义的用于承重用途的结构框架图元。

✏️ 预习重点

◎ 梁的载入和绘制。

6.5.1　梁的载入

在绘制梁之前，需要将项目所需要的梁样式族载入到当前的项目中来，以达到绘制的目的。

📏【执行方式】

功能区："结构"选项卡→"结构"面板→"梁"

🐭【操作步骤】

（1）执行上述操作。

（2）单击"修改 | 放置梁"上下文选项卡下的"载入族"按钮，弹出"载入族"对话框，如图 6-29 所示。

选择需要载入的梁族文件，单击"确定"按钮完成载入，这时在属性框实例类型下拉列表中将出现载入进来的新梁样式。

图 6-29　"载入族"对话框

6.5.2　梁的设置与布置

将梁族文件载入到项目以后，在对梁的类型属性及实例属性进行相关的设置后便可进行梁的布置。

📏【执行方式】

功能区："结构"选项卡→"结构"面板→"梁"

快捷键：BM

🖱️【操作步骤】

（1）梁属性参数设置。

在实例类型下拉列表中选择将要绘制的梁类型，单击"编辑类型"按钮进入类型属性设置对话框，如图 6-30 所示。

图 6-30　梁类型属性对话框

单击"复制"按钮，在弹出的名称设置对话框中输入新建的梁名称，如图 6-31 所示。

图 6-31　梁类型名称对话框

完成后单击"确定"按钮，返回到类型属性设置对话框，修改相关参数，单击"确定"按钮，完成类型属性的设置，返回到梁绘制状态。

（2）实例属性的设置。

进入梁实例属性面板，设置相关实例参数，如图 6-32 所示。

图 6-32　梁实例属性对话框

参数说明如下。

- 参照标高：设置梁的放置位置标高，一般取决于放置梁时的工作平面。
- YZ 轴对正："统一"或"独立"表示可为梁起点和终点设置相同的参数或不同的参数，只适用于钢梁。
- Y 轴对正：指定物理几何图形相对于定位线的位置，只适用于"统一"对齐钢梁。
- Y 轴偏移值：设置梁几何图形的偏移值，只适用于"统一"对齐钢梁。
- Z 轴对正：指定物理几何图形相对于定位线的位置，只适用于"统一"对齐钢梁。
- Z 轴偏移值：在"Z 轴对正"参数中设置的定位线与特性点之间的距离，只适用于"统一"对齐钢梁。
- 结构材质：指示为当前梁实例赋予某种材质类型。

- 剪切长度：梁的物理长度，一般为只读数据。
- 结构用途：为创建的梁指定其结构用途。有"大梁"、"水平支撑"、"托梁"、"其他"或"檩条"5 种用途。
- 启用分析模型：勾选该复选框则显示分析模型，并将它包含在分析计算中。过多分析模型会降低计算机运行速度，建模过程中建议不勾选。
- 钢筋保护层—顶面：设置与梁顶面之间的钢筋保护层距离，此项只适用于混凝土梁。
- 钢筋保护层—底面：设置与梁底面之间的钢筋保护层距离，此项只适用于混凝土梁。
- 钢筋保护层—其他面：设置从梁到邻近图元面之间的钢筋保护层距离，此项只适用于混凝土梁。

（3）选项栏设置。

设置完成实例属性参数后，还需在选项栏进行相关设置，将视图切换到需要绘制梁的标高结构平面，在选项栏可以确定梁的放置标高，选择梁的结构用途（与属性框中的信息相同），确定是否通过"三维捕捉"和"链"方式绘制，如图 6-33 所示。

图 6-33　梁放置选项栏

（4）梁的绘制。

设置完成梁的类型属性参数和实例属性参数后，在"上下文"选项卡下"绘制"面板中选择梁绘制工具，将光标移动到绘图区域即可进行绘制。

6.5.3　梁的修改

创建完成项目中的梁后，可以对梁进行修改，以达到设计的要求，结构框架梁的修改主要包括实例属性参数修改、上下文选项卡面板工具修改和绘图区域中梁的定位。

🖱️【操作步骤】

（1）实例属性参数修改。

选择已创建的结构框架梁，在属性框中修改该实例梁的限制条件，如图 6-34 所示。

限制条件	⋩
参照标高	标高 1
工作平面	标高：标高 1
起点标高偏移	0.0
终点标高偏移	0.0
方向	标准
横截面旋转	0.000°

图 6-34　梁实例属性对话框

其中可以设置梁的起点、终点标高偏移值，将梁放置到一个相对于标高固定的高度位置上，偏移值设置不同时就会出现倾斜的梁。

（2）上下文选项卡面板工具修改。

选择已创建的梁，在弹出的"上下文"选项卡下各面板中选择合适的工具按钮修改该实例结构框架梁，具体工具如图 6-35 所示。

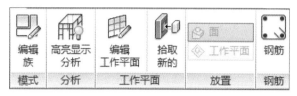

图 6-35　梁修改上下文选项卡

其中"编辑工作平面"工具主要是指给当前结构梁指定新的工作平面，如从标高 1 平面指定到标高 2 平面，位置不变，高度发生了变化。

（3）绘图区域中梁的定位。

选择已创建的结构框架梁，通过临时尺寸标注可以对梁放置位置进行精确的定位，通过梁两端的拖曳点可以拖曳梁的端点到另一处位置。

6.6　梁系统

梁系统是指在项目中快速创建包含一系列平行放置的梁的结构框架图元。

✏️ 预习重点

◎ 梁系统的绘制和修改。

6.6.1　梁系统的设置

在通过使用梁系统工具创建结构框架梁之前，需要对梁系统进行相关的参数化设置。梁系统的设置主要包括类型属性设置和实例属性设置，在此类型属性设置中，主要标识数据的设置，此处不做讲解，着重放在实例属性参数设置上。

📏【执行方式】

功能区："结构"选项卡→"结构"面板→"梁系统"

快捷键：BS

🖱️【操作步骤】

执行上述操作，在实例属性对话框中设置其实例参数，如图 6-36 所示。

部分参数说明如下。

- 3D：指示在梁绘制线定义梁立面的地方，创建非平面梁系统。
- 立面：指示梁系统中的梁距离梁系统工作平面的垂直偏移。

图 6-36　梁系统实例属性对话框

- 工作平面：指示梁系统图元的放置平面，为只读的值。
- 布局规则：布局规则的选定是设置的重中之重，选择不同的规则，对应就有不同的设定限制，其中各规则的分类和说明如下。
  - ➢ 固定距离：指定梁系统中各条梁中心线之间的相对距离。
  - ➢ 固定数量：指定梁系统内梁的数量，且各个梁在梁系统内的间距相等并居中。
  - ➢ 最大间距：指定梁中心线之间的最大距离，数量系统自动计算，且在梁系统中居中。
  - ➢ 净间距：类似于"固定距离"值，但测量的是梁外部之间的间距，而非中心线之间的间距。
- 中心线间距：指示梁中心线之间的距离，此值为只读数据。
- 对正：指定梁系统相对于所选边界的起始位置，起点、终点、中心或"方向线"。
- 梁类型：指定在梁系统中创建梁的结构框架类型，后期可以修改每条梁的类型。
- 在视图中标记新构件：指定要在其中显示添加到梁系统中的新梁图元的视图。

按照上述的每项说明设置梁系统的实例参数，完成后单击"应用"按钮。

6.6.2　梁系统的绘制

在完成梁系统的属性设置后，即可在绘图区域中创建梁系统，创建主要包括绘制边界线和确定梁方向两部分。

📏 【执行方式】

功能区："结构"选项卡→"结构"面板→"梁系统"

快捷键：BS

🖱 【操作步骤】

（1）将操作平面切换至结构楼层平面。

（2）执行上述操作，进入梁系统绘制模式。

（3）绘制边界线。

梁系统的边界线绘制可以随设计的改变而调整。可以使用限制条件和"拾取支座"工具来定义梁系统的边界，也可以通过绘制面板中的工具来绘制梁系统的边界线，如图 6-37 所示。

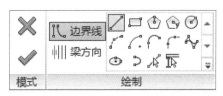

图 6-37　梁系统草图绘制工具面板

在绘制面板中选取某种绘制工具，如直线工具，将光标移动到绘图区域，在绘图区域中绘制一个完整闭合的区域。

（4）确定梁方向。

单击"梁方向"按钮，在绘制面板中选择梁方向绘制工具（包括绘制线、拾取线、拾取支座三种方式）。将光标移动到绘图区域中边界线的位置，在闭合的边界线中绘制一条确定方向的线条，完成后单击模式面板中的"完成"按钮，完成梁系统绘制。

6.6.3　梁系统的修改

完成梁系统的绘制后，可以对梁系统以及梁系统中的每条梁进行再次修改设置，以达到设计的要求。修改主要包括梁系统实例属性修改、梁系统面板工具修改、梁系统中每根梁的实例属性修改。

🖱 【操作步骤】

（1）梁系统实例属性修改。

单击选择已绘制的梁系统，在对应的属性框中，可以继续修改限制条件以及"填充图案"面板下的数据，主要修改的重点就是梁类型和布局规则，以及相应的距离值和数量。

（2）梁系统面板工具修改。

单击选择已绘制的梁系统，在弹出的"上下文"选项卡下会出现如图 6-38 所示的各个面板及工具按钮，以辅助修改梁系统。

图 6-38　梁系统修改面板

部分工具说明如下。

- 编辑边界：单击后软件进入梁系统边界线草图绘制模式，可以继续修改梁系统的边界线。
- 删除梁系统：单击后软件会删除选择的梁系统，但梁系统中的各个梁还依旧在，形成了独立的梁。
- 编辑工作平面：指给当前梁系统指定新的工作平面。

（3）梁系统中每条梁的实例属性修改。

在完成梁系统的绘制后，梁系统所生成的每条梁其类型都是相同的，可以单击选择需要修改类型的梁，在梁的属性框实例类型下拉列表中选择新的梁类型，还可以修改其起点、终点偏移值，结构材质等。

↘ 实操实练-17　梁和梁系统的绘制

（1）打开"结构—结构柱"项目，在项目浏览器下，展开结构平面目录，双击 2F_3.550 名称进入 2 层平面视图。

（2）单击"结构"选项卡下的"梁"按钮，在类型选择器中选择矩形截面平法梁的某一尺寸，在类型属性框中，复制创建尺寸值为 250mm×400mm 的矩形梁，如图 6-39 所示。完成设置后单击"确定"按钮返回。

参数	值
尺寸标注	⌃
b	250.0
h	400.0
梁高	400.0
梁宽	250.0

图 6-39　梁参数的设置

（3）在选项栏中，设置梁的放置平面为 2F_3.550。结构用途为大梁，不勾选"三维捕捉"和"链"复选框，如图 6-40 所示。

图 6-40　梁放置选项卡

（4）在属性框中，设置梁的结构材质为 C30，如图 6-41 所示。

图 6-41　梁实例属性对话框

（5）在"上下文"选项卡下的"工具"面板中选择直线工具，移动光标至绘图区域，在两根柱之间单击绘制矩形梁。

（6）按照上述步骤继续在轴网上的柱之间创建其他类型的梁。

（7）将项目文件另存为"结构—梁"，完成对该项目梁的布置，如图 6-42 所示。

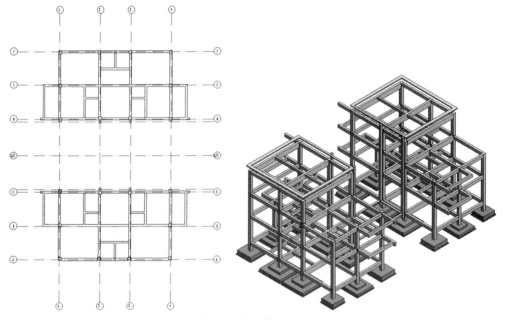

图 6-42　完成梁的布置

❯ 实操实练-18　结构楼板的绘制

（1）打开"结构—结构墙"项目，在项目浏览器下，展开结构平面目录，双击 2F_3.550 名称进入 2 层结构平面视图。

（2）单击"结构"选项卡下的"楼板"按钮，在下拉菜单中选择结构楼板，在类型选择器中选择常规-100mm 楼板类型，在类型属性参数中复制创建命名为别墅楼板-100mm 的新类型。将楼板功能设置为内部，并在结构编辑部件中设置楼板的各功能层以及对应的材质，如图 6-43 所示。完成后单击"确定"按钮保存并返回。

	功能	材质	厚度	包络	结构材质	可变
1	核心边界	包络上层	0.0			
2	结构 [1]	混凝土 - 现场浇注混凝土	100.0	☐	✔	☐
3	核心边界	包络下层	0.0			

图 6-43　结构楼板构造的设置

（3）在属性框中设置自标高的高度偏移值为 0，单击"应用"按钮。在绘制工具中选择直线工具，按照墙体边界绘制一个闭合的轮廓线，完成后单击✔按钮退出草图绘制模式。

（4）切换到三维模式查看完成后的楼板样式，选中创建完成后的楼板，单击"编辑边界"按钮，对楼板的轮廓进行二次修改。

（5）按照上述步骤继续复制创建其他厚度尺寸的楼板类型，设置完成相关参数后，在对应的楼层平面上进行绘制。

（6）将项目文件另存为"结构—结构楼板"，完成对该项目结构楼板的创建，如图 6-44 所示。

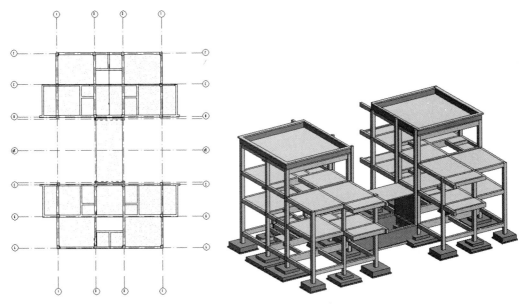

图 6-44　完成结构楼板的创建

6.7　支撑

支撑是指在平面视图或框架立面视图中添加连接梁和柱的斜构件。

✎ **预习重点**

◎ 支撑的载入和创建。

6.7.1　支撑族的载入

在添加支撑之前，需要将项目所需要的支撑样式族载入到当前的项目中。

【执行方式】

功能区："结构"选项卡→"结构"面板→"支撑"

快捷键：BR

【操作步骤】

执行上述操作，单击"修改 | 放置支撑上下文"选项卡下的"载入族"按钮，在弹出的"载入族"对话框中，选择需要载入的支撑族 rfa 文件，单击"确定"按钮完成支撑族的载入，在属性框实例类型下拉列表中就可以找到载入进来的支撑族。

6.7.2　支撑族的创建

与梁相似，可以通过利用光标捕捉到一个结构图元、单击起点、捕捉到另一个结构图元并单击终点来创建支撑。

【执行方式】

功能区："结构"选项卡→"结构"面板→"支撑"

快捷键：BR

【操作步骤】

（1）支撑的属性调整。

支撑在创建之前，需要对选定的支撑样式设置类型属性参数和实例属性参数，其方法和梁一致。

（2）将视图切换到结构楼层平面。

（3）执行上述操作。

（4）设置选项栏。

在选项栏中，指定"起点标高"和偏移距离以及"终点标高"和偏移距离。

（5）绘制支撑。

在项目绘图区域中，单击支撑的起点和终点完成支撑的创建。

6.8　桁架

使用桁架工具将项目所需要的桁架类型添加到结构模型中。

✎ **预习重点**

◎ 桁架的创建和修改。

6.8.1 桁架的特性

桁架的主要特性如下：

- 使用"桁架"工具可以根据所选桁架族类型中指定的布局和其他参数创建桁架。
- 布局中的线确定了组成桁架图元的子图元的放置。
- 桁架族中的所有类型共享相同布局。
- 使用"桁架"工具，先在绘图区域中选择一种桁架族类型，指定桁架的起点和终点。

6.8.2 桁架族的载入和参数设置

在创建桁架前，先要从族库中将需要的桁架类型载入到项目中来，进行相关的类型属性参数和实例属性参数设置后，在绘图区域中进行创建。

📏 **【执行方式】**

功能区："结构"选项卡→"结构"面板→"桁架"

🖱 **【操作步骤】**

（1）桁架族的载入。

执行上述操作，在"上下文"选项卡下"模式"面板中，单击"载入族"按钮，弹出桁架载入族对话框，如图 6-45 所示。

图 6-45 桁架载入族对话框

选择项目所需要的桁架族类型，单击"打开"按钮，将桁架载入到项目中来，在属性框实例选择器下拉列表中可以找到已载入进来的桁架族类型。

（2）桁架的属性设置。

在实例选择器下拉列表中选择需要调整的桁架类型，单击"编辑类型"按钮进入桁架类型属性对话框，如图 6-46 所示，设置相关参数。

图 6-46　桁架类型属性对话框

参数说明如下。

- 分析垂直投影：指定各分析线的位置。如果选择"自动检测"，则分析模型遵循与梁相同的规则。
- 结构框架类型：指定部件的结构框架类型。
- 起点约束释放：指定起点释放条件，有"铰支"、"固定"、"弯矩"和"用户"。
- 终点约束释放：指定终点释放条件，有"铰支"、"固定"、"弯矩"和"用户"。
- 角度：指定绕形状纵轴的旋转角度设置。
- 腹杆符号缩进：指示允许缩进腹杆的粗略表示。
- 腹杆方向：指定腹杆的方向，"垂直"或"正交"。

设置完成类型属性参数后，单击"确定"按钮返回到创建状态，在属性框下面设置实例参数，如图 6-47 所示。

图 6-47　桁架实例属性对话框

参数说明如下。

- 工作平面、参照标高：设置桁架的放置平面，一般为只读数据。

- 创建上弦杆：为将要放置的桁架创建上弦杆。

- 创建下弦杆：为将要放置的桁架创建下弦杆。

- 支承弦杆：指定弦杆承重，确定桁架相对于定位线的位置。

- 旋转角度：设置桁架轴旋转的角度值。

- 支承弦杆竖向对正：设置支承弦杆的"垂直对正"参数，有"底"、"中心线"和"顶"。

- 单线示意符号位置：指定桁架的粗略视图平面表示的位置：上弦杆、下弦杆或支承弦杆。

- 桁架高度：指示在桁架创建中指定顶部到底部参照平面之间的距离。

- 非支承弦杆偏移：指定非支承弦杆距离定位线之间的水平偏移值。

- 跨度：指定桁架沿着定位线跨越的最远距离。

6.8.3　桁架的创建

设置完成类型属性和实例属性参数后，就可以在绘图区域中创建桁架，桁架可以创建在两条梁之间，也可以创建在屋顶之下，形式多种多样，以项目要求为准。

✐【执行方式】

功能区："结构"选项卡→"结构"面板→"桁架"

🖰【操作步骤】

（1）将操作平面切换至结构平面视图。

（2）执行上述操作。

（3）选择桁架类型。

在"实例属性"对话框中的族类型选择下拉菜单下，选择桁架类型。

（4）设置选项栏。

- 放置平面：设置桁架放置标高或参照平面。
- 链：勾选此复选框后可进行连续绘制，绘制桁架链。

（5）绘制桁架。

将鼠标光标移动到绘图区域，单击桁架的起点和终点完成桁架的创建。

6.8.4　桁架的修改

在完成桁架的创建后，可对桁架进行相关的修改，桁架的修改主要包括实例属性参数修改、选项面板工具修改和绘图区域修改。

【操作步骤】

（1）实例属性参数修改。

单击选择刚刚创建的桁架，在"属性"面板中，除已设置的实例属性参数外，增加起点、终点标高偏移设置项，如图 6-48 所示。

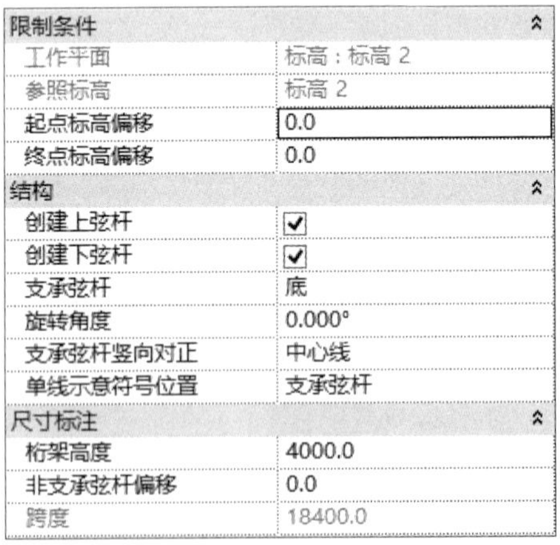

限制条件	⌃
工作平面	标高：标高 2
参照标高	标高 2
起点标高偏移	0.0
终点标高偏移	0.0
结构	⌃
创建上弦杆	☑
创建下弦杆	☑
支承弦杆	底
旋转角度	0.000°
支承弦杆竖向对正	中心线
单线示意符号位置	支承弦杆
尺寸标注	⌃
桁架高度	4000.0
非支承弦杆偏移	0.0
跨度	18400.0

图 6-48　桁架实例属性对话框

通过调整起点、终点标高偏移值，可将桁架调整到相对于工作平面的另一高度上，或调整数值形成倾斜的桁架样式。

（2）选项面板工具修改。

单击选择已创建的桁架，在弹出的"修改 | 结构桁架上下文"选项卡下，通过使用如图 6-49 所示的面板工具对桁架进行相关修改。

图 6-49　结构桁架上下文选项卡

部分工具使用说明如下。

- 编辑轮廓：单击进入桁架轮廓草图编辑模式，在此可以编辑上下弦杆的模型线样式和长度。
- 重设轮廓：若对桁架编辑的新轮廓不满意，可以单击此工具返回到桁架最初的样式。
- 编辑族：使用族编辑器来修改当前桁架的样式，完成后载入即可。
- 重设桁架：将桁架类型及其构件还原为其默认值，但不会重设桁架轮廓。
- 删除桁架族：删除桁架族，使弦杆和腹杆保留在原来的位置。
- 附着顶部/底部：将桁架的顶部或底部附着到屋顶或结构楼板上。
- 分离顶部/底部：将桁架从屋顶或结构楼板上分离。
- 编辑工作平面：为当前桁架指定新的工作平面。

（3）绘图区域修改。将视图切换到桁架所在的结构楼层平面，选择创建的桁架，这时在桁架的两端就会出现拖曳线端点符号，可以拖动该符号，调整桁架的起点、终点放置位置。

6.9　钢筋

使用钢筋工具可将钢筋图元添加到相关有效结构主体上，结构主体包括结构框架、结构柱、结构基础、结构连接、楼板、墙、基础底板、条形基础和楼板边。在选择了有效的主体图元时，"结构"选项卡的"钢筋"面板或"修改"选项卡中将出现钢筋工具。

6.9.1　钢筋的设置

布置钢筋前，需使用"钢筋设置"对话框调整钢筋建模的常规设置。

【执行方式】

功能区："结构"菜单→"钢筋"面板下拉菜单→"钢筋设置"命令

图 6-50 所示为钢筋设置面板。

图 6-50　钢筋设置面板

🖱️ **【操作步骤】**

（1）执行上述操作，弹出"钢筋设置"对话框，如图 6-51 所示。

（2）"常规"选项卡设置。

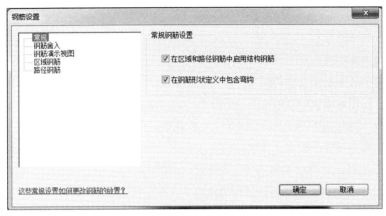

图 6-51　钢筋设置对话框

各选项含义如下。

- "在区域和路径钢筋中启用结构钢筋"：勾选此选项，钢筋图元可见；禁用此选项，除非创建主体图元的剖面视图，否则钢筋图元不可见。

- "在钢筋形状定义中包含弯钩"：通过此选项定义钢筋形状中有无钢筋弯钩，在项目中放置任何钢筋之前定义此选项。以默认设置放置钢筋后，将无法清除此选项。

（3）"钢筋舍入"选项卡设置，如图 6-52 所示。

图 6-52　钢筋舍入选项卡

各选项说明如下。

- "使用钢筋舍入"：勾选此选项，则计算的"钢筋长度"和"钢筋段长度"将被舍入。禁用此选项，则计算的"钢筋长度"和"钢筋段长度"将显示精确值。

- "钢筋长度"：指定结构钢筋的"钢筋长度"值。

- "钢筋段长度"：指定结构钢筋"钢筋段长度"的值。
- "钢筋网片尺寸"：指定结构钢筋网的钢筋网片尺寸值。

当从列表中选择"自定义"，可在"舍入增量"文本框中输入未列出的值。

（4）"钢筋演示视图"选项卡设置，如图 6-53 所示。

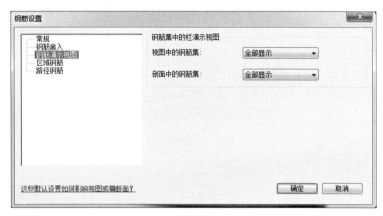

图 6-53 "钢筋演示视图"选项卡

分别设置在视图和剖面中钢筋集的演示视图形式，包含全部显示、显示第一个和最后一个、以及显示中间三种方式。

- 全部显示，如图 6-54 所示。

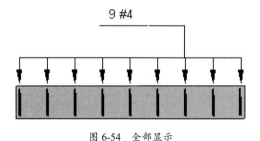

图 6-54 全部显示

- 显示第一个和最后一个，如图 6-55 所示。

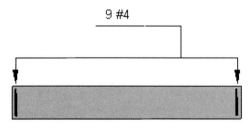

图 6-555 显示第一个和最后一个

- 显示中间，如图 6-56 所示。

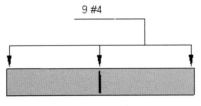

图 6-56　显示中间

（5）"区域钢筋"或"路径钢筋"选项卡设置。

在"钢筋设置"对话框中，单击"区域钢筋"或"路径钢筋"，如图 6-57、图 6-58 所示。更改区域或路径钢筋的标记缩写。

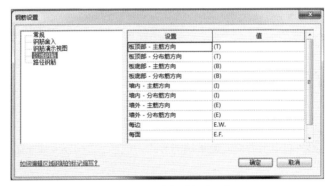

图 6-57　"区域钢筋"选项卡

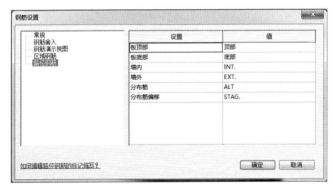

图 6-58　"路径钢筋"选项卡

对话框的左侧都是可设置的注释缩写列表（设置），右侧则是可编辑的缩写（值）。选择并高亮显示某个值，将缩写编辑成在注释中应有的内容，单击"确定"按钮接受对缩写的修改。

6.9.2　钢筋保护层的设置和创建

钢筋保护层是钢筋参数化延伸到的混凝土主体的内部偏移，用于设置和锁定各个钢筋实例相对于混凝土主体图元的几何图形。保护层参照接触的钢筋将捕捉并附着到该保护层参照，如图 6-59 所示。钢筋保护层参数会影响附着的钢筋以及附着到这些钢筋的筋。如果修改主体的保护层设置，将不会偏移已放置在主体内的其他钢筋。

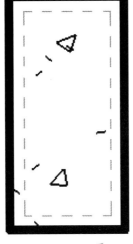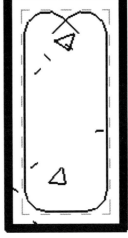

图 6-59　钢筋保护层

✎【执行方式】

功能区："结构"选项卡→"钢筋"面板→"保护层"

🖱【操作步骤】

（1）执行上述操作。

（2）选择将设置保护层的主体图元或面。

（3）在选项卡"保护层设置"下拉菜单中选择保护层类型，如图 6-60 所示。

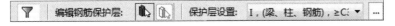

图 6-60　钢筋保护层放置选项栏

（4）如果无相应保护层类型，可以单击右侧按钮，进入"钢筋保护层设置"对话框，如图 6-61 所示，新建相应保护层类型。

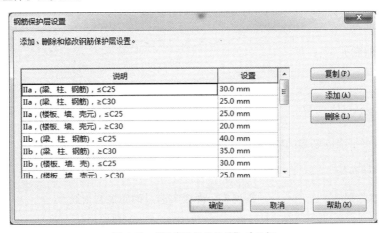

图 6-61　"钢筋保护层设置"对话框

6.9.3　结构钢筋的创建

通过该命令可将单个钢筋实例放置在有效主体的平面、立面或剖面视图中。可绘制钢筋包括平面钢筋和多平面钢筋。

【执行方式】

功能区："结构"选项卡→"钢筋"面板→"钢筋"。

【操作步骤】

（1）将操作平面切换到需添加钢筋的平面视图。

（2）执行上述操作。

（3）设置选项栏。

- 设置钢筋形状：选择钢筋形状。
- 钢筋平面：设置钢筋放置平面，包括当前工作平面、近保护层参照、远保护层参照；此平面定义主体上钢筋的放置位置。

（4）选择放置方向或透视。

- 平面钢筋：在"修改|放置钢筋"选项卡→"放置方向"面板中，单击如下放置方向之一。
  - ➢ 🔲（平行于工作平面）
  - ➢ 🔲（平行于保护层）
  - ➢ 🔲（垂直于保护层）

方向定义了在放置到主体中时的钢筋对齐方向。

- 多平面钢筋：在"修改|放置钢筋"选项卡→"放置透视"面板中，单击如下放置透视之一。
  - ➢ 🔲（俯视）
  - ➢ 🔲（仰视）
  - ➢ 🔲（前视）
  - ➢ 🔲（后视）
  - ➢ 🔲（右视）
  - ➢ 🔲（左视）

透视定义了多平面钢筋族的哪一侧平行于工作平面。

（5）设置钢筋布局。

在"修改|放置钢筋"选项卡→"钢筋集"面板中选择钢筋集的布局。

- 固定数量：钢筋之间的间距是可调整的，但钢筋数量是固定的，以输入为基础。

- 最大间距：指定钢筋之间的最大距离，但钢筋数量会根据第一条和最后一条钢筋之间的距离发生变化。
- 间距数量：指定数量和间距的常量值。
- 最小净间距：指定钢筋之间的最小距离，但钢筋数量会根据第一条和最后一条钢筋之间的距离发生变化。即使钢筋大小发生变化，该间距仍会保持不变。

（6）放置钢筋。

单击以将钢筋放置到主体中，如图 6-62 所示。在放置时按空格键，以便在保护层参照中旋转钢筋形状的方向。放置后，可以通过选择钢筋，然后类似地使用空格键来切换方向。钢筋长度默认为主体图元的长度，或者保护层参照限制条件内的其他主体图元的长度。要编辑长度，可在平面或立面视图中选择钢筋实例，并根据需要修订端点。

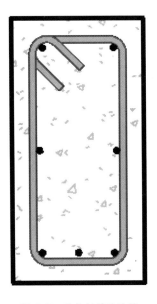

图 6-62　结构钢筋的放置

注：要更改钢筋形状的主体，可选择钢筋形状，单击“修改|结构钢筋”选项卡→“主体”面板▶ (拾取新主体)。然后选择新的钢筋主体。

（7）修改钢筋集中的钢筋演示。

选择钢筋集，从“修改|结构钢筋”选项卡→“演示”面板中，选择一种钢筋演示方案。

- 全部显示，如图 6-63 所示。

图 6-63　全部显示

- 显示第一个和最后一个，如图 6-64 所示。

图 6-64　显示第一个和最后一个

- 显示中间，如图 6-65 所示。

图 6-65　显示中间

也可以通过单击"修改|结构钢筋"选项卡→"演示"面板→▓▓"选择"以指定用于代表钢筋集的各个钢筋，如图 6-66 所示。

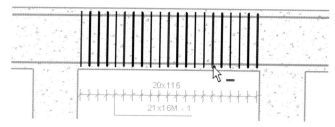

图 6-66　指定代表钢筋

单击✔"完成"以应用演示修改，或单击✘"取消"以放弃所做的选择。完成后，如图 6-67 所示。

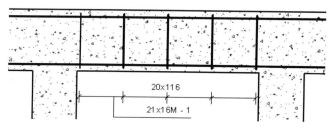

图 6-67　钢筋演示图

6.9.4　区域钢筋的创建

使用"结构区域钢筋"工具在楼板、墙、基础底板和其他混凝土主体中放置数量较大且均匀放置的钢筋。

【执行方式】

功能区："结构"选项卡→"钢筋"面板→"区域"

【操作步骤】

（1）执行上述操作。

（2）选择要放置区域钢筋的楼板、墙或基础底板。

（3）绘制区域钢筋草图。

单击"修改|创建钢筋边界"选项卡→"绘制"面板→▏◣（线形钢筋）。使用草图绘制工具绘制闭合区域，如图 6-68 所示。

（4）设置主筋方向。

单击"修改|创建钢筋边界"选项卡→"绘制"面板→主筋方向。使用平行线符号表示区域钢筋的主筋方向边缘。

（5）在实例属性中设置相关参数，如图 6-69 所示。

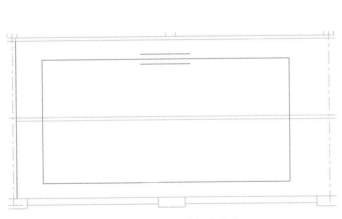

图 6-68　区域钢筋草图

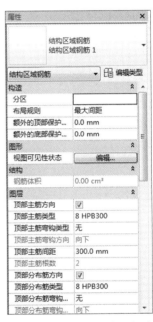

图 6-69　区域钢筋实例属性对话框

单击"修改|创建钢筋边界"选项卡→"模式"面板→ ✔（完成编辑模式）。完成区域钢筋的绘制，并将区域钢筋符号和标记放置在区域钢筋中心，如图 6-70 所示。

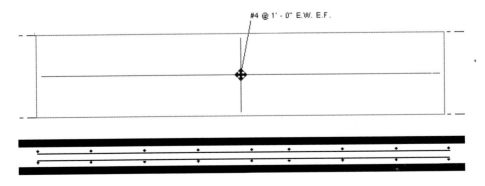

图 6-70　完成区域钢筋的绘制

6.9.5 路径钢筋的创建

使用路径钢筋的绘制工具可以绘制由钢筋系统填充的路径。

【执行方式】

功能区："结构"选项卡→"钢筋"面板→"路径"

【操作步骤】

（1）执行上述操作。

（2）选择钢筋主体，并绘制钢筋路径，以确保不会形成闭合环。

（3）单击 ⇅（翻转控制），可将钢筋翻转到路径的对侧。

（4）设置路径钢筋相关参数，如图 6-71 所示。

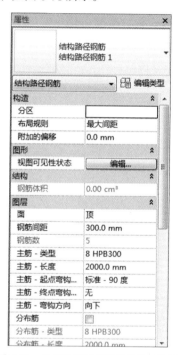

图 6-71 结构路径钢筋实例属性对话框

各参数说明如下。

- 布局规则：指定钢筋布局的类型。选择"最大间距"或"固定数量"。
- 附加的偏移：指定与钢筋保护层的附加偏移。
- 视图可见性状态：访问钢筋视图可见性状态。
- 钢筋体积：计算并显示钢筋体积。
- 面：指定面对正方式，顶部或底部对正。
- 钢筋间距：指定在主筋方向上放置钢筋的间距。

- 钢筋数：指定钢筋中钢筋实例的个数。
- 主筋 - 类型：指定钢筋类型。
- 主筋 - 长度：指定钢筋的长度。
- 主筋 - 起点弯钩类型：指定弯钩类型（"标准"或"镫筋/箍筋"）和路径钢筋的起点角度。
- 主筋 - 终点弯钩类型：指定弯钩类型（"标准"或"镫筋/箍筋"）和路径钢筋的终点角度。
- 主筋 - 弯钩方向：指定钢筋弯钩的方向，向上或向下。
- 分布筋：选中该选项后，即启用分布筋类型。
- 分布筋 - 类型：指定钢筋类型。选择"分布筋"参数可启用该参数。
- 分布筋 - 长度：指定钢筋的长度。选择"分布筋"参数可启用该参数。
- 分布筋 - 偏移：指定与主筋之间的偏移距离。选择"分布筋"参数可启用该参数。
- 分布筋 - 起点弯钩类型：指定弯钩类型（"标准"或"镫筋/箍筋"）和路径钢筋的起点角度。选择"分布筋"参数可启用该参数。
- 分布筋 - 终点弯钩类型：指定弯钩类型（"标准"或"镫筋/箍筋"）和路径钢筋的终点角度。选择"分布筋"参数可启用该参数。
- 分布筋 - 弯钩方向：指定钢筋弯钩的方向，向上或向下。选择"分布筋"参数可启用该参数。

（5）单击"修改|创建钢筋路径"选项卡→"模式"面板→✔（完成编辑模式），完成绘制，如图 6-72 所示。

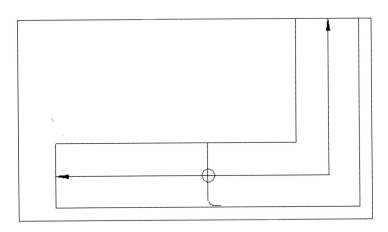

图 6-72 完成路径钢筋的绘制

6.9.6 钢筋网片的创建

使用此功能可以将钢筋网片添加到已有固混凝土墙或楼板部等主体对象。

📏【执行方式】

功能区："结构"选项卡→"钢筋"面板→"钢筋网片"

【操作步骤】

（1）执行上述操作。

（2）选择钢筋网片类型，并设置相关参数，如图 6-73 所示。

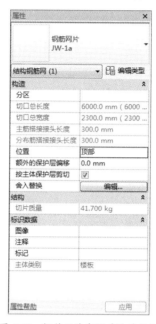

图 6-73　钢筋网片实例属性对话框

（3）在放置主体上单击放置点位置，完成钢筋网片的放置，如图 6-74 所示。

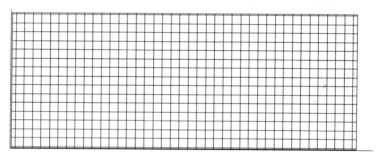

图 6-74　完成钢筋网片的放置

6.9.7　钢筋网区域的创建

通过绘制工具定义钢筋网片覆盖区域，并填充钢筋网片。

【执行方式】

功能区："结构"选项卡→"钢筋"面板→"构钢筋网区域"

【操作步骤】

（1）执行上述操作。

（2）选择楼板、墙或基础底板以接收钢筋网区域。

（3）单击"修改|创建钢筋网边界"选项卡→"绘制"面板→ （边界线），绘制一条闭合的回路，如图 6-75 所示。

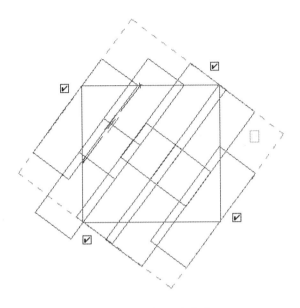

图 6-75　钢筋网区域草图

（4）平行线符号表示钢筋网区域的主筋方向边缘。更改此区域的主筋方向。

（5）在"钢筋网区域"的"属性"选项板的"构造"部分中选择搭接位置，如图 6-76 所示。

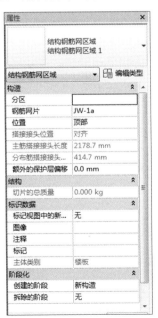

图 6-76　钢筋网区域实例属性对话框

（6）单击"修改|创建钢筋网边界"选项卡→"模式"面板→ ✔ "完成编辑模式"，完成绘制，如图 6-77 所示。

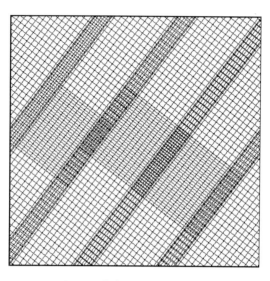

图 6-77　完成钢筋网区域的绘制

6.9.8　钢筋形状及修改

钢筋形状由镫筋、箍筋以及可以指定圆角和弯钩的直钢筋组成。可以操纵每个形状以满足模型中的钢筋需求。

修改钢筋形状：通过此功能可手动调整相对于主体保护层参照捕捉行为的钢筋图元形状。

🖱 【操作步骤】

（1）选择要修改的钢筋。

（2）修改钢筋形状。

修改钢筋形状有如下三种方式：

- 从"选项栏"中的"钢筋形状类型"下拉列表中选择新形状。
- 从"钢筋形状浏览器"中进行选择，可在选项栏中单击 ▦ 。
- 在"属性"选项板顶部的"类型选择器"中，选择所需的钢筋类型。

（3）单击并拖曳钢筋形状控制柄，以重新定位钢筋和钢筋段的长度。

（4）若要修改钢筋草图，可单击"修改|结构钢筋"选项卡→"模式"面板→ 📝 "编辑草图"。

螺旋钢筋与其他钢筋族不同，螺旋钢筋是多平面钢筋且无法在族标高中编辑。但是，可以缩放和旋转单个实例。

🖱️ **【操作步骤】**

（1）调整螺旋钢筋高度。

如果需要修改螺旋的长度，通过钢筋螺旋顶部和底部的三角形控制柄，拖曳箭头，以延长或缩短螺旋，如图 6-78 所示。

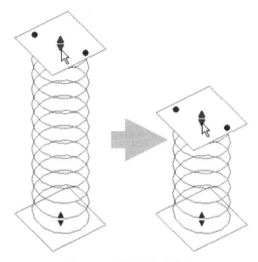

图 6-78　调整螺旋钢筋高度

（2）修改螺旋钢筋直径。

如果要修改螺旋钢筋直径，可以通过缩放控制柄，拖曳该控制柄以调整螺旋钢筋的直径，如图 6-79 所示。

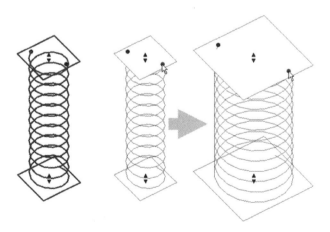

图 6-79　修改螺旋钢筋直径

（3）旋转螺旋钢筋。

如果要旋转螺旋钢筋，可通过旋转螺旋钢筋的定位来对齐钢筋的端点。拖曳位于顶部钢筋线圈端点处的旋转控制柄，可以旋转钢筋端点的位置，如图 6-80 所示。

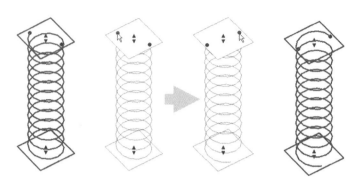

图 6-80　旋转螺旋钢筋

（4）修改螺旋钢筋实例属性。

修改螺旋钢筋实例属性，可修改螺旋钢筋的形状及布局方式，下列实例属性是"实例属性"选项板中螺旋钢筋所特有的属性。

- 底部面层匝数。指定用来闭合螺旋钢筋底部的完整线圈匝数，如图 6-81 所示。

图 6-81　底部面层匝数修改

- 顶部面层匝数。指定用来闭合螺旋钢筋顶部的完整线圈匝数，如图 6-82 所示。

图 6-82　顶部面层匝数修改

- 高度。指定螺旋钢筋的总高度。
- 螺距。指定螺旋钢筋中钢筋线圈之间的距离，如图 6-83 所示。

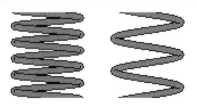

图 6-83　修改螺距

6.9.9　钢筋的视图显示

1）清晰的视图

清晰的视图是指在视觉样式模式下，都会显示选定的钢筋。钢筋不会被其他图元遮挡，而是显示在所有遮挡图元的前面。被剖切面剖切的钢筋图元始终可见。禁用该参数后，将在除"线框"外的所有"视觉样式"视图中隐藏钢筋。

2）作为实体查看

应用实体视图后，当视图的详细程度设置为精细时，视图将以实际体积表示符号中显示的钢筋。该视图参数仅适用于三维视图。

【操作步骤】

（1）选择相关钢筋对象，在钢筋实例属性中单击"视图可见性状态"后的"编辑"按钮，如图 6-84 所示。

（2）在弹出的"钢筋图元视图可见性状态"对话框中勾选对应视图选项，如图 6-85 所示。

图 6-84　钢筋实例属性对话框

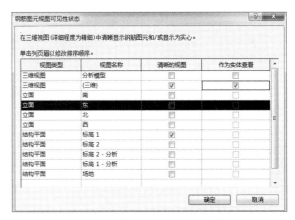

图 6-85　钢筋图元视图可见性设置

（3）确定，完成设置。

6.10　负荷

6.10.1　荷载工况

该功能用于指定应用于分析模型的荷载工况和荷载性质。

【执行方式】

功能区："分析"选项卡→"荷载"面板→"荷载工况"

【操作步骤】

（1）执行上述操作，弹出"结构设置"对话框，切换至"荷载工况"选项卡，如图 6-86 所示。

图 6-86 "荷载工况"选项卡

（2）添加荷载工况。

- 单击"荷载工况"表右侧的"添加"按钮。此时添加了"新工况 1"作为表记录，单击该新荷载工况对应的"名称"单元格，并输入名称。
- 单击新荷载工况对应的"类别"单元格，然后选择一个类别。

（3）添加荷载性质。

- 单击"结构设置"对话框中的第二个表——"荷载性质"表。
- 单击"添加"按钮。此时表中添加了新的荷载性质记录。
- 单击新荷载性质的单元格。
- 根据需要修改荷载性质的名称。

6.10.2　荷载组合

通过该功能可添加和编译分析模型的荷载组合。

【执行方式】

功能区："分析"选项卡→"荷载"面板→"荷载组合"

【操作步骤】

（1）执行上述操作，在弹出的"结构设置"对话框中，切换至"荷载组合"选项卡，如图 6-87 所示。

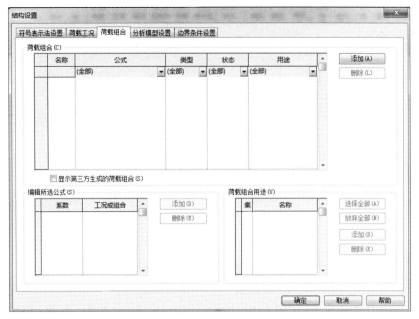

图 6-87　"荷载组合"选项卡

（2）单击"荷载组合"表，然后单击"添加"按钮。

（3）单击"名称"字段，然后输入名称。

（4）单击"编辑所选公式"区域，然后单击同一区域中的"添加"按钮。

（5）单击"工况或组合"字段，以选择"工况"或"组合"。

（6）单击"系数"字段以输入系数。

（7）再次单击"编辑所选公式"区域中的"添加"按钮。

（8）单击"工况或组合"字段，以选择"工况"或"组合"值。

（9）单击"系数"字段以输入系数。

（10）在"荷载组合"表的"类型"字段中，选择"组合"或"包络"。

（11）将荷载组合类型设置为"组合"，以提供单个荷载组合的结果（反作用力和构件力）。"包络"为荷载组合组提供了最大和最小结果。

（12）在"荷载组合"表的"状态"字段中，选择"正常使用极限状态"或"承载能力极限状态"。将荷载组合状态设置为"正常使用极限状态"，以反映结构在正常或预期荷载下的执行方式（偏移、振动等），但是在正常或预期荷载下，"承载能力极限状态"以结构的总容量为基础，这样才能安全承受极限或"计算"荷载而不会出现问题。

（13）单击"荷载组合用途"字段，然后单击"添加"按钮。用户定义荷载组合用途。

（14）单击"荷载组合"名称字段，选择向其中添加新"荷载组合用途"的"组合"。

（15）在"荷载组合"字段中，选择要将一项新的"荷载组合用途"应用到的"荷载组合"。

（16）在"荷载组合用途"字段中，单击所需的新"荷载组合用途"。

（17）单击"确定"按钮退出该对话框。

6.10.3　荷载

通过添加荷载功能，可以将点、线和面荷载应用到分析模型，将结构荷载应用到分析模型以评估设计中可能存在的变形和压力。

【执行方式】

功能区："分析"选项卡→"荷载"面板→"荷载"

快捷键：LD

【操作步骤】

（1）执行上述操作。

（2）单击"修改|放置负荷"选项卡→"负荷"面板→选择荷载类型，如图 6-88 所示。

- ↓点荷载
- 线荷载
- 面载荷
- 主体点荷载
- 主体线荷载
- 主体面荷载

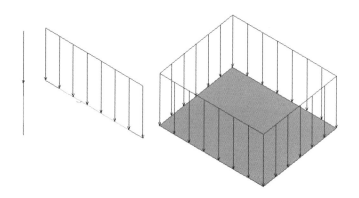

图 6-88　荷载类型

6 个荷载几何图形中的每一个都是包含实例和类型参数的族。

（3）放置荷载。

在放置荷载前后，可以编辑荷载力和弯矩参数，可以修改荷载数量和荷载工况，也可以将荷载组合应用于模型。

6.11　边界条件

6.11.1　边界条件设置

使用"结构设置"对话框的"边界条件设置"选项卡以指定族符号和调整各个边界条件表示的间距。

【执行方式】

功能区："分析"选项卡→"边界条件"面板→"边界条件设置"

【操作步骤】

（1）执行上述操作。

（2）在"面积符号和线符号的间距"字段中指定所需的距离，以完成边界条件设置。

6.11.2　边界条件添加

【执行方式】

功能区："分析"选项卡→"边界条件"面板→"边界条件"

【操作步骤】

（1）单击"放置边界条件"选项卡→"边界条件"面板中的如下选项之一。

- 点
- 线
- 面

（2）在"选项"栏中，从"状态"下拉列表中选择"固定"、"铰支"、"滑动"或其他边界状态选项。

（3）在绘图区域中，单击要向其添加边界条件的结构图元。

6.12　分析模型工具

6.12.1　分析模型工具设置

在执行分析模型检查前，设置分析模型工具相关参数。

【执行方式】

功能区："分析"选项卡→"分析模型工具"面板→"分析模型工具设置"

【操作步骤】

（1）执行上述操作，弹出"结构设置"对话框，切换至"分析模型设置"选项卡，如图 6-89 所示。

图 6-89 "分析模型设置"选项卡

（2）设置相关参数。

相关参数说明如下。

① 自动检查

在项目的分析模型可能出现问题时，自动分析模型检查功能会发出警报。

- 构件支座。如果在模型创建或修改期间，构件不受支持，则会发出警告。在此对话框的"构件支座检查"部分指定"循环参照"。
- 分析/物理模型一致性。在图元创建或修改期间，对以下问题提出警告：
  - ➢ 所有不支持的结构图元。
  - ➢ 分析模型中找到的所有不一致。
  - ➢ 分析模型和物理模型之间的所有不一致。
  - ➢ 未指定"物理材质资源"的所有分析图元。

② 公差

公差选项可设置"分析/物理模型一致性检查"的公差和分析模型的自动检测的公差。

A. 支撑距离。指定图元的物理模型和支撑图元的物理模型之间允许的最大距离。 如果超出此公差，则将在一致性检查时发出警告。

B. 分析模型到物理模型的距离。指定分析模型和物理模型之间允许的最大距离。 如果超出此公差，则将在一致性检查时发出警告。

C．分析自动检测 - 水平。指定分析模型和物理模型之间的最大水平距离。

D．分析自动检测 - 垂直。指定分析模型和物理模型之间的最大垂直距离。

E．分析链接自动检测。指定三维空间（水平或垂直）中的最小距离，在此三维空间中将创建自动分析链接。分析链接在无需添加物理几何图形的情况下，为分析模型提供刚性。 在计算链接时，该允差不会将物理模型计算在内。

③　构件支座检查

在自动或由用户启动的构件支座检查过程中，会用到"构件支座检查"选项。

循环参照：启用圆形支座链检查。

④　分析/物理模型一致性检查

这些选项在自动或由用户启动"分析/物理模型一致性检查"期间使用。

6.12.2　分析调整

使用"分析调整"工具来准备各种分析应用程序的分析模型。

【执行方式】

功能区："分析"选项卡→"分析模型工具"面板→"分析调整"

快捷键：AA

【操作步骤】

（1）执行上述操作。

（2）操纵线性和曲面分析模型图元。

（3）在绘图区域中，通过分析节点和边捕捉到分析模型几何图形、节点、网格和参照平面，对分析节点和边进行移动和调整。

6.12.3　分析重设

使用分析重设功能可以将图元的分析模型恢复为默认位置。

【执行方式】

功能区："分析"选项卡→"分析模型工具"面板→"分析重设"

快捷键：RA

【操作步骤】

（1）执行上述操作。

（2）选择图元将选定的结构图元分析模型重设回其原始形状或位置。

6.12.4 检查支座

检查支座功能用于检查与分析模型支座相关的错误。

【执行方式】

功能区："分析"选项卡→"分析模型工具"面板→"检查支座"

【操作步骤】

（1）执行上述操作。

（2）系统将按照"结构设置"对话框中的可选检查条件对模型进行分析检查，单击"确定"按钮。

（3）查看这些警告并相应修改设计，如图 6-90 所示。

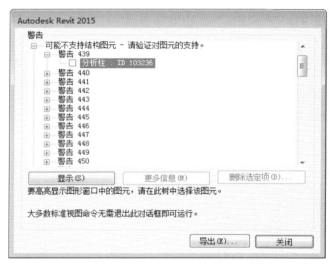

图 6-90　检查支座结果

6.12.5 一致性检查

一致性检查用于检查分析模型和物理模型之间检查所述公差的一致性。

【执行方式】

功能区："分析"选项卡→"分析模型工具"面板→"一致性检查"

【操作步骤】

（1）执行上述操作。

（2）系统提示将使用"结构设置"对话框中的检查条件对模型进行检查，单击"确定"按钮。

（3）查看这些警告并相应修改设计，如图 6-91 所示。

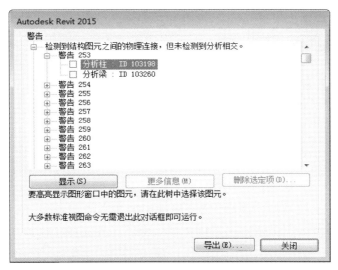

图 6-91　一致性检查结果

第 7 章

暖通模块

知识引导

本章主要讲解 Revit 软件在暖通模块中的实际应用操作，包括风管、风管占位符、风管管件、风管附件、软风管、风管末端以及机械设备等模块创建。

7.1 系统设置

在项目中进行风系统的创建之前，需要在样板中对于系统进行相关的设置。

【执行方式】

功能区："系统"选项卡→"HVAC"面板→ HVAC ↘ →"机械设置"

快捷键：MS

【操作步骤】

（1）执行上述操作，弹出"机械设置"对话框，如图 7-1 所示。

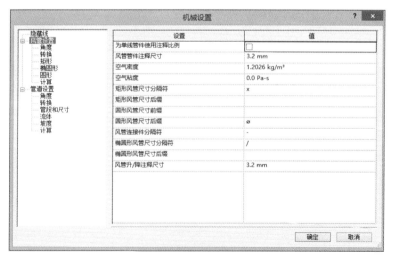

图 7-1 "机械设置"对话框

（2）通过左边的树状选项栏，选择风管设置，在对应的后面选项中设置其参数，一般按照具体项目要求进行设置。风系统的设置主要有角度、转换、矩形、椭圆形、圆形、计算几项，单击每一项都可以进行相关的设置，设置完成后单击"确定"按钮返回。

7.2　机械设备

在软件中机械设备以族文件形式放置到项目中，例如风机、锅炉等。

✎ 预习重点

◎ 机械设备的载入和管道连接。

7.2.1　机械设备的特点

机械设备是构建暖通系统的一个重要组成部分，其特点主要如下。多样性：机械设备的种类很多，如加热器、热交换器、散热器等，每一个板块下都对应着各式各样的设备族。连接性：机械设备往往连接到多种类型的系统，如热水、给水、电气系统等。灵活性：机械设备有些是主体族，有些是非主体族，放置时也很灵活，易操作，易编辑。

7.2.2　机械设备族的载入

根据具体项目实际情况，在放置机械设备族前，将项目中需要的族类型文件载入到当前的项目中。

📏【执行方式】

功能区："系统"选项卡→"机械设备"面板→"机械设备"

快捷键：ME

🖱【操作步骤】

（1）执行上述操作。

（2）在弹出的"修改 | 放置 机械设备上下文"选项卡下"模式"面板中，单击"载入族"按钮，进入"载入族"对话框，选择需要载入的机械设备族文件后，单击"打开"按钮，执行机械设备族文件的载入，如图 7-2 所示。

完成机械设备族文件的载入后，在实例属性框类型选择器下拉列表中就能找到刚刚载入进来的新机械设备族。

图 7-2　机械设备族载入对话框

7.2.3　机械设备的放置及管道连接

完成设备族的载入后，可以把设备实例放置到项目模型中去，并与已有的各种管道进行连接，形成完整的系统。

📏【执行方式】

功能区："系统"选项卡→"机械设备"面板→"机械设备"

快捷键：ME

🖱【操作步骤】

（1）执行上述操作。

（2）选择族类型并设置相关参数。

在类型选择器下拉列表中选择需要添加的机械设备族，放置前需要根据项目实际情况调整锅炉的各项参数，包括类型属性参数和实例参数。单击"编辑类型"按钮，进入机械设备类型属性对话框，如图 7-3 所示。

在类型属性框中，该族文件已包含的参数项均对应相关数值，根据项目的实际情况来更改对应项的参数值，包括材质、机械参数、尺寸大小等，完成后单击"确定"按钮返回到放置状态。

在属性框中设置该族的实例参数，主要是放置标高设置，以及基于标高的偏移量。设置完成后单击"应用"按钮。

（3）选择放置基准。

在 修改 | 放置 机械设备 ，"放置基准"面板下选择放置基准，包括放置在垂直面上、放置在面上、放置在工作平面上三种放置方式。

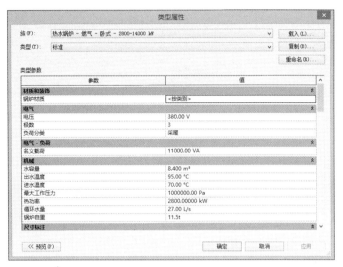

图 7-3　机械设备类型属性对话框

（4）放置机械设备族。

将光标移动到绘图区域，光标附近会显示设备的平面图，随着光标的移动而移动。这时按空格键可以对设备进行旋转。每按一次空格键，设备旋转 90°。

在指定位置处单击放置设备，再次单击设备，可以通过修改临时尺寸标注值将设备放置到更为精确的位置上。

（5）机械设备管道的连接。

在项目中放置完机械设备后，下一步要将机械设备连接到系统中，也就是将机械设备与相应的管道进行连接。连接的方法有两种，可根据实际情况选择。

- 若采用绘制管道与已有的管道进行连接方法，单击选择已放置的设备，这时会显示出所有与该设备连接的管道连接件，如图 7-4 所示。

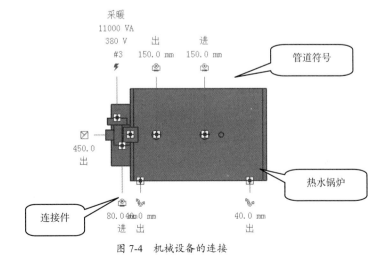

图 7-4　机械设备的连接

这时在图 7-4 中所示的管道符号 或连接件加号 上单击鼠标右键，在弹出的快捷菜单中，选择绘制管道或软管等，如图 7-5 所示。

绘制管道(P)
绘制管道占位符(P)
绘制软管(F)
管帽开放端点(C)

创建管道系统
添加到系统(A)
从系统中删除(R)

图 7-5　机械设备右键菜单

选择"绘制管道"选项，这时软件进入绘制管道状态，在属性框中设置管道的类型属性参数和实例属性参数，然后根据该系统预留管的位置，绘制设备与预留管之间的管段。同种方法可以绘制设备的其他系统管道。

- 若采用设备连接到管道的方法，软件能够快速根据设备与预留管之间的位置，自动生成连接方案，这种方法快速、简单，但有时候由于空间位置狭小等缘故软件不能生成相应的管道，就需要按照上述方法手动绘制。

单击已放置的设备，这时在弹出的"修改 | 机械设备上下文"选项卡下"布局"面板中，单击"连接到"按钮，这时软件会弹出"选择连接件"对话框，如图 7-6 所示，对话框中的连接件均是该锅炉设备族在创建时所添加的。

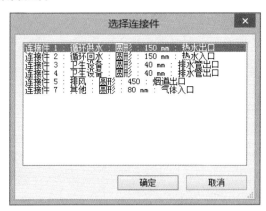

选择连接件

连接件 1：循环供水　：圆形　：150 mm　：热水出口
连接件 2：循环回水　：圆形　：150 mm　：热水入口
连接件 3：卫生设备　：圆形　：40 mm　：排水管出口
连接件 4：卫生设备　：圆形　：40 mm　：排水管出口
连接件 5：排风　：圆形　：450　：烟道出口
连接件 7：其他　：圆形　：80 mm　：气体入口

确定　　取消

图 7-6　"选择连接件"对话框

在此对话框中，可以了解到要与该设备连接的管道系统类型，以及管道样式、尺寸大小等。选择其中某个连接件后，单击确定按钮，这时光标附近出现小加号，并提示"拾取一个管道以连接到"。在已有的预留管道中，找到符合该连接件的系统管道，高亮显示后单击，这时软件就自动生成了连接，这样就完成了该连接件的绘制。

此方法可以在三维模式下进行连接到管道，能够直观看到系统自动生成管道的过程。

7.3　风道末端

通过使用该工具可以在风道末端的风管上放置风口、格栅、散流器。

预习重点

◎　风道末端的布置和管道连接。

7.3.1　风道末端的分类

风管末端按照样式的不同，可分为风口、格栅、散流器三类，三类风道末端族又可分为主体族和非主体族。

7.3.2　风道末端族的载入

根据具体项目实际情况，在风管添加风道末端装置前，将项目中需要的族类型文件载入到当前的项目中。

【执行方式】

功能区："系统"选项卡→"HVAC"面板→"风道末端"

快捷键：AT

【操作步骤】

（1）执行上述操作。

（2）在弹出的"修改｜放置 风道末端装置上下文"选项卡下"模式"面板中，单击"载入族"按钮，进入"载入族"对话框，选择需要载入的风道末端族文件，如图 7-7 所示。

图 7-7　风道末端载入族对话框

单击"打开"按钮，风道末端族就载入到当前的项目中。在属性框类型选择器下拉列表中就能找到刚刚载入进来的新风道末端族。

7.3.3 风道末端的布置

完成族的载入后，就可以将风道末端布置到风管之上，由于风道末端有主体族和非主体族之分，所以在布置时也有所不同，这是需要注意的地方。

【执行方式】

功能区："系统"选项卡→"HVAC"面板→"风道末端"

快捷键：AT

【操作步骤】

（1）执行上述操作。

（2）在属性框类型选择器下拉列表中找到相应的风道末端族类型，单击后返回到属性框中，单击"编辑类型"按钮，在弹出的类型属性设置对话框中，根据项目的实际情况，修改相关参数并赋予材质，如图 7-8 所示。

参数	值
材质和装饰	⌃
格栅材质	<按类别>
机械 - 流量	⌃
最小流量	540.0000 m³/h
最大流量	2700.0000 m³/h
尺寸标注	⌃
面板厚度	4.5
格栅长度	654.0
格栅宽度	354.0
格栅高度	51.0
风管宽度	600.0
风管高度	300.0
标识数据	⌃
类型注释	600x300

图 7-8　风道末端类型属性对话框

修改完成后，单击"确定"按钮返回，在属性框中继续设置风口的实例参数，主体族与非主体族实例参数的区别在于限制条件上，如图 7-9 所示，左右分别为非主体族与主体族的限制条件参数样式。

限制条件	⌃
标高	标高 1
主体	标高 : 标高 1
偏移量	0.0

限制条件	⌃
主体	<不关联>
立面	1200.0

图 7-9　风道末端实例属性设置

非主体族的限制取决于所放置的标高及基于标高的偏移量大小，而主体族的限制取决于放置到主体风管所在的位置条件。

若要在风管面上直接放置风道末端，可单击"上下文"选项卡下"布局"面板中的"风道末端安装到风管上"按钮。放置完成后，可以拖曳或通过临时尺寸标注将现有的风道末端放置到精确的位置上。

对于基于主体的风道末端族，需创建完成相应的风管后，再将风道末端放置到主体风管上。如需要在放置构件时要将其按 90°的幅度进行旋转，也可以按空格键来完成。

7.3.4　风道末端的管道连接

对于基于主体的风道末端族，在其放置的过程中，软件已经自动将风道末端与主体风管相连接上了，只需调节其里面的高度即可。

对于非主体的风道末端族，在放置完成后，还需将其与相应的管道进行连接。其连接的方法与 7.3.3 节所讲的机械设备管道连接有相同之处。

【操作步骤】

若采用直接绘制风管的方法，单击已放置的风道末端，在连接件上单击鼠标右键，在弹出的快捷菜单中选择"绘制风管"命令，这时软件会进入绘制风管状态，在属性框中设置风管的类型，以及设置各项参数，在选项栏中设置风管的尺寸大小以及起始偏移量高度，完成后单击开始绘制风管，将风道末端与预留的风管进行连接。

若采用连接到风管的方法，先将预留的风管拖曳到已放置风口的上方，单击已放置的风道末端，在"修改｜风道末端上下文"选项卡下"布局"面板中，单击"连接到"按钮，风道末端只有一个连接件，所以系统不会弹出"选择连接件"对话框，这时，直接用鼠标选择上方的风管，高亮显示后单击，软件自动生成了管道布局方案，这样风道末端即可与预留的风管连接上。

同样，此方法适合在三维视图状态下进行，目的是易于选择相应的风管。

7.4　风管管件

通过使用该工具在项目中放置包括弯头、T 形三通、四通和其他类型的风管管件。

预习重点

◎ 风管管件的绘制和调整。

7.4.1　风管管件的特点

风管管件的特点是，有些风管管件具有插入特性，可以放置在沿风管长度的任意点上。风管管件可以在任何视图中放置，但是在平面视图和立面视图中往往更容易放置。在放置的过程中按空格键可循环切换可能的连接。风管管件的样式也很多，有矩形、圆形、椭圆形、多形状等。

7.4.2　风管管件族的载入

　　根据具体项目实际情况的需要，在创建暖通系统模型前，将项目中需要的管件族类型文件载入到当前的项目中，方便以后的创建工作。

📏【执行方式】

　　功能区："系统"选项卡→"HVAC"面板→"风管管件"

　　快捷键：DF

🖱【操作步骤】

　　（1）执行上述操作。

　　（2）在弹出的"修改丨放置 风管管件上下文"选项卡下"模式"面板中，单击"载入族"按钮，进入"载入族"对话框，选择"风管管件"文件夹下对应的风管管件族文件，如图 7-10 所示。

图 7-10　风管管件载入族对话框

　　选择后，单击"打开"按钮，这样需要的风管管件族就载入到当前的项目中。在属性框类型选择器下拉列表中就能找到刚刚载入进来的管件族。

7.4.3　风管管件的绘制

　　在项目中绘制风管时，软件会根据两段风管的位置自动生成相应的风管管件，或者在风管的一端手工添加需要的管件。

📏【执行方式】

　　功能区："系统"选项卡→"HVAC"面板→"风管管件"

　　快捷键：DF

【操作步骤】

（1）执行上述操作。

（2）在属性框类型选择器下，选取某种风管管件，将光标移动到风管的一端，可以按空格键来循环切换可能的连接，软件会自动捕捉风管与管件的中心线，单击放置管件，这时管件即可放置到风管末端上。

7.4.4　风管管件的调整

放置到项目中的风管管件，有时还需进一步调整，以满足项目的设计要求，其调整主要包括修改风管管件的尺寸、升级或降级管件、旋转管件、翻转管件。

【操作步骤】

（1）修改风管管件的尺寸。

在风管系统中选择一个管件，单击尺寸控制柄 360.0 x 360.0，然后输入所需尺寸的值，对于矩形和椭圆形风管，必须分别输入宽度和高度尺寸控制柄的值。如图 7-11 所示，矩形弯头管件的尺寸从 360.0×360.0 调整为 500.0×360.0。

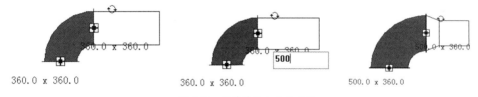

图 7-11　风管管件大小的调整

如果可能，软件会自动插入过渡件，以维护系统的连接完整性。

（2）升级或降级管件。

在风管系统中选择一个管件（弯头、T 形三通），该管件旁边会出现蓝色的风管管件控制柄。如果管件的所有端都在使用中，在管件的旁边就会被标记上加号。未使用的管件一端带有减号，表示可以删除该端以使管件降级。如图 7-12 所示，将弯头升级为 T 形三通，单击不同位置的加号生成的 T 形三通也不同。

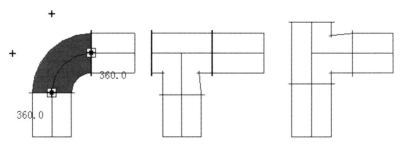

图 7-12　风管管件类型的调整

（3）旋转管件。

在风管系统中选择一个管件，T 形三通、四通或弯头，如图 7-13 所示，选择已连接到一端的弯头，这时在弯头附近会显示出旋转控制柄 ，单击 就可以修改管件的方向，可以连续多次单击 ，每单击一次，弯头就会旋转 90°，如此循环下去。

在图 7-13 中，第一幅图为起始状态，其他几幅图分别为第一次单击将弯头旋转 90°；第二次单击将该管件再旋转 90°。第三次单击将该管件再旋转 90°。

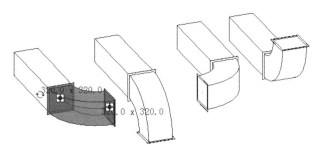

图 7-13　风管管件的旋转

（4）翻转管件。

在风管系统中选择一个管件，T 形三通或四通，如图 7-14 所示，选择 T 形三通后，在 T 形三通的附近就出现了翻转控制柄 ，单击此控制柄 即可修改管件的水平方向，每次单击都能将管件翻转 180°，如图 7-14 中的第二幅图所示。

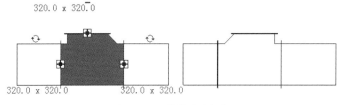

图 7-14　风管管件的翻转

7.5　风管附件

通过使用该工具在项目中放置包括风阀、过滤器和其他类型的风管附件。

✎ 预习重点

◎ 风管附件的绘制和调整。

7.5.1　风管附件的特点

放置风管附件时，拖曳到现有风管上可以继承该风管的尺寸。风管附件可以在任何视图中放置，但在平面视图和立面视图中往往更容易放置。在插入点附近按 Tab 键或空格键可循环切换可能的连接。

7.5.2　风管附件族的载入

根据项目实际情况的需要，在创建暖通系统模型前，将项目中需要的附件族类型文件载入到当前项目中。

✎**【执行方式】**

功能区："系统"选项卡→"HVAC"面板→"风管附件"

快捷键：DA

🖱**【操作步骤】**

执行上述操作。

（1）单击"系统"选项卡下的"风管附件"按钮，在弹出的"修改 | 放置 风管附件上下文"选项卡下"模式"面板中，单击"载入族"按钮，进入"载入族"对话框，选择需要载入的风管附件族文件，如图 7-15 所示。

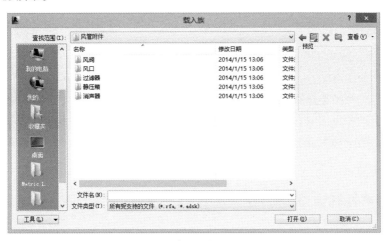

图 7-15　风管附件载入族对话框

（2）单击选择后，单击"打开"按钮，完成载入，有些族在载入的过程中会出现"指定类型"对话框，如图 7-16 所示。根据实际情况，选择相应的尺寸类型，一次性可以选择一个或多个类型，单击"确定"按钮。

图 7-16　"指定类型"对话框

完成风管附件文件族的载入后。在属性框类型选择器下拉列表中就能找到刚刚载入进来的附件族。

7.5.3 风管附件的绘制

可以在项目中绘制完成各段风管后，再在现有的风管上添加风管附件，也可以一边绘制风管一边进行添加，根据设计者的习惯而定。

📏【执行方式】

功能区："系统"选项卡→"HVAC"面板→"风管管件"

快捷键：DA

🖱【操作步骤】

（1）将视图切换到风管所在的机械平面。

（2）单击已绘制完成的风管，在选项栏中查看风管的尺寸大小，如图 7-17 所示。

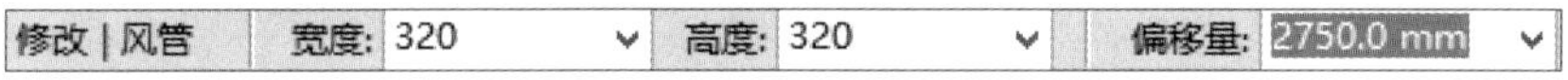

| 修改 \| 风管 | 宽度: 320 ∨ | 高度: 320 ∨ | 偏移量: 2750.0 mm ∨ |

图 7-17　风管选项栏

（3）执行上述操作。

（4）在属性框类型选择器中选择将要放置的风管附件，将光标移动到绘图区域中的风管处，排烟阀的平面图会跟随着光标移动，移动到风管上的添加位置附近时，按 Tab 键或空格键可循环切换可能的连接，将排烟阀的中心线与风管的中心线重合时，这时会高亮显示此线，单击完成放置。

7.5.4 风管附件的调整

添加到风管上的风管附件，有时还需进一步调整，以满足实际的设计要求，其调整主要有旋转管件、翻转管件。

🖱【操作步骤】

风管附件的调整与风管管件的调整有相同之处，都是通过单击控制柄来对附件进行旋转或翻转的。如图 7-18 所示，单击已放置好的风管附件，在其附近就会显示其控制柄，单击控制柄以完成对风管附件的调整。

在平面视图下对风管附件调整，其观察效果不是很明显，可将视图切换到三维视图模式下进行调整。

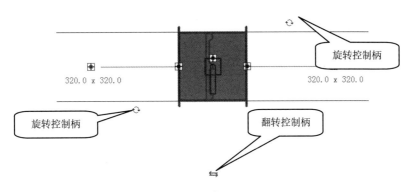

图 7-18　风管附件的翻转

7.6　风管

使用风管工具可以在项目上绘制水平或垂直方向的风管以连接风道末端和机械设备。

✎ 预习重点

◎ 风管的标高设置和绘制。

7.6.1　风管的类型设置

风管按照其样式的不同可分为矩形风管、圆形风管和椭圆形风管。在项目中绘制风管时，除了要选择风管的样式，以及设置其相关参数，还有一个重要的设置就是风管的布管系统配置。布管系统配置的设置，还决定了在绘制风管时，弯头、四通、过渡件等管件的样式。

📏【执行方式】

功能区："系统"选项卡→"HVAC"面板→"风管"

快捷键：DT

🖱【操作步骤】

（1）将视图切换到风管所在的机械平面。

（2）执行上述操作。

（3）在属性框中选择需设置的风管，单击"编辑类型"按钮进入"类型属性"对话框，单击布管系统配置该项后的"编辑"按钮，进入"布管系统配置"对话框，如图 7-19 所示。

在此对话框中，单击每项下边的选项栏，在下拉列表中，根据项目的实际需求，选择该风管类型的管件，如果没有，可以通过对话框中的"载入族"按钮进行设置。设置完成后单击"确定"按钮返回到"类型属性"对话框，设置完成类型属性参数后再次单击"确定"按钮返回到绘制状态，完成设置。

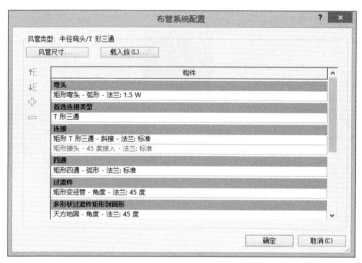

图 7-19 "布管系统配置"对话框

7.6.2 风管的对正设置

在绘制风管时，风管的对正设置很重要，有时根据项目实际情况，风管需要靠墙边敷设或梁底敷设，这时设定对正方式是很有必要的。

【执行方式】

功能区："系统"选项卡→"HVAC"面板→"风管"

快捷键：DT

【操作步骤】

（1）执行上述操作。

（2）在弹出的"修改 | 放置 风管上下文"选项卡下"放置工具"面板中，单击"对正"按钮，弹出如图 7-20 所示的"对正设置"对话框。

图 7-20 对正设置

设置参数项说明如下。

- 水平对正：指示以风管的"中心"、"左"或"右"侧作为参照，将各风管部分的边缘水平对齐。
- 水平偏移：指定在绘制风管时，光标的单击位置与风管绘制的起始位置之间的偏移值。
- 垂直对正：指示以风管的"中"、"底"或"顶"作为参照，将各风管部分的边缘垂直对齐。

对正设置可以在此进行设置，也可以在绘制风管时，在属性框中的限制条件面板中进行设置，两者同步更新。

7.6.3　风管绘制

在完成布管系统设置以及对正设置后，就可以在绘图区域中绘制风管。绘制时注意按照如下所描述的步骤进行。

【执行方式】

功能区："系统"选项卡→"HVAC"面板→"风管"

快捷键：DT

【操作步骤】

（1）将视图切换到风管所在的机械平面。

（2）执行上述操作。

（3）风管类型的选择。

在弹出的属性框中，从类型选择器下拉列表中选取需要绘制的风管类型，注意区分半径弯头和斜接弯头以及 T 形三通和接头。

（4）属性的设置。

在属性框中继续设置风管的实例属性，主要有参照标高、偏移量以及系统类型的设定，其他参数基本上都是灰显只读状态。

（5）选项栏的设置。

在选项栏中，设置风管的宽度和高度，若下拉列表中并未有想要的尺寸，可以直接在后面的框中输入具体的数值，偏移量与属性面板中的一致。指示锁定/解锁管段的高程。锁定后，管段会始终保持原高程，不能连接处于不同高程的管段。

（6）放置工具面板的设置。

在"上下文"选项卡下的"放置工具"面板中，继续进行设置相关选项。

- 自动连接：表示在开始或结束风管管段时，可以自动连接构件上的捕捉。此项对于连接不同高程的管段非常有用。但当沿着与另一条风管相同的路径以不同偏移量绘制风管时，此时取消选择"自动连接",以避免生成意外连接。

- 继承高程：表示继承捕捉到的图元的高程。继承大小表示继承捕捉到的图元的大小。
- 忽略坡度以连接：表示控制使用当前的坡度值进行倾斜圆形风管连接，还是忽略坡度值直接连接。此项只适用于在放置圆形风管时使用。
- 在放置时进行标记：表示在视图中放置风管管段时，将默认注释标记应用到风管管段。

（7）绘制风管。

在绘图区域中的指定位置处单击以作为风管的起点，水平滑动鼠标，在另一位置上单击，然后将光标朝着垂直的方向滑动，再次单击以作为风管的终点，按 Esc 键退出绘制状态，软件在拐弯处自动生成相应的弯头。

设置第一次的偏移量高度，在绘图区域中单击，保持此状态，将选项栏中的偏移量设置为另一高度值。单击选项栏中的 **应用** 按钮两次，按 Esc 键退出绘制状态，这时风管的立管即可生成。

在绘制过程中，若将要绘制的风管尺寸、偏移量等在之前绘制过，可以直接选择已绘制好的风管管段，单击鼠标右键，在命令功能区中选择"创建类似实例（S）"命令，软件自动跳转到绘制风管状态，且各参数值与选择的风管一致。

7.6.4 风管管道类型及大小调整

在完成某段风管的绘制后，若发现其尺寸、偏移量等参数有误，选择风管，可以进行相应的修改调整。

【操作步骤】

（1）选择已绘制好的某段风管，如图 7-21 所示，各符号表示的含义已标注。

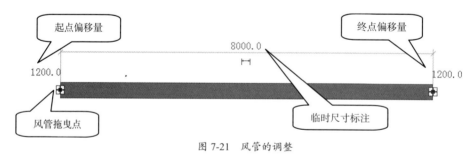

图 7-21　风管的调整

（2）在绘图区域中，可以根据上述所显示的符号来修改风管的长度，起点、终点偏移量高度值。

（3）在弹出的属性框中，单击类型选择器下拉列表中的风管类型，可选择新的类型加以替换。还可在属性框中修改其对正、参照标高、偏移量、系统类型等参数。

（4）在选项栏中，修改风管的宽度值和高度值。

7.7　风管占位符

使用此工具可在早期阶段绘制不带弯头或 T 形三通管件的占位符风管。

✎　预习重点

◎　风管占位符的特点和调整。

7.7.1　风管占位符的特点

在早期设计阶段绘制占位符风管可以指示风管管路的大概位置，或显示尚未完全定好尺寸的布局。占位符风管显示为不带管件的单线几何图形。使用占位符风管可以在设计仍然处于未知状态时获得连接良好的系统，然后在以后的设计阶段进行优化。可以将占位符风管转换为带有管件的风管。

7.7.2　风管占位符的绘制和调整

风管占位符的绘制其实和风管的绘制没什么区别，只是绘制占位符风管显示的是不带管件的单线。可以在后期将这些单线转换为实际风管的样式。

📏【执行方式】

功能区："系统"选项卡→"HVAC"面板→"风管占位符"

🖱【操作步骤】

（1）将视图切换到风管所在的机械平面。

（2）风管占位符的绘制。

绘制的步骤与绘制风管完全一致，单击"风管占位符"，在属性框中选择风管的类型，以及设置其实例属性参数，在选项栏中设置风管的尺寸数据，宽度和高度值。

设置完成后，在绘图区域绘制，完成后，按 Esc 键退出绘制状态。

（3）风管占位符的调整。

在后期的详细设计中，可以将早期绘制的风管占位符转化为模型中的实际风管样式。

选择要转换的占位符单线，在弹出的"修改 | 风管占位符上下文"选项卡下"编辑"面板中，单击"转换占位符"按钮，这时软件自动将单线转化为实际的风管样式。

转换后的风管，可以继续单击选择，按照 7.6.4 节所描述的继续修改和调整风管的参数值，以满足项目的设计要求。

7.8　软风管

使用软风管工具可以在系统管网中绘制圆形和矩形软风管。

✎ 预习重点

◎ 软风管的设置和绘制。

7.8.1 软风管的特点

软风管的特点就是绘制灵活性，在绘制软风管时，可以像绘制样条曲线一样，不断改变软风管的轨迹，也可以通过单击来添加顶点。从另一个构件布线时，按空格键可以匹配高程和尺寸。软风管分为矩形软风管和圆形软风管两类。

7.8.2 软风管的类型属性设置

与绘制风管一样，在绘制前，需要设置软风管的类型属性参数，主要的参数设置为布管系统配置。

〖执行方式〗

功能区："系统"选项卡→"HVAC"面板→"风管占位符"

快捷键：FD

〖操作步骤〗

（1）执行上述操作。

（2）在属性框类型选择器下拉列表中选取矩（圆）形软风管，单击"编辑类型"按钮进入其类型属性对话框，如图 7-22 所示。

图 7-22 软风管类型属性对话框

类型属性的设置主要是在"设置管件"面板下的下拉列表中选择管件的具体样式。

完成各参数设置后，单击"确定"按钮返回。

7.8.3　软风管的绘制

在完成类型属性参数设置后，就可以在绘图区域中绘制软风管。绘制时注意按照如下所述的步骤进行。

【执行方式】

功能区："系统"选项卡→"HVAC"面板→"风管占位符"

快捷键：FD

【操作步骤】

（1）将视图切换到风管所在的机械平面。

（2）执行上述操作。

（3）选择软风管类型并设置属性参数。

在软管样式一栏下拉列表中，可以选择在平面绘制时软管的样式，包括圆形、单线、椭圆形等，软件默认为单线样式。在弹出的属性框中，从类型选择器下拉列表中选取圆（矩）形软风管。在属性框中继续设置软风管的实例属性，主要有参照标高、软管样式以及系统类型的设定。

（4）选项栏的设置。

在选项栏中，若选择了圆形软风管，只需设置其直径和偏移量即可；若选择了矩形软风管，需设置软风管的宽度、高度以及偏移量。若下拉列表中并未有想要的尺寸，可以直接在对应每项后面的框中输入具体的数值。

（5）绘制软风管。

在绘图区域中的指定位置处单击以作为软风管的起点，软风管的绘制轨迹为样条曲线，所以在转折处单击即可转变方向继续绘制，以最后一次单击作为软风管的终点，按 Esc 键退出绘制状态。

在绘制过程中，若将要绘制的软风管尺寸、偏移量等在之前绘制过，可以直接选择已绘制好的软风管管段，单击鼠标右键，在命令功能区中选择"创建类似实例（S）"命令，软件自动跳转到绘制软风管状态，且各参数值与选择的软风管一致。

7.8.4　软风管的调整

完成软风管的绘制后，可单击选择需要再次进行修改的管段，通过各种方式对软风管进行调整，以满足设计要求。

【操作步骤】

（1）单击选择某管段软风管，在软风管平面图中出现了几个特殊的符号，如图 7-23 所示。

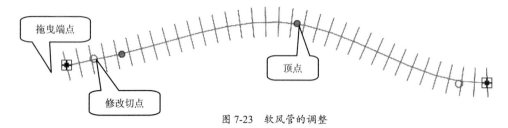

图 7-23　软风管的调整

符号的含义和解释说明如下。

- 拖曳端点（⊞）是指可以用它来重新定位软风管的端点和线性长度。可以通过它将软风管连接到另一个构件上，或断开软风管与系统的连接。

- 修改切点（○）将出现在软风管的起点和终点处，可以用它来调整第一个弯曲处和第二个弯曲处的切点。

- 顶点（✹）出现在软风管整体长度上，可以用它来修改软风管弯曲位置处的点。

（2）除通过软风管自身的符号控制调整外，在选取软风管后，还可以在属性框中、选项栏中进一步调整软风管的各项参数，以满足项目的设计要求。

第8章

给排水模块

📝 **知识引导**

　　本章主要讲解 Revit 软件在给排水模块中的实际应用操作，包括管道、管道占位符、管件、管路附件、软管、平行管道以及卫浴装置等模块的创建。

8.1 系统设置

　　在项目中进行给排水系统的创建之前，需要在样板中对系统进行相关的设置。

📏 **【执行方式】**

　　功能区："系统"选项卡→"卫浴和管道"面板→"机械设置"

　　快捷键：MS

🖱 **【操作步骤】**

　　（1）执行上述操作。

　　（2）在弹出的"机械设置"对话框中，如图 8-1 所示，通过左边的树状选项栏，选择管道设置，在对应的后面选项中设置其参数，一般按照具体项目要求进行设置。管道系统的设置主要有角度，转换，管段和尺寸，流体，坡度，计算几项，单击每一项都可以进行相关的设置，着重注意管段和尺寸以及坡度两项。设置完成后单击"确定"按钮返回。

图 8-1 "机械设置"对话框

8.2 卫浴装置

在软件中卫浴装置以族文件形式放置到项目中，例如马桶、浴盆等。

✎ **预习重点**

◎ 卫浴装置的载入和调整。

8.2.1 卫浴装置的特点

卫浴装置是构建给排水系统的一个重要组成部分，其特点主要如下。多样性：卫浴装置的种类很多，蹲便器、洗脸盆、小便器等，每一个板块下都对应着各式各样的装置族。连接性：卫浴装置往往连接到多种类型的系统，如热水、给水、电气系统等。灵活性：卫浴装置有些是主体族，有些是非主体族，放置时也很灵活，易操作，易编辑。

8.2.2 卫浴装置的载入

根据具体项目的实际情况，在放置卫浴装置族前，将项目中需要的族类型文件载入到当前的样板中。

📏 **【执行方式】**

功能区："系统"选项卡→"卫浴和管道"面板→"卫浴装置"

快捷键：PX

🖱 **【操作步骤】**

（1）执行上述操作。

（2）在弹出的"修改 | 放置 卫浴装置上下文"选项卡下"模式"面板中，单击"载入族"按钮，进入卫浴装置载入族对话框，如图 8-2 所示。

图 8-2　卫浴装置载入族对话框

根据项目需要，选择需要载入的族类型 rfa 文件，单击"打开"按钮，这样需要的卫浴装置族即可载入到当前的项目中。在属性框类型选择器下拉列中里就能找到刚刚载入进来的新卫浴装置族。

8.2.3　卫浴装置的添加

完成卫浴装置族的载入后，这时就可以把需要的卫浴装置放置到项目模型中，并且与已有的各种管道进行连接，形成一个完整的系统。

【执行方式】

功能区："系统"选项卡→"卫浴和管道"面板→"卫浴装置"

快捷键：PX

【操作步骤】

（1）执行上述操作。

（2）选择需放置的族类型，并设置相关参数。

在类型选择器下拉列表中找到需添加的卫浴装置类型并单击，放置前需要根据项目的实际情况调整卫浴装置的各项参数，包括类型属性参数和实例参数。单击"编辑类型"按钮，进入卫浴装置类型属性对话框，如图 8-3 所示。

图 8-3　卫浴装置类型属性对话框

在类型属性框中，该族文件已包含的参数项均对应相关数值，根据项目的实际情况来更改对应项的参数值，包括材质、机械、尺寸标注等，完成后单击"确定"按钮返回到放置状态。

在属性框中设置该族的实例参数，主要是放置标高设置，以及基于标高的偏移量。设置完成后单击应用按钮。

（3）放置卫浴装置。

将光标移动到绘图区域，光标附近会显示该卫浴装置的平面图，随着光标的移动而移动。这时按空格键可以对装置进行旋转。在指定位置处单击放置卫浴装置，再次单击该装置，可以通过修改临时尺寸标注值将装置放置到更为精确的位置上。

（4）卫浴装置的管道连接。

在项目中放置卫浴装置后，下一步要将卫浴装置连接到系统中。连接的方法有两种，根据实际情况选择，下面简单介绍两种方法的连接步骤。

- 绘制管道与已有的管道进行连接：单击选择已放置的装置，这时会显示出所有与该装置连接的管道连接件，如图 8-4 所示。

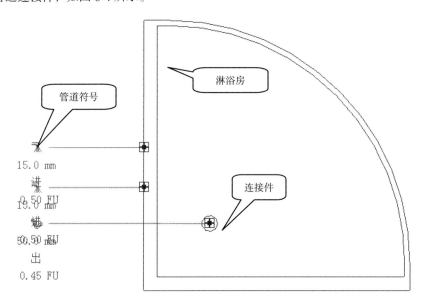

图 8-4　卫浴装置系统连接件

这时在图 8-4 中所示的管道符号 或连接件加号 上单击鼠标右键，在弹出的快捷菜单中，选择绘制管道或绘制软管等，如图 8-5 所示。

图 8-5　卫浴装置右键快捷菜单

选择"绘制管道"选项，这时软件进入绘制管道状态，在属性框中设置管道的类型属性参数和实例属性参数，然后根据该系统预留管的位置，绘制装置与预留管之间的管段。

- 装置连接到管道：软件能够快速根据装置与预留管之间的位置自动生成连接方案，这种方法快速、简单，但有时候由于空间位置狭小等缘故软件不能生成相应的管道，就需要按照上述方法手动绘制。

单击已放置的装置，这时在弹出的"修改｜卫浴装置上下文"选项卡下"布局"面板中，单击"连接到"按钮，这时软件会弹出"选择连接件"对话框，如图 8-6 所示，对话框中的连接件均是卫浴装置族在创建时添加的。

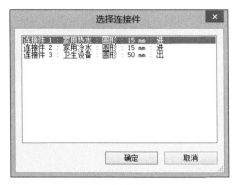

图 8-6　"选择连接件"对话框

从该对话框中可以了解到要与该装置连接的管道系统类型，以及管道样式、尺寸大小等。选择其中某个连接件后，单击"确定"按钮，这时光标附近出现小加号，并提示"拾取一个管道以连接到"。在已有的管道中，找到符合该连接件的系统管道，高亮显示后单击，这时软件就自动生成了连接，这样该就完成了连接件的绘制。

通过此方法可以在三维模式下连接到管道，能够直观看到系统自动生成管道的过程。

➥ 实操实练-19　卫浴装置的布置

（1）新建给排水样板项目，在项目浏览器下，展开卫浴楼层平面视图目录，双击标高 1 名称进入 1 层平面视图。

（2）单击"插入"选项卡下的"链接 Revit"按钮，通过查找范围找到建筑 rvt 文件并单击选中，在定位一栏选择自动-原点到原点。单击"打开"按钮，完成建筑模型的链接。

（3）通过单击"协作"选项卡下的"复制/监视"按钮，为给排水项目复制创建标高和轴网基准信息。

（4）完成基准的创建后，单击"系统"选项卡下的"卫浴装置"按钮，在类型选择器下拉列表中选择坐便器-冲洗水箱类型，在"类型属性"参数框中复制创建命名为别墅卫生间坐便器新类型。在材质和装饰参数下，设置坐便器材质、阀门材质以及坐便器盖材质，如图 8-7 所示。完成后单击"确定"按钮保存并返回。

参数	值
材质和装饰	⌃
坐便器材质	陶瓷面板
阀门材质	不锈钢
坐便器盖材质	陶瓷面板
机械	⌃
WFU	4.500000
CWFU	0.500000
HWFU	
尺寸标注	⌃
污水半径	50.0 mm
污水出口到墙	305.0
污水直径	100.0 mm
冷水半径	7.5 mm
冷水进口高度	200.0
冷水直径	15.0 mm

图 8-7　卫浴装置类型属性设置

（5）在属性框中设置放置标高为 1F_±0.000，设置偏移量为−50，如图 8-8 所示。

图 8-8　卫浴装置实例属性设置

（6）在选项栏中，不勾选"放置"后的"旋转"复选框。

（7）移动光标至卫生间平面区域，通过单击空格键循环翻转坐便器朝向，单击放置。

（8）按照上述步骤继续复制创建其他卫生器具类型，设置完成相关参数后，在卫生间的其他位置进行放置。

（9）单击保存该新项目，将文件名改为"给排水—卫生装置"，完成对该项目卫生装置的放置，如图 8-9 所示。

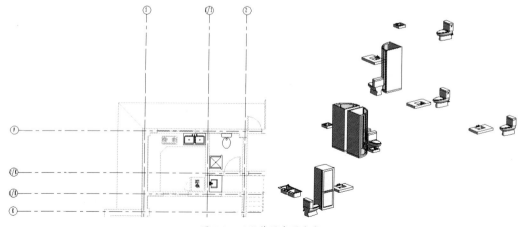

图 8-9　卫浴装置布置完成

8.3　管件的添加

通过使用该工具在项目中放置包括弯头、T 形三通、四通和其他类型的水管管件。

✎ **预习重点**

◎ 管件的添加和修改。

8.3.1　管件的特点

管件的特点是，有些管件具有插入特性，可以放置在沿管段长度的任意点上。管件可以在任何视图中放置，但是在平面视图和立面视图中往往更容易放置。在放置的过程中按空格键可循环切换可能的连接。管件的材质种类繁多，有 PVC、钢塑复合、不锈钢和铸铁等。

8.3.2　管件族的载入

根据具体项目实际情况的需要，在创建给排水系统模型前，将项目中需要的管件族类型文件载入到当前项目中。

📏 **【执行方式】**

功能区："系统"选项卡→"卫浴和管道"面板→"管件"

快捷键：PF

🖱 **【操作步骤】**

（1）执行上述操作。

（2）在弹出的"修改 ｜ 放置 管件上下文"选项卡下"模式"面板中，单击"载入族"按钮，进入管道管件载入族对话框，如图 8-10 所示。

图 8-10　管道管件载入族对话框

根据管道材质找到相应文件目录下项目所需要的族 rfa 文件，单击选择后，单击"打开"按钮，这样需要的水管管件族就载入到当前项目中。在属性框类型选择器下拉列表中就能找到刚刚载入进来的管件族。

8.3.3　管件的添加和修改

在项目中绘制管道时，由于前期已经对布管系统配置进行了设置，所以软件会根据两段管道的位置自动生成相应的水管管件，或者在管道的一端手工添加需要的管件。完成后再对这些管件进行进一步的修改和调整。

📏【执行方式】

功能区："系统"选项卡→"卫浴和管道"面板→"管件"

快捷键：PF

🖱️【操作步骤】

（1）执行上述操作。

（2）管件的添加。

当绘制管道出现相交情况时，管道管件将根据管道管段设置自动生成管件，如图 8-11 所示。

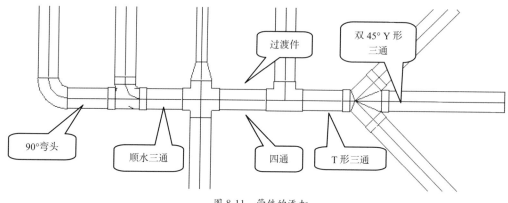

图 8-11　管件的添加

单击已绘制好的水管管件，可以继续在属性框类型选择器下，选取另一种尺寸类型的管件进行替换。

也可以在绘制一段管道后，单击"管件"按钮，在属性框类型选择器下，选取某种管件，将光标移动到管道的一端，可以按空格键来循环切换可能的连接，软件会自动捕捉管道与管件的中心线，单击放置管件，这时管件就会放置到管道的一端上。

（3）管件的修改

放置到项目中的管件，有时还需进一步调整，以满足项目的设计要求，其调整主要包括修改管件的尺寸、升级或降级管件、旋转管件、翻转管件。

- 修改管件的尺寸：在管道系统中选择一个管件，单击尺寸控制柄150.0 mm，然后输入所需尺寸的值，按 Enter 键完成修改。如图 8-12 所示，90° 弯头管件的尺寸从 150mm 调整为 100mm。

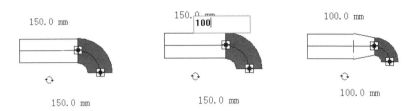

图 8-12　管件尺寸的调整

如果可能，软件会自动插入过渡件，以维护系统的连接完整性。

- 升级或降级管件：在管道系统中选择一个管件（弯头、T 形三通），该管件旁边会出现蓝色的管件控制柄。如果管件的所有端都在使用中，在管件的旁边就会被标记上加号。未使用的管件一端则带有减号，表示可以删除该端以使管件降级。如图 8-13 所示，将弯头升级为 T 形三通，单击不同位置的加号生成的 T 形三通也不同。

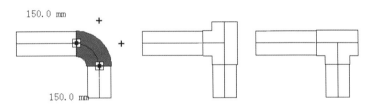

图 8-13　管道管件的类型转换

- 旋转管件：在管道系统中选择一个管件，T 形三通、四通或弯头，以图 8-14 所示，选择已连接到一端的弯头，这时在弯头附近会显示出旋转控制柄，单击就可以修改管件的方向了，可以连续多次单击，每单击一次，弯头就会旋转 90°，如此循环下去。

在图 8-14 中，第一幅图为起始状态，其他几幅图分别为第一次单击将弯头旋转 90°；第二次单击将该管件再旋转 90°。第三次单击将该管件再旋转 90°。

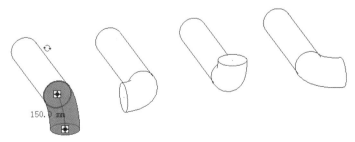

图 8-14　管道管件的旋转

在管道系统中选择一个管件，T 形三通或四通，如图 8-15 所示，选择顺水三通后，在顺水三通的附近就会出现翻转控制柄，单击此控制柄即可修改管件的水平方向，每次单击都能将管件翻转 180°，如图 8-15 中第二幅图所示。

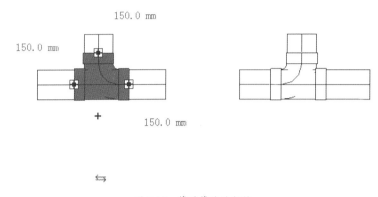

图 8-15 管道管件的翻转

8.4 管路附件

通过使用该工具在项目中放置包括各类阀门、地漏、清扫口和其他类型的管路附件。

✎ **预习重点**

◎ 管路附件的添加和修改。

8.4.1 管路附件的特点

放置管路附件时，在现有管道上方拖曳可以继承该管道的尺寸。附件可以嵌入放置，也可以放置在管道末端。管路附件可以在任何视图中放置，但在平面视图和立面视图中往往更容易放置。在插入点附近按 Tab 键或空格键可循环切换可能的连接。

8.4.2 管路附件的载入

根据具体项目实际情况的需要，在创建给排水系统模型前，将项目中需要的附件族类型文件载入到当前项目。

📏 **【执行方式】**

功能区："系统"选项卡→"卫浴和管道"面板→"管件"

快捷键：PA

🖱 **【操作步骤】**

（1）执行上述操作。

（2）在弹出的"修改 | 放置 管路附件上下文"选项卡下"模式"面板中，单击"载入族"按钮，进入"载入族"对话框，通过"China—机电—给排水附件"步骤查找到给排水附件文件夹下，如图 8-16 所示。

图 8-16　管道附件载入族对话框

在该文件夹目录下，可以看到管路附件包括的种类，根据项目需要的附件类型找到相应文件目录下的族 rfa 文件，单击选择后，单击"打开"按钮，完成载入，有些族在载入的过程中会出现"指定类型"对话框，如图 8-17 所示。根据实际情况，选择相应的尺寸类型，一次性可以选择一个或多个类型，单击"确定"按钮。

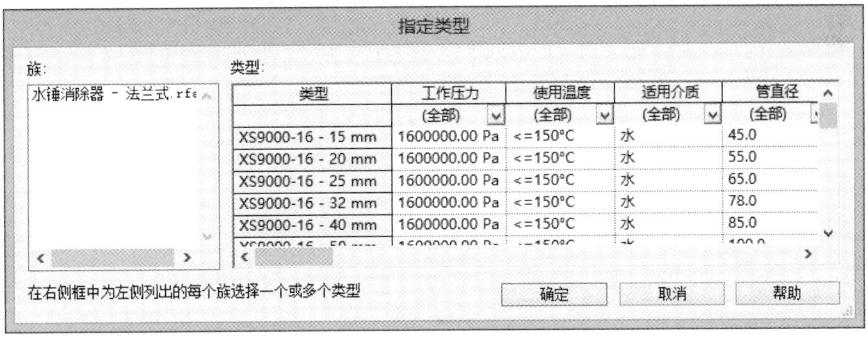

图 8-17　管件附件类型选择器

这样需要的管路附件就载入到当前项目中。在属性框类型选择器下拉列表中出现刚刚载入进来的附件族。

8.4.3　管路附件的添加

可以在项目中绘制完成各段管段后，再在现有的管道上添加管路附件，也可以一边绘制管道一边进行添加，根据设计者的习惯而定。

【执行方式】

功能区："系统"选项卡→"卫浴和管道"面板→"管件"

快捷键：PA

【操作步骤】

（1）将视图切换到管道所在的平面。

（2）单击已绘制完成的管道，在选项栏中查看管道的直径大小，如图 8-18 所示.

图 8-18　选项栏

（3）执行上述操作。

（4）选择管道附件族类型，并设置相关参数。

在属性框类型选择器中选择将要放置的管道附件类型，若类型选择器下没有与管道相匹配的尺寸，先单击选择某一尺寸，然后单击"编辑类型"按钮进入管道附件族类型属性对话框，先复制，并按照管道直径修改名称，然后再修改尺寸标注下的"公称直径"参数，再赋予某种材质，如图 8-19 所示。

图 8-19　管道附件族类型属性对话框

设置完成后，单击"确定"按钮返回到放置状态，在实例属性中设置限制条件下的标高，对于闸阀，其偏移量可以不必指定，将闸阀添加到管道的某一点上，软件会自动将该点的偏移量指定为闸阀的偏移量高度。

（5）放置管道附件。

将光标移动到绘图区域中的管道处，预放置管道附件会在平面图上随着光标移动，移动到管道上的添加位置附近时，按 Tab 键或空格键可循环切换可能的连接，当管道附件中心线与管道的中心线重合时，这时会高亮显示此线，单击完成放置。

8.4.4　管路附件的修改

添加到管道上的管路附件，有时还需进一步调整，以满足实际的设计要求，其调整主要有旋转附件、翻转附件。

🖱【操作步骤】

管路附件的调整与管件的调整有相同之处，都是通过单击控制柄来对附件进行旋转或翻转。如图 8-20 所示，单击已放置好的闸阀，在其附近就会显示其控制柄，单击控制柄以完成对管路附件的调整。

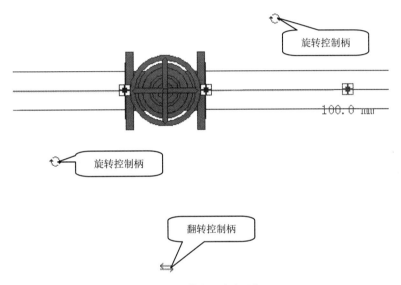

图 8-20　管路附件的调整

在平面视图下对管路附件调整，调整显示效果不明显时，可将视图切换到三维视图模式下进行调整。

↘ 实操实练-20　管道附件的添加

（1）打开"给排水—管道"项目，单击快捷访问栏中的默认三维视图按钮，将视图切换到三维视图状态下。

（2）单击"系统"选项卡下的"管道附件"按钮，在类型选择器中选择截止阀-J21-25-20mm 类型，在类型属性参数中设置阀体材质以及阀门手轮材质。单击"确定"按钮保存并返回。

（3）在属性框中设置标高为 1F_±0.000，偏移量为 0.0，如图 8-21 所示。

图 8-21 设置实例属性参数

（4）移动光标至需要放置附件的管段，当高亮显示该管段的中心线时，单击进行放置，如图 8-22 所示。

（5）单击选中已放置到管段上的阀门附件，通过单击控制柄 ↻ 完成对附件方向的反转。

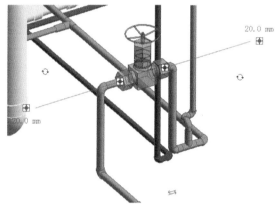

图 8-22 管道附件的放置

（6）按照上述步骤继续选择其他管道附件的类型，设置完成相关参数后，将管道附件放置到相应的管段上。

（7）将项目文件另存为"给排水—管道附件"，完成对该项目管段附件的放置，如图 8-23 所示。

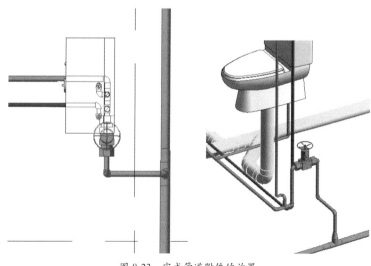

图 8-23 完成管道附件的放置

8.5　管道

使用此工具可以在项目中绘制水平和垂直方向的管道以便连接卫浴装置和机械设备。

✎ 预习重点

◎ 管道的类型设置和绘制。

8.5.1　管道的类型设置

给排水管道其样式均为圆形，按照系统类型的不同可分为给水管道、排水管道、雨水管道、喷淋管道、消火栓管道等。按照其材质的不同又可分为 PP-R 管、U-PVC 管、镀锌钢管、PE 管等，根据系统的要求选择相应材质的管道。在项目中创建管道系统时，除了要设定管道的系统，还有一个重要的设置就是管道的布管系统配置。布管系统配置的设置，决定了在绘制管道时，弯头、四通、过渡件等管件的样式。

📏【执行方式】

功能区："系统"选项卡→"卫浴和管道"面板→"管道"

快捷键：PI

🖱【操作步骤】

（1）执行上述操作。

（2）选择需要修改属性的管道类型，并修改相关参数。

在属性框中选择某种管道类型，单击"编辑类型"进入"类型属性"对话框，单击"布管系统配置"该项后的"编辑"按钮，进入管道布管系统配置对话框，如图 8-24 所示。

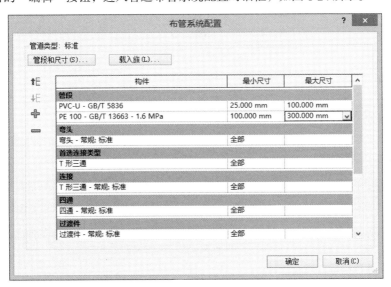

图 8-24　管道布管系统配置

在此对话框中,可以看到与之前风管的布管系统配置有所不同,在每一项后面都增加了最小尺寸、最大尺寸设置。可以根据管道尺寸大小的不同从而设定不同的管段材质和管件样式。举例如图8-24所示,在管段设置下,规定了当25mm≤DN<100mm时选用PVC-U材质的管道,当100mm≤DN<300mm时选用PE材质的管道。以此为例,可以为每一项都进行详细的设置,如果在最小尺寸一栏选择了"全部",则表示当前所选的管段或管件满足于任何直径大小的管道。

继续单击每项下边的选项栏,在下拉列表中,根据项目的实际需求,选择对应样式的管件。设置完成后单击"确定"按钮返回到"类型属性"对话框,再次单击"确定"按钮返回到绘制状态,完成设置。

8.5.2 管道的对正设置

与风管相同,在绘制管道时,管道的对正设置也很重要,有时根据项目的实际情况,某些管道需要靠墙边敷设或梁底敷设,这时设定对正方式很有必要。

【操作步骤】

单击"系统"选项卡下的"管道"按钮,在弹出的"修改 | 放置 管道上下文"选项卡下"放置工具"面板中,单击"对正"按钮,弹出如图8-25所示的"对正设置"对话框。

图 8-25 "对正设置"对话框

设置参数项说明如下。

- 水平对正:指示以管道的"中心"、"左"或"右"侧作为参照,将管道部分的边缘水平对齐。
- 水平偏移:指定在绘制管道时,光标的单击位置与管道绘制的起始位置之间的偏移值。
- 垂直对正:指示以管道的"中"、"底"或"顶"作为参照,将管道部分的边缘垂直对齐。

对正设置可以在此进行设置,也可以在绘制管道时,在属性框中的限制条件面板中进行设置,两者同步更新。

8.5.3　管道绘制

在完成布管系统的设置后，就可以在绘图区域中绘制管道。绘制时注意按照如下所述的步骤进行。

【执行方式】

功能区："系统"选项卡→"卫浴和管道"面板→"管道"

快捷键：PI

【操作步骤】

（1）将视图切换到绘制管道的标高楼层平面。

（2）执行上述操作。

（3）选择管道类型并设置相关参数。

在弹出的属性框中，从类型选择器下拉列表中选取某类型管道，若没有可以通过"类型属性"对话框复制创建新的管道类型，然后再指定布管系统配置即可。

在属性框中继续设置管道的实例属性，主要有参照标高、偏移量以及系统类型、管段材质的设定，直径可以在选项栏中设置，其他参数基本上都是灰显只读状态。

（4）设置选项栏参数。

在选项栏中，设置管道的直径，若下拉列表中没有想要选择的尺寸，这时就需要在机械设置中重新添加该管段类型的尺寸，不能像风管那样直接输入具体数值。添加的方法如下：

单击进入"机械设置"对话框，在左边的树状栏中选择"管道设置"下的"管段和尺寸"项，如图 8-26 所示。

图 8-26　"机械设置"对话框

在图 8-26 所示的对话框中进行尺寸的添加，在管段一栏，从下拉列表中选择需要添加尺寸的管材类型，属性栏可以先不管，然后单击尺寸目录下的"新建尺寸"按钮，弹出如图 8-27 所示的"添加管道尺寸"对话框。

图 8-27 "添加管道尺寸"对话框

在该对话框中，输入新的管道直径信息，包括公称直径、内径、外径尺寸，完成后单击"确定"按钮，这时在尺寸目录下就可以找到新建的尺寸信息。再次单击"确定"按钮返回到选项栏，从"直径"下拉列表中选取将要绘制管段的尺寸。

选定管段尺寸后，再来设置管道的偏移量，选项栏中的偏移量与"属性"面板中的一致。指示锁定/解锁管段的高程。

（5）设置"放置"面板选项。

在弹出的"上下文"选项卡下的面板中，继续进行设置，如图 8-28 所示。

图 8-28 管道放置面板

- 对正设置：与风管一致。
- 自动连接：表示在开始或结束管段时，可以自动连接构件上的捕捉。此项对于连接不同高程的管段非常有用。但当沿着与另一条管道相同的路径以不同偏移量绘制管道时，此时取消勾选"自动连接"，以避免生成意外连接。
- 继承高程：表示继承捕捉到的图元的高程。
- 继承大小：表示继承捕捉到的图元的大小。

（6）设置带坡道的管道参数。

- 禁用坡度：表示绘制不带坡度的管道。
- 向上坡度：表示绘制向上倾斜的管道。
- 向下坡度：表示绘制向下倾斜的管道。
- 坡度值：表示在"向上坡度"或"向下坡度"处于启用状态时，指定绘制倾斜管道时使用的坡度值。如果下拉列表中没有想要的坡度值，可以在"机械设置"对话框中进行添加。显示坡度工具提示表示在绘制倾斜管道时显示坡度信息，如图 8-29 所示，坡度信息随着光标的移动不断变化。

开始偏移	2750.0
当前偏移	2756.2
坡度	0.8000% 向上

图 8-29　坡度的设置

- 忽略坡度以连接：表示控制倾斜管道是使用当前的坡度值进行连接，还是忽略坡度值直接连接。

（7）设置管道标注。

- 在放置时进行标记：表示在视图中放置管段时，将默认注释标记应用到管段。

（8）绘制管道。

- 水平管道绘制：在绘图区域中的指定位置处单击以作为管道的起点，水平滑动鼠标，再次单击以作为管道的终点，按 Esc 键退出绘制状态，软件在拐弯处自动生成相应的弯头。
- 立管的绘制：设置第一次的偏移量高度，在绘图区域中单击，保持此状态，将选项栏中的偏移量设置为另一高度值，可正可负。单击选项栏中的 应用 按钮两次，按 Esc 键退出绘制状态，这时管道的立管即可生成。

在绘制过程中，若将要绘制的管道尺寸、偏移量等在之前绘制过，可以直接选择已绘制好的管段，单击鼠标右键，在命令功能区中选择"创建类似实例（S）"命令，软件自动跳转到绘制管道状态，且各参数值与选择的管道一致。

8.5.4　管道类型及大小调整

在完成某段管道的绘制后，若发现其尺寸、偏移量等参数有误，选择此管段，可再次进行调整。

【操作步骤】

（1）选择已绘制好的某段管道，如图 8-30 所示，各符号表示的含义已标注。

起点偏移量　　　6000.0　　　终点偏移量

2750.0　　　　　　　　　　　　2750.0

管道拖曳点　　　　临时尺寸标注

图 8-30　管道调整示意图

（2）绘图区域的修改。

在绘图区域中，可以根据上述所显示的符号来修改管段的长度，起点、终点偏移量高度值。

（3）属性的修改。

在弹出的属性框中，单击类型选择器下拉列表中的管道类型，可选择新的类型加以替换，还可在属性框中修改其对正、参照标高、偏移量、系统类型等参数。

（4）选项栏的修改。

在选项栏中，修改管道的直径和偏移量值。

↘ 实操实练-21　管道的绘制

（1）打开"给排水—卫生装置"项目，在项目浏览器下，展开卫浴楼层平面视图目录，双击1F_±0.000 名称进入标高 1 楼层平面视图。

（2）在楼层平面属性框中，单击"视图范围"后的"编辑"按钮，在"视图范围"对话框中，设置视图深度标高所在的偏移量为–2 000，如图 8-31 所示。

图 8-31　"视图范围"对话框

（3）单击"系统"选项卡下的"管道"按钮，在类型选择器中选择 PVC-U 排水管道类型，在类型属性参数中复制创建命名为别墅用 PVC-U 排水管道新类型。

（4）在属性框中，设置"水平对正"为"中心"，"垂直对正"为"中"，参照标高为 1F_±0.000，偏移量为–800，系统类型为卫生设备，如图 8-32 所示。

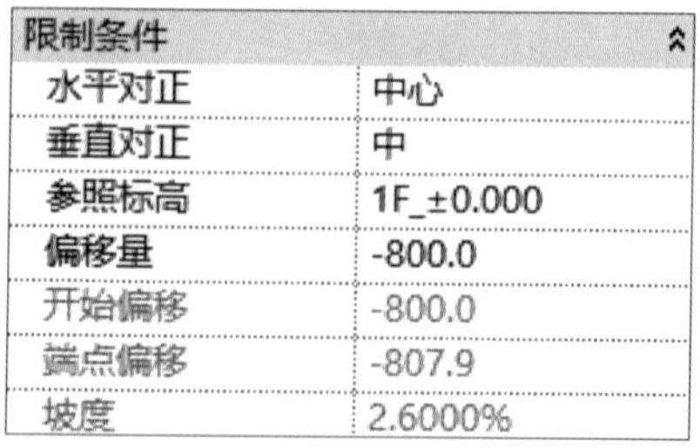

限制条件	
水平对正	中心
垂直对正	中
参照标高	1F_±0.000
偏移量	-800.0
开始偏移	-800.0
端点偏移	-807.9
坡度	2.6000%

图 8-32　管道对正设置

（5）在选项栏中，设置管道直径为 150mm，偏移量为–800.0mm，如图 8-33 所示。

修改 | 放置 管道　直径: 150.0 mm　偏移量: -800.0 mm　应用　水平　标记…　引线　12.7 mm

图 8-33　设置管道直径

（6）在"上下文"选项卡下"带坡度管道"面板中，设置向下坡度，设置坡度值为 2.600 0%，如图 8-34 所示。

图 8-34　坡度设置

（7）将光标移至卫生间中卫生装置排水的最上端，单击作为排水横支管的起点，向上滑动鼠标继续绘制，直到排水管出户。再次单击，结束绘制，按 Esc 键两次退出管道绘制状态。

（8）将视图切换到三维模式，单击卫浴装置，单击"上下文"选项卡下的"连接到"按钮，在弹出的"选择连接件"对话框中选择卫生设备连接件 3，单击"确定"按钮返回，如图 8-35 所示。

图 8-35　选择连接件

（9）移动光标，拾取刚刚创建完成的排水管道，这时，软件会自动生成连接管，将卫生装置与排水横支管连接起来。

（10）按照项目实际情况，修改横支管该管段的管径为某一值，手动修改管件的直径。

（11）按照上述步骤继续创建其他管道的类型，设置完成相关参数后，将卫生装置与对应的管道相连起来。

（12）将项目文件另存为"给排水—管道"，完成对该项目卫生装置管道的连接，如图 8-36 所示。

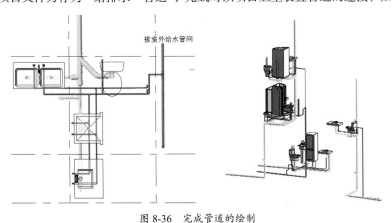

图 8-36　完成管道的绘制

8.6 管道占位符

使用此工具可在早期阶段绘制不带弯头或 T 形三通管件的占位符管道。

✎ **预习重点**

◎ 管道占位符的特点和创建。

8.6.1 管道占位符的特点

在早期设计阶段绘制管道占位符可以指示管路的大概位置，或显示尚未完全定好直径尺寸的布局。管道占位符显示为不带管件的单线几何图形。使用管道占位符可以在设计仍然处于未知状态时获得连接良好的系统，然后在以后的设计阶段进行优化。可以将管道占位符转换为三维管道。

8.6.2 管道占位符的创建

管道占位符的创建和管道绘制方式一致，只是绘制占位符管道显示的是不带管件的单线。

📏 **【执行方式】**

功能区："系统"选项卡→"卫浴和管道"面板→"管道占位符"

🖱 **【操作步骤】**

（1）将视图切换到绘制管道的标高楼层平面。

（2）管道占位符的绘制。

绘制的步骤完全与管道绘制一致，单击"管道占位符"按钮，在属性框中选择管道的类型，以及设置其实例属性参数，在选项栏中设置管道的直径和偏移量高度。

设置完成后，在绘图区域，单击光标作为占位符风管的起点，在绘图区域中绘制，如同画折线一样。完成后，按 Esc 键退出绘制状态。

（3）管道占位符的调整。

在后期的详细设计中，可以将早期绘制的管道占位符转化为模型中的三维管道。

选择要转换的占位符单线，在弹出的"修改 | 管道占位符上下文"选项卡下"编辑"面板中，单击"转换占位符"按钮，这时软件自动将单线转化为实际的三维管道。

转换后的管道，可以继续单击选择，按照 8.5.4 所描述的继续修改和调整管道的参数值，以满足项目的设计要求。

8.7 平行管道

使用此工具可以向包含管道和弯头的现有管道管路中添加平行管道。

✎　预习重点

◎ 平行管道的特点和创建。

8.7.1　平行管道的特点

首先，"平行管道"命令不能用于包含 T 形三通、四通和阀门的管道管路。

其次，要创建平行管路，需要有已绘制好的管路作为拾取对象。

最后，在绘制时，可以配合使用 Tab 键，将光标放置在管段上，来选择整个管路，方便平行管道的创建。

8.7.2　平行管道的创建

平行管道是基于已绘制好的管道进行创建的，所以创建后的管道，其管道类型、系统类型、管道直径大小都是一样的，在水平方向上，其偏移量高度也一致，在垂直方向创建的管道，是根据原始管道的高度进行偏移的。

📏【执行方式】

功能区："系统"选项卡→"卫浴和管道"面板→"平行管道"

🖱【操作步骤】

（1）执行上述操作。

（2）在弹出的"修改 | 放置平行管道上下文"选项卡下，在"平行管道"面板中设置相关参数，如图 8-37 所示。

图 8-37　平行管道参数设置

其中水平数、垂直数均包含已创建的管道，水平偏移是指相邻两管段的中心线间隔，垂直偏移是指在垂直方向上相邻两管段的中心线间隔。

设置完成后，将光标移动到绘图区域，光标呈 ▷ 状态。将光标移动到现有管道以高亮显示一段管段。将光标移动到现有管道的一侧时，将显示平行管道的轮廓。

这时可以按 Tab 键选择整个管道管路，然后单击以放置平行管道。创建完成后，对于还未连接的管道，可以通过"修改"面板中的"修剪/延伸"工具进行修改。

选择已完成创建的平行管道，还可以对其进行直径、偏移量的修改，和对正常的管道修改调整方法一致。

8.8　软管

使用软管工具可以在管道系统中绘制圆形软管。

✎ **预习重点**

　◎ 软管的绘制和修改调整。

8.8.1　软管的特点

软管的特点就是绘制灵活性，在绘制软管时，可以像绘制样条曲线一样，不断改变软管的轨迹。也可以通过单击来添加顶点。从另一个构件布线时，按空格键可以匹配高程和尺寸。软管只有圆形软管一种类型。

8.8.2　软管的配置

与绘制软风管一样，在绘制前，需要设置软管的类型属性参数，主要的参数设置就是软管的管件部分。

📏 **【执行方式】**

功能区："系统"选项卡→"卫浴和管道"面板→"软管"

快捷键：FP

🖱 **【操作步骤】**

（1）执行上述操作。

（2）在属性框类型选择器下拉列表中选取圆形软管，单击"编辑类型"按钮进入软管类型属性对话框，如图 8-38 所示。

图 8-38　软管类型属性对话框

类型属性的设置主要是设置"管件"面板下的各项参数,在每一项的后一栏,单击,可以在下拉列表中选择管件的具体样式。完成各参数设置后,单击"确定"按钮返回。

8.8.3　软管的绘制

在完成类型属性参数设置后,就可以在绘图区域中绘制软管。绘制时注意按照如下所描述的步骤进行。

【执行方式】

功能区:"系统"选项卡→"卫浴和管道"面板→"软管"

快捷键:FP

【操作步骤】

(1)将视图切换到绘制软管的标高平面。

(2)执行上述操作。

(3)选择软管类型并设置相关参数。

在弹出的属性框中,从类型选择器下拉列表中选取圆形软管。

在属性框中继续设置软管的实例属性,主要有参照标高、软管样式以及系统类型的设定。

(4)设置选项栏参数。

在选项栏中,设置软管的直径和偏移量高度。

(5)绘制软管。

在绘图区域中的指定位置处单击以作为软管的起点,软管的绘制轨迹为样条曲线,所以在转折处单击即可转变方向继续绘制,以最后一次单击作为软管的终点,按 Esc 键退出绘制状态。

在绘制过程中,若将要绘制的软管直径、偏移量等在之前绘制过,可以直接选择已绘制好的软管管段,单击鼠标右键,在命令功能区中选择"创建类似实例(S)"命令,软件自动跳转到绘制软管状态,且各参数值与选择的软管一致。

8.8.4　软管的修改调整

完成软管的绘制后,可单击选择需要再次进行修改的管段,通过各种方式对软管进行修改调整,以满足设计要求。

【操作步骤】

单击选择某管段软管,在软管平面图上出现了几个特殊的符号,如图 8-39 所示。

图 8-39　管道软管的绘制

符号的含义和解释说明如下。

- 拖曳端点：可以用它来重新定位软管的端点和线性长度。可以通过它将软管连接到另一个构件上，或断开软管与系统的连接。

- 修改切点：出现在软管的起点和终点处，可以用它来调整第一个弯曲处和第二个弯曲处的切点。

- 顶点（ ● ）：出现在软管整体长度上，可以用它来修改软管弯曲位置处的点。

除通过软管自身的符号控制调整外，在选取软管后，还可以在属性框中、选项栏中进一步调整软管的各项参数，以满足项目的设计要求。

8.9　喷头

通过该工具，可以根据项目中空间的几何图形和分区要求放置喷水装置。

✎ 预习重点

◎ 喷头的载入和放置。

8.9.1　喷头的载入

根据具体项目的实际情况，在放置喷头族前，将项目中需要的族类型文件载入到当前的样板中。

📏【执行方式】

功能区："系统"选项卡→"卫浴和管道"面板→"喷头"

快捷键：SK

🖱【操作步骤】

（1）执行上述操作。

（2）在弹出的"修改 | 放置 喷头上下文"选项卡下"模式"面板中，单击"载入族"按钮，进入喷头载入族对话框，通过"China—消防—给水和灭火—喷头"查找到"喷头"文件栏下，如图 8-40 所示。

图 8-40 喷头载入族对话框

在该文件夹下，根据项目需要，从该文件夹中找到需要的族类型 rfa 文件，选择后，单击"打开"按钮，需要的喷头族就载入到当前项目中。在属性框类型选择器下拉列表中就能找到刚刚载入进来的新喷头族。

8.9.2 喷头的放置和管道连接

在完成喷头的载入后，就可以把需要的喷头类型，按照设计要求放置到指定的区域位置上，然后再进行相应的管道连接。

【执行方式】

功能区："系统"选项卡→"卫浴和管道"面板→"喷头"

快捷键：SK

【操作步骤】

（1）将视图切换到布置喷头的标高平面。

（2）执行上述操作。

（3）选择喷头类型并设置相关参数。

在类型选择器下拉列表中选取喷头的类型，如 **ZSTX-15 - 79℃** 所示，"15"表示喷头的公称直径，"79℃"表示喷头爆破时的最低火点温度值。按照此方法选取相应的喷头类型。

选取后，在属性框中设置喷头的偏移量高度值，单击"编辑类型"按钮，可以在"类型属性"框中设置喷头的材质。

（4）喷头的布置。

将光标移动到绘图区域，这时喷头以圆形的平面图形式跟随着光标移动，在合适的位置上，单击放置喷头。

（5）喷头与管线的连接。

布置完成各区域的喷头后，可以将布置的喷头连接到管道上形成一个完整的系统，也可以一边布置喷头一边与相应的管道进行连接。

先在喷头的上方绘制相应的喷淋管道，然后通过"连接到"命令，将喷头连接到对应的管道上，如图 8-41 所示。

系统会自动在喷头与管段之间生成相应的管道和管件，可以根据实际情况修改和调整部分喷淋支管的公称直径，系统会自动生成过渡件以确保系统的完整性。

图 8-41　喷头

第 9 章

电气模块

知识引导

　　本章主要讲解 Revit 软件在电气模块中的实际应用操作，包括电气设备、照明装置、电缆桥架、管线配件、管线以及导线等模块的创建。

9.1　电气设置

　　与风系统、给排水系统一样，在项目中进行电气系统的创建之前，需要在样板中对系统进行相关的设置。

【执行方式】

　　功能区："系统"选项卡→"电气"面板→"电气设置"

　　快捷键：ES

【操作步骤】

　　（1）执行上述操作。

　　（2）电气参数设置。

　　在弹出的"电气设置"对话框中，如图 9-1 所示，通过左边的树状选项栏，选择每项，在对应的后面选项中设置其参数，一般按照具体项目要求进行设置。电气系统的设置主要有常规、配线、电缆桥架设置、线管设置几项，单击每项都可以展开具体的设置内容，然后进行相关的设置。设置完成后单击"确定"按钮返回。

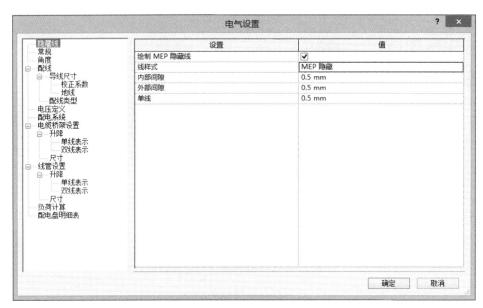

图 9-1 "电气设置"对话框

9.2 电气设备

在软件中电气设备以族文件形式放置到项目中，例如配电盘、开关装置等。

✎ **预习重点**

◎ 电气设备的载入和修改调整。

9.2.1 电气设备族的载入

根据具体项目的实际情况，在放置电气设备族前，将项目中需要的族类型文件载入到当前的样板中。

📐【执行方式】

功能区："系统"选项卡→"电气"面板→"电气设备"

快捷键：EE

🖱️【操作步骤】

（1）执行上述操作。

（2）单击"系统"选项卡下的"电气设备"按钮，在弹出的"修改｜放置 设备上下文"选项卡下"模式"面板中，单击"载入族"按钮，进入电气设备载入族对话框，通过"China—机电—供配电"查找到供配电文件栏下，如图 9-2 所示。

图 9-2　电气设备载入族对话框

该文件夹下的"发电机与变压器"和配电设备子文件夹下的"箱柜"两个文件夹，分别都包含多种类别的电气设备，根据项目需要，从对应的文件夹中找到需要的族类型 rfa 文件，选择后，单击"打开"按钮，这样需要的电气设备族就载入到当前项目中。在属性框类型选择器下拉列表中就能找到刚刚载入进来的新电气设备族。如提示电气设备无法载入时，可以通过载入构件的方法载入，如开关、插座等。

9.2.2　电气设备族的添加

完成电气设备族的载入后，这时就可以把电气设备放置到项目模型中，放置的方法和机械设备相同。

【执行方式】

功能区："系统"选项卡→"电气"面板→"电气设备"

快捷键：EE

【操作步骤】

（1）将视图切换至电气设备放置平面。

（2）执行上述操作。

（3）选择电气设备族类型并设置相关参数。

在类型选择器下拉列表中找到需要放置的电气设备族并单击，放置前还需要根据项目实际情况调整切换箱的各项参数，包括类型属性参数和实例参数。单击"编辑类型"按钮，进入电气设备族类型属性对话框，如图 9-3 所示。

图 9-3　电气设备族类型属性对话框

在类型属性框中，族文件已包含的参数项均对应相关数值，根据项目的实际情况来更改对应项的参数值，包括材质、电气参数、尺寸标注等，在类型（T）一栏，选择不同的类型，其尺寸标注也会随之变化，可以根据项目要求选择相类似的类型，然后再进行参数修改。完成后单击"确定"按钮返回到放置状态。

在属性框中设置该设备的实例参数，主要是放置标高设置，以及基于标高的偏移量。设置完成后单击"应用"按钮。

（4）放置电气设备。

将光标移动到绘图区域，光标附近会显示该设备的平面图，随着光标的移动而移动。这时按空格键可以对设备进行旋转。

在指定位置处单击放置设备，可以通过修改临时尺寸标注值将设备放置到更为精确的位置上。

9.2.3　电气设备族的线管连接

将电气设备放置到项目模型中后，通过修改调整、创建管线，将电气设备连接到相应的管线上，形成一个完成的系统。

电气设备的连接方法与之前的机械设备和卫浴装置连接有所不同，除部分电气设备可以采用连接到命令进行连接，大部分采取绘制线管，且从面绘制线管，这是机械设备和卫浴装置所没有的。

【操作步骤】

（1）单击选择已放置的设备，这时会显示出与该设备连接的管线连接件，如图 9-4 所示。

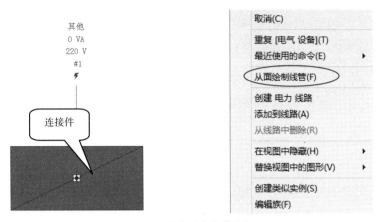

图 9-4　电气设备线管连接

在图 9-4 中所示的连接件加号 上单击鼠标右键，在弹出的快捷菜单中，选择从面绘制线管命令。软件会进入创建表面连接状态，如图 9-5 所示。

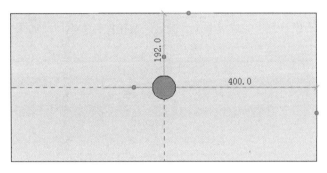

图 9-5　线管连接

其中边框界线表示电气设备的顶部面或底部面，软件默认在该面中心点有一根线管，若在该面需要创建的线管数大于 2 根，则需要先创建其他位置的线管，最后再来创建最中心的这一根，即"先两边，再中间"的顺序。

（2）创建中心外其他位置的线管。

根据临时尺寸标注进行线管的中心定位，确定后，单击"表面连接上下文"选项卡下的"完成连接"按钮，这时软件跳转到绘制线管状态，线管的起始点为面上通过临时尺寸标注定位的点。

选择线管的类型和直径，在绘图区域中指定位置上单击作为线管的终点，或通过设置偏移量高度，连续两次单击"应用"按钮生成立管。这样从面上绘制的第一根线管即可生成。

（3）创建中心点处线管。

完成了该面其他位置的线管后，创建中间的线管，当进入从面绘制线管状态时，直接单击选项栏中的"完成连接"按钮，在线管绘制状态创建相应的线管，这样，该面上的所有线管即可创建完成，再次单击该设备时，就不会再出现连接件 。

可以对从该面创建的线管进行进一步的修改调整，包括直径、线管类型等，完成后将每根线管

与对应的相关连接上，这样设备就与线管形成了完整的系统。

创建线管的此方法可以在三维模式下进行，这样能够直观看到在创建时管线的空间位置和线管在该面上的位置。

➷ 实操实练-22 电气设备的布置

（1）新建电气样板项目，在项目浏览器下，展开电力楼层平面视图目录，双击标高 1 名称进入 1 层平面视图。

（2）单击"插入"选项卡下的"链接 Revit"按钮，通过查找范围找到建筑 rvt 文件并单击选中，在定位一栏选择自动-原点到原点。单击"打开"按钮，完成建筑模型的链接。

（3）通过"协作"选项卡下的复制/监视按钮，为电气项目复制创建标高和轴网基准信息。

（4）完成基准的创建后，单击"系统"选项卡，选择"电气设备"按钮，在类型选择器下拉列表中选择照明配电箱-LB101 类型，在类型属性参数框中，设置默认高程为 1 200，设置其材质为配电箱材质，尺寸标注不做修改。完成后单击"确定"按钮保存并返回，如图 9-6 所示。

参数	值
默认高程	1200.0
材质和装饰	
材质	配线箱材质
电气	
配电盘电压	220.00 V
极数	1
负荷分类	其他
电压	
瓦特	
尺寸标注	
宽度	320.0
高度	240.0
深度	120.0

图 9-6　电气设备类型属性对话框

（5）在属性框中设置立面为 1 200.0，如图 9-7 所示。

图 9-7　电气设备实例属性对话框

（6）移动光标至转角楼梯相邻的墙体，通过单击空格键可翻转配电箱的嵌入朝向，单击放置。

（7）按照上述步骤继续在类型选择器中选择其他电气设备类型，设置完成相关参数后，在相应的其他位置上进行放置。

（8）将项目另存为"电气—电气设备"，完成对该项目电气设备的放置，如图 9-8 所示。

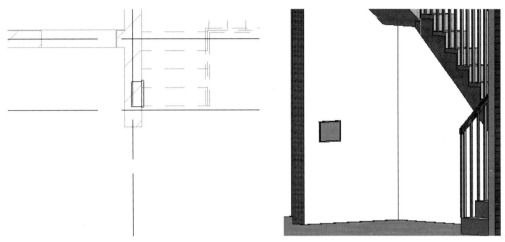

图 9-8　电气设备布置完成

9.3　设备

在软件中设备以族文件形式放置到项目中，例如插座、数据终端设备等。

✎ **预习重点**

◎ 设备的添加和修改调整。

9.3.1　设备的分类

设备装置包括插座、开关、接线盒、电话、通讯、数据终端设备以及护理呼叫设备、壁装扬声器、启动器、烟雾探测器和手拉式火警箱等。电气装置通常是基于主体的构件。

单击"设备"按钮的下拉菜单，在下拉菜单中可以看到软件把设备分为：📱 电气装置 、🗼 通讯 、〰 数据 、🔥 火警 、📱 照明 、➕ 护理呼叫 、🛡 安全 、📞 电话 8 类。

9.3.2　设备族的载入

根据具体项目的实际情况，在放置设备族前，将项目中需要的族类型文件载入到当前的样板中。

📏 **【执行方式】**

功能区："系统"选项卡→"电气"面板→"设备下拉菜单"

🖱 **【操作步骤】**

（1）执行上述操作，注意选择对应设备类别。

由于设备分类比较多，所以在载入时需要选择对应的按钮然后再进行载入，例如不能选择电气装置按钮而且载入电话设备，虽然都是属于设备，但是软件默认这样也是无法载入进去的。

（2）在弹出的"修改 | 放置 设备上下文"选项卡下"模式"面板中，单击"载入族"按钮，进入"载入族"对话框，通过"China—机电"查找机电文件栏下，如图 9-9 所示。

图 9-9　设备载入族对话框

该文件夹下的"通讯"和"供配电"两个文件夹中，分别都包含多种设备，当某些设备无法载入时，可以通过载入构件的方法载入。根据项目需要，从对应的文件夹中找到需要的族类型 rfa 文件，选择后，单击"打开"按钮，这样需要的设备族就载入到当前的项目中。在属性框类型选择器下拉列表中就能找到刚刚载入进来的新设备族。

9.3.3　设备的放置

完成设备族的载入后，这时就可以把设备放置到项目模型中去，放置的方法和电气设备相同，设备族大多数都是基于主体的构建族，所以在放置前，需要创建好相应的墙体或天花板。

【执行方式】

功能区："系统"选项卡→"电气"面板→"设备下拉菜单"

【操作步骤】

（1）将视图切换至放置设备视图平面。

（2）执行上述操作，注意选择对应设备类别。

（3）选择对应族类型并设置相关参数。

以放置电气装置插座为例，在类型选择器下拉列表中找到需要的插座类型并单击，放置前还需要根据项目实际情况调整插座的各项参数，包括类型属性参数和实例参数。单击"编辑类型"按钮，进入设备族类型属性设置对话框，如图 9-10 所示。

图 9-10　设备族类型属性对话框

在类型属性框中，该族文件已包含的参数项均对应相关数值，根据项目的实际情况来更改对应项的参数值，主要设置其电气参数，可以根据项目要求重新修改插座的电压、负荷等参数。完成后单击"确定"按钮返回到放置状态。

在属性框中设置插座的实例参数，主要是立面的高度值设定，这里的偏移量值表示的是插座与放置主体的水平距离，一般默认为 0。设置完成后单击"应用"按钮。

（4）放置设备。

将光标移动到绘图区域，光标附近会显示该设备的平面图，随着光标的移动而移动。如果光标放置在空白处，光标显示不能放置设备状态，当光标置于主体之上时，这时按空格键可以对设备进行旋转。然后单击完成放置。

9.3.4　设备的修改调整

放置到主体上的设备构件，需要进一步修改调整，以确保设备的位置准确以及满足设计要求。

【操作步骤】

（1）调整设备主体。

选择已放置的插座，在属性框中就能看到构件的主体信息，如需修改设备的主体，使用"修改|设备"面板下"拾取新的"命令，选择新的主体对象即可。

（2）设置参数信息调整。

选择已放置的插座，在属性框中，其立面高度值和偏移量值都可以进行再次设置。

（3）调整设备类型。

如果插座类型不满足实际要求，选择后，可直接在类型选择器下拉列表中选择新的插座类型进行替换。

（4）调整设备的具体位置。

选择已放置的插座，通过临时尺寸标注来调整插座的准确位置，与相邻墙体的距离等。

➤ 实操实练-23   设备的添加

（1）打开"电气—设备"项目，在项目浏览器下，展开电力楼层平面视图目录，双击 1F_±0.000名称进入 1 层平面视图。

（2）在项目中链接建筑 rvt 模型。

（3）单击"系统"选项卡下的"设备"按钮，在下拉菜单中单击"电气装置"按钮，在类型选择器中选择带保护接点插座-暗装类型，在类型属性参数框中，设置默认高程为 900，设置其材质为塑料，尺寸标注不做修改。完成后单击"确定"按钮保存并返回，如图 9-11 所示。

参数	值
限制条件	⟨
默认高程	900.0
材质和装饰	⟨
材质	塑料
电气	⟨
开关电压	250.00 V
极数	1
负荷分类	其他
电气 - 负荷	⟨
名义载荷	0.00 VA
尺寸标注	⟨
宽度	86.0
长度	86.0
高度	50.0

图 9-11   设备族类型属性对话框

（4）在属性框中设置立面为 900.0，如图 9-12 所示。

图 9-12   设备族实例属性对话框

（5）将光标移动至将要放置插座的墙体，通过单击空格键可翻转插座的嵌入朝向，单击放置。

（6）按照上述步骤继续在类型选择器中选择其他电气装置类型，设置完成相关参数后，在相应的其他位置上进行放置。

（7）将项目文件另存为"电气—设备"，完成对该项目设备的添加，如图 9-13 所示。

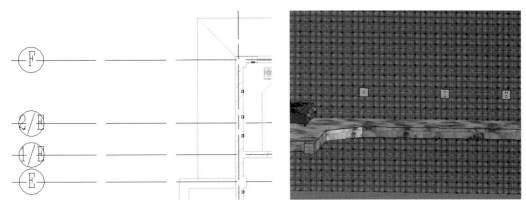

图 9-13　完成设备的添加

9.4　照明装置

在软件中照明设备以族文件形式放置到项目中，例如天花板灯、壁灯装置等。

✎ 预习重点

◎ 照明设备的载入和添加。

9.4.1　照明设备的载入

根据具体项目的实际情况，在放置照明设备族前，将项目中需要的族类型文件载入到当前项目中。

📏【执行方式】

功能区："系统"选项卡→"电气"面板→"照明设备"

快捷键：LF

🖱【操作步骤】

（1）执行上述操作。

（2）在弹出的"修改｜放置 设备上下文"选项卡下"模式"面板中，单击"载入族"按钮，进入照明装置载入族对话框，通过"China—机电—照明"查找到照明文件栏下，如图 9-14 所示。

从该文件夹目录可以看出照明设备大体主要分为室内灯、室外灯和特殊灯具，每个文件夹对应包含多种样式照明设备。根据项目需要，从对应的文件夹中找到需要的族类型 rfa 文件，选择后，单击"打开"按钮，这样需要的照明设备族就载入到当前项目中。在属性框类型选择器下拉列表中就能找到刚刚载入进来的新照明设备族。

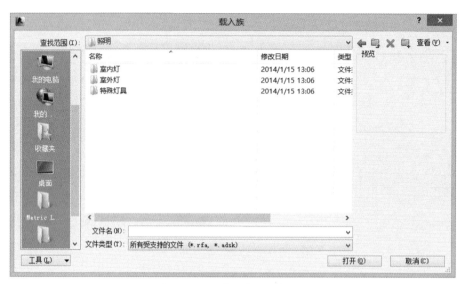

图 9-14　照明装置载入族对话框

9.4.2　照明设备的放置

完成照明设备族的载入后，这时就可以把照明设备放置到项目模型中，放置的方法和放置设备相同。大多数照明设备是基于主体（天花板或墙）的构件。所以在放置之前，要确保已完成主体的创建。

【执行方式】

功能区："系统"选项卡→"电气"面板→"照明设备"

快捷键：LF

【操作步骤】

（1）将视图切换至照明设备放置平面，如天花板平面。

（2）执行上述操作。

（3）选择照明设备类型并设置相关参数。

以放置吸顶灯为例，单击照明设备，在类型选择器下拉列表中找到吸顶灯并单击，放置前还需要根据项目实际情况调整吸顶灯的各项参数，包括类型属性参数和实例参数。单击"编辑类型"按钮，进入照明设备类型属性设置对话框，如图 9-15 所示。

在类型属性框中，该族文件已包含的参数项均对应相关数值，根据项目的实际情况来更改对应项的参数值，包括材质、电气参数、电气-负荷参数等，在类型（T）一栏，可以选择不同的功率大小。完成后单击"确定"按钮返回到放置状态。

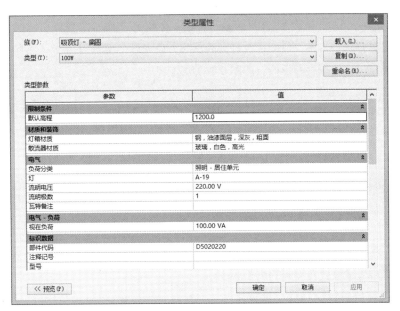

图 9-15　照明设备类型属性对话框

（4）放置照明设备。

在"上下文"选项卡下"放置"面板中选择"放置在面上"，将光标移动到绘图区域，光标附近会显示该灯具的平面图，随着光标的移动而移动。在天花板的指定位置处单击放置该灯具，可以通过修改临时尺寸标注值将设备放置到更为精确的位置上。

9.4.3　照明设备的修改调整

放置到天花板上的照明设备，可以进一步修改调整，将照明设备调整到精确的位置上，以满足项目的设计要求。

【操作步骤】

（1）选择已放置的照明设备，在弹出的属性框中可以看到设备的限制条件都是只读状态，说明设备是跟随着主体的变化而变化的，以主体为天花板为例，当调整天花板的高度值时，附着在天花板上的照明设备也跟随着发生偏移。

（2）以某个构件为主体创建的照明设备，其主体不能再发生更改，但删除了该主体，主体上的照明设备依旧存在。

↘ 实操实练-24　照明设备的添加

（1）打开"电气—设备"项目，在项目浏览器下，展开天花板平面视图目录，双击 1F_±0.000 名称进入 1 层天花板平面视图。

（2）在项目中链接建筑 rvt 模型。

（3）单击"系统"选项卡下的"照明设备"按钮，在类型选择器中选择吸顶灯类型，在类型属性参数框中，设置灯罩、灯泡、灯架以及灯套的材质，设置灯的型号为 A-21，瓦特备注为 70W。完成后单击"确定"按钮保存并返回，如图 9-16 所示。

参数	值
材质和装饰	
M_灯罩材质	玻璃材质
M_灯泡材质	玻璃灯泡106
M_灯架材质	不锈钢材质106
M_灯套材质	灯套材质106
电气	
灯	A-21
瓦特备注	70W

图 9-16　设置照明设备参数

（4）将光标移动至将要放置吸顶灯房间所在的天花板上方，单击进行放置。放置完成后可以根据临时尺寸坐标将灯具放置在准确的位置上。

（5）按照上述步骤继续在类型选择器中选择其他照明设备类型，设置完成相关参数后，在相应的天花板位置上进行放置。

（6）将项目文件另存为"电气—照明设备"，完成对该项目照明设备的放置，如图 9-17 所示。

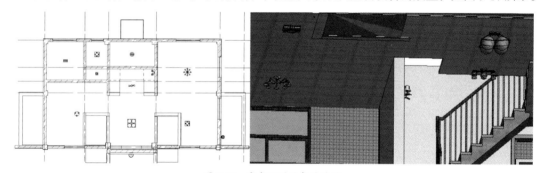

图 9-17　完成照明设备的放置

9.5　电缆桥架配件

使用此工具可以在项目创建中放置电缆桥架配件，例如弯头、三通、四通和其他活接头。

✎ 预习重点

◎ 电缆桥架配件的载入和添加。

9.5.1　电缆桥架配件的载入

根据具体项目的实际情况，在绘制电缆桥架前，将项目中需要的电缆配件族类型文件载入到当前的样板中。

【执行方式】

功能区："系统"选项卡→"电气"面板→"电缆桥架配件"

快捷键：TF

【操作步骤】

（1）执行上述操作。

（2）在弹出的"修改｜放置 电缆桥架配件上下文"选项卡下"模式"面板中，单击"载入族"按钮，进入电缆桥架配件载入族对话框，通过"China—机电—供配电—配电设备—电缆桥架配件"查找到电缆桥架配件文件夹栏下，如图 9-18 所示。

图 9-18　电缆桥架配件载入族对话框

根据项目设计需要，从文件夹中找到需要的电缆桥架配件族类型 rfa 文件，选择后，单击"打开"按钮，这样需要的电缆桥架配件族就载入到当前项目中。在属性框类型选择器下拉列表中就能找到刚刚载入进来的新电缆桥架配件族。

9.5.2　电缆桥架配件的添加

前期在项目中载入了相应的配件之后，在绘图区域中绘制电缆桥架时，软件根据两段桥架的位置自动生成相应的电缆桥架配件，有时桥架的一端手工添加需要的配件也可以完成。

【执行方式】

功能区："系统"选项卡→"电气"面板→"电缆桥架配件"

快捷键：TF

🖱 【操作步骤】

（1）执行上述操作。

（2）在属性框类型选择器下，选取某种配件，将光标移动到桥架的一端，可以按空格键来循环切换可能的连接，软件会自动捕捉桥架与配件的中心线，单击放置配件，这时配件就放置到桥架的一端上。

（3）当绘制相交电缆桥架时，软件可以根据电缆桥架配置自动生成多种类型样式的电缆桥架配件，如图 9-19 所示。各配件的名称详见标识框。

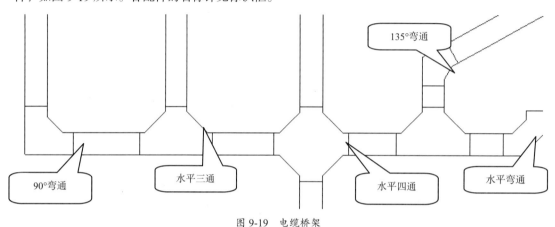

图 9-19　电缆桥架

选择已绘制好的电缆桥架配件，可以继续在属性框类型选择器下，选取另一种类型的配件进行替换。

9.5.3　电缆桥架配件的修改调整

放置到项目中的配件，有时还需进一步调整，以满足项目的设计要求，其调整主要包括修改配件的尺寸、升级或降级配件、旋转配件、翻转配件。

🖱 【操作步骤】

（1）修改配件的尺寸。

在电缆桥架上选择一个配件，单击尺寸控制柄 300.0 ㎜ ，然后输入所需尺寸的值，按 Enter 键完成修改。如图 9-20 所示，90°水平弯通配件的尺寸从 300 mm 调整为 200mm。

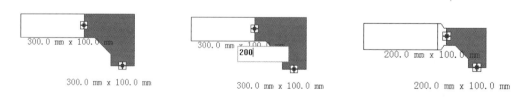

图 9-20　电缆桥架大小的调整

如果可能，软件会自动插入过渡件，以维护系统的连接完整性。

（2）升级或降级配件。

在电缆桥架中选择一个配件（弯通、水平三通），该配件旁边会出现蓝色的配件控制柄。如果配件的所有端都在使用中，在配件的旁边就会被标记上加号。未使用的配件一端则带有减号，表示可以删除该端以使配件降级。如图 9-21 所示，将弯通升级为水平三通，单击不同位置的加号生成的水平三通也不同。

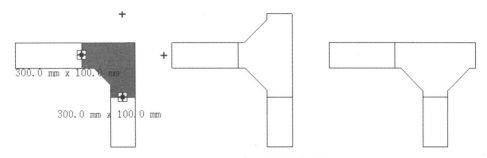

图 9-21　电缆桥架配件类型的调整

（3）翻转配件。

在电缆桥架中选择一个配件，水平三通或四通，如图 9-22 所示，选择水平三通后，在水平三通的附近就出现了翻转控制柄 ，单击此控制柄 即可修改配件的水平方向，每次单击都能将配件翻转 180°。

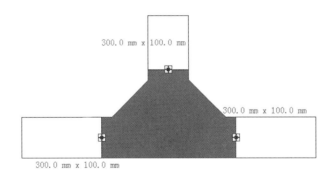

图 9-22　电缆桥架配件的翻转

9.6　电缆桥架

使用此工具可以在项目创建中绘制电缆桥架管路，例如梯式或槽式电缆桥架。

✎ 预习重点

◎ 电缆桥架的配置和绘制。

9.6.1　电缆桥架的配置

电缆桥架按照有无配件可分为带配件的电缆桥架、无配件的电缆桥架。在项目中绘制电缆桥架时，除了要选择桥架类型，以及设置其相关参数，还有重要的一个设置就是桥架的管件设置。管件的设置，决定了在绘制桥架时弯头、三通、过渡件等管件的样式。

【执行方式】

功能区："系统"选项卡→"电气"面板→"电缆桥架"

快捷键：CT

【操作步骤】

（1）执行上述操作。

（2）设置电缆桥架类型属性。

在属性框中选择某种样式的桥架，单击"编辑类型"进入电缆桥架类型属性对话框，在类型参数管件下可以看到各个管件，以及系统默认所选的管件样式，如图 9-23 所示。

图 9-23　电缆桥架类型属性对话框

在此对话框中，单击管件下每项后边的选择栏，在下拉列表中，根据项目的实际需求，选择该电缆桥架类型相应的管件。设置完成类型属性参数后单击"确定"按钮返回到绘制状态，完成设置。

9.6.2　电缆桥架的对正设置

与风管的绘制相似，在绘制电缆桥架时，也要进行对正设置。

【执行方式】

功能区："系统"选项卡→"电气"面板→"电缆桥架"

快捷键：CT

【操作步骤】

（1）执行上述操作。

（2）单击"系统"选项卡下的"电缆桥架"按钮，在弹出的"修改 | 放置 电缆桥架上下文"选项卡下"放置工具"面板中，单击"对正"按钮，弹出如图 9-24 所示的"对正设置"对话框。

图 9-24　电缆桥架对正设置

设置参数项说明如下。

- 水平对正：指示以桥架的"中心"、"左"或"右"侧作为参照，将各桥架部分的边缘水平对齐。
- 水平偏移：指定在绘制桥架时，光标的单击位置与桥架绘制的起始位置之间的偏移值。
- 垂直对正：指示以桥架的"中"、"底"或"顶"作为参照，将各桥架部分的边缘垂直对齐。

对正设置可以在此进行设置，也可以在绘制桥架时，在属性框中的限制条件面板中进行设置，两者同步更新。

9.6.3　电缆桥架的绘制

在完成类型属性参数设置以及对正设置后，就可以在绘图区域中绘制桥架。绘制时注意按照如下所描述的步骤进行。

【执行方式】

功能区："系统"选项卡→"电气"面板→"电缆桥架"

快捷键：CT

【操作步骤】

（1）将视图切换到绘制电缆桥架的标高电力平面。

（2）执行上述操作。

（3）选择电缆桥架类型并设置相关参数。

在弹出的属性框中，从类型选择器下拉列表中选取某类型桥架，注意区分带配件电缆桥架与不带配件电缆桥架的不同。

在属性框中继续设置桥架的实例属性，主要有对正、参照标高、偏移量以及尺寸的设定，其他参数基本上都是灰显只读状态。尺寸设定可以在选项栏中进行，比较快捷。

（4）设置选项栏参数。

在选项栏中，设置桥架的宽度和高度，若下拉列表中并未有想要的尺寸，可以直接在后面的框中输入具体的数值。偏移量与"属性"面板中的一致。 🔒 指示锁定/解锁管段的高程。锁定后，桥架会始终保持原高程，不能连接处于不同高程的桥架。

（5）设置电缆桥架的放置方式。

在"上下文"选项卡下的"放置工具"面板中，继续进行设置。

- 自动连接：表示在开始或结束电缆桥架管段时，可以自动连接构件上的捕捉。此项对于连接不同高程的管段非常有用。但以不同偏移绘制电缆桥架或要禁用捕捉非 MEP 图元时，此时取消选择"自动连接"，以避免造成意外连接。
- 继承高程：表示继承捕捉到的图元的高程。
- 继承大小：表示继承捕捉到的图元的大小。
- 在放置时进行标记：表示在视图中放置电缆桥架管段时，将默认注释标记应用到电缆桥架管段。

（6）绘制电缆桥架。

在绘图区域中，单击指定电缆桥架的起点，然后移动光标，并单击指定桥架终点。当需要添加电缆桥架配件时，电缆桥架配件会自动进行绘制。

绘制带管件的电缆桥架时，管件的连接线会显示出来。要绘制垂直电缆桥架，在选项栏中指定偏移值，然后继续绘制管路。

在绘制过程中，若要绘制的桥架尺寸、偏移量等参数已经绘制，可以直接选择已绘制好的桥架管段，单击鼠标右键，在命令功能区中选择"创建类似实例（S）"命令，软件自动跳转到绘制桥架状态，且各参数值与选择的桥架一致。

9.6.4　电缆桥架的修改调整

在完成某段桥架的绘制后，可以选择此电缆桥架，继续修改和调整桥架的各项属性，以达到项目的设计要求。

🖱 【操作步骤】

（1）通过临时尺寸标注修改电缆桥架位置。

选择已绘制好的某段桥架，如图 9-25 所示，各符号表示的含义已标注。

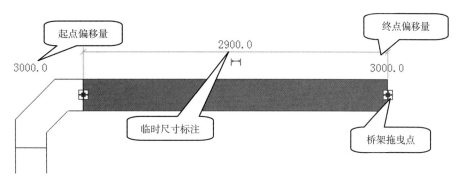

图 9-25 电缆桥架的调整

（2）通过拖曳修改关键点。

在绘图区域中，根据上述所显示的符号来修改桥架的长度，起点、终点偏移量高度值。

如图 9-26 所示，可以选择桥架后，直接将电缆桥架管段拖曳到新位置。

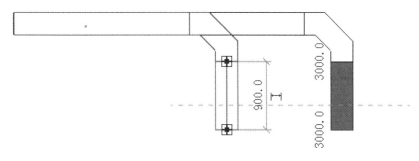

图 9-26 调整长度

（3）修改电缆桥架的属性。

还可以在弹出的属性框中，单击类型选择器下拉列表中的桥架类型，可选择新的类型加以替换。还可在属性框中修改其对正、参照标高、偏移量等参数。在选项栏中，修改电缆桥架的宽度值和高度值。

9.7 管线配件

使用此工具可以在项目创建线管时放置相关配件，例如弯头、T 形三通和其他活接头。

✎ **预习重点**

◎ 线管配件的载入和添加。

9.7.1 线管配件的载入

根据具体项目的实际情况，在绘制线管前，将项目中需要的线管配件族类型文件载入到当前的样板中来。

【执行方式】

功能区："系统"选项卡→"电气"面板→"线管配件"

快捷键：NF

【操作步骤】

（1）执行上述操作。

（2）选择需要载入的族文件，并载入。

在弹出的"修改 | 放置 线管配件上下文"选项卡下"模式"面板中，单击"载入族"按钮，进入线管配件载入族对话框，通过"China—机电—供配电—配电设备—线管配件"查找到线管配件文件夹栏下，如图9-27所示。

图 9-27　线管配件载入族对话框

在此对话框中可以看到，线管配件主要分为 EMT、RMC、RNC 三类。EMT 表示电气金属管，RMC 表示硬式金属管，RNC 表示硬式非金属管。

根据项目设计管线需要，从相应的文件夹中找到需要的线管配件族类型 rfa 文件，选择后，单击"打开"按钮，这样需要的线管配件族就载入到当前项目中。在属性框类型选择器下拉列表中就能找到刚刚载入进来的新线管配件族。

9.7.2　线管配件的添加

前期项目中载入了相应的配件之后，在绘图区域中绘制线管时，软件会根据两段线管的位置自动生成相应的线管配件，有时在线管的一端手工添加需要的配件也可以完成。

【执行方式】

功能区："系统"选项卡→"电气"面板→"线管配件"

快捷键：NF

【操作步骤】

（1）执行上述操作。

（2）选择需要添加的配件，在属性框类型选择器下，选取某种配件，并设置相关属性。

（3）添加线管配件，将光标移动到线管的一端，可以按空格键来循环切换可能的连接，软件会自动捕捉线管与配件的中心线，单击放置配件，这时配件就放置到线管的一端上。

（4）自动生成线管配件。

以绘制一段线管为例，再绘制类似的线管与之相交、垂直，在此过程中软件可以自动生成多种类型样式的线管配件，如图 9-28 所示，各配件的名称详见标识框。

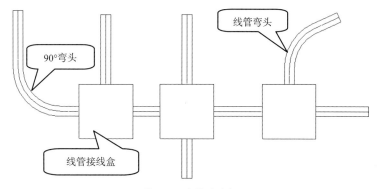

图 9-28　线管的添加

通过线管接线盒，可以生成三通、四通连接，如图 9-28 所示。

9.7.3　线管配件的修改调整

放置到项目中的配件，有时还需进一步调整，以满足项目的设计要求，其调整主要包括修改配件的尺寸、修改弯曲半径、升级或降级配件、旋转配件、翻转配件。

【操作步骤】

（1）修改配件的尺寸。

在线管上选择一个配件，单击尺寸控制柄 53.0 mm ，然后输入所需尺寸的值，按 Enter 键完成修改。如图 9-29 所示，90°弯头配件的尺寸从 53 mm 调整为 41mm。

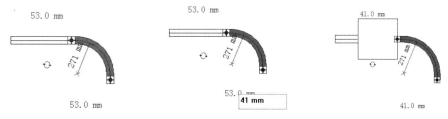

图 9-29　线管尺寸的调整

如果可能，软件会自动插入线管接线盒，以维护系统的连接完整性。

（2）修改弯曲半径。

对于线管中的弯头，是可以通过修改弯曲半径值来调整弯头的大小的，在线管中选择一个弯头，单击尺寸控制柄，然后输入所需尺寸的值，按 Enter 键完成修改。如图 9-30 所示，90°弯头配件的弯曲半径尺寸从 271 mm 调整为 350mm。

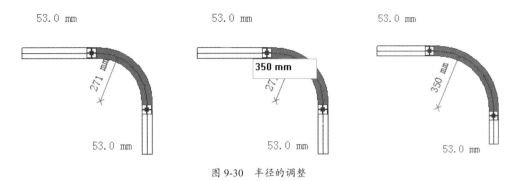

图 9-30　半径的调整

需要注意的是，271mm 为弯头的最小弯曲半径，调整的数值需大于等于该值才行。

（3）升级或降级配件。

在线管中选择一个配件（三通、四通），在线管接线盒上会出现蓝色的配件控制柄。如果配件的所有端都在使用中，在配件的旁边就会被标记上加号。未使用的配件一端则带有减号，表示可以删除该端以使配件降级。如图 9-31 所示，将三通线管接线盒升级为四通，线管接线盒未使用的一端有　，表示可以在该端绘制线管。

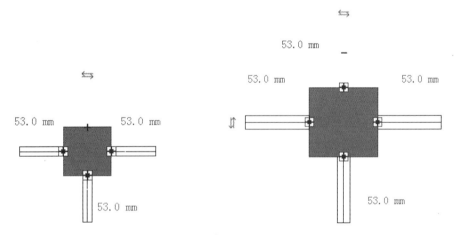

图 9-31　线管配件的类型转换

（4）翻转配件。

在线管中选择一个配件，三通或四通，如图 9-32 所示，选择线管接线盒后，在线管接线盒的附近就出现了翻转控制柄　，单击此控制柄　即可修改配件的水平方向，每次单击都能将配件翻转 180°。

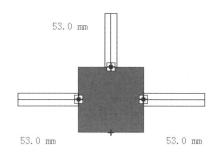

图 9-32　线管配件的翻转

9.8　线管

使用此工具可以在项目中绘制线管，并将线管连接到某个电缆桥架管路。

✎ 预习重点

◎ 线管的配置和绘制。

9.8.1　线管的配置

线管的样式均为圆形管。按照其材质的不同可分为电气金属管（EMT）、硬式金属管（RMC）、硬式非金属管（RNC）三类。按照线管是否带配件又可分为带配件的线管、无配件的线管两类。在项目中创建线管时，需要对线管进行设置，其决定了在绘制管道时，弯头、四通、过渡件等管件的样式。

📏 【执行方式】

功能区："系统"选项卡→"电气"面板→"线管"

快捷键：CN

🖱 【操作步骤】

（1）执行上述操作。

（2）选择线管类型，并设置相关参数。

在属性框中选择某种线管类型，单击"编辑类型"按钮进入线管类型属性对话框，在管件参数下进行设置，如图 9-33 所示。

在此对话框中，单击管件下每项后边的选择栏，在下拉列表中，根据项目的实际需求，选择该线管类型相应的管件。设置完成类型属性参数后单击"确定"按钮返回到绘制状态，完成设置。

图 9-33　线管类型属性对话框

9.8.2　线管的对正设置

与电缆桥架的绘制相似，在绘制线管时，也要进行对正设置，设定对正方式也是很有必要的。

【执行方式】

功能区："系统"选项卡→"电气"面板→"线管"

快捷键：CN

【操作步骤】

（1）执行上述操作。

（2）在弹出的"修改 | 放置 线管上下文"选项卡下"放置工具"面板中，单击"对正"按钮，弹出如图 9-34 所示的"对正设置"对话框。

图 9-34　"对正设置"对话框

设置参数项说明如下。

- 水平对正：指示以线管的"中心"、"左"或"右"侧作为参照，将各线管部分的边缘水平对齐。
- 水平偏移：指定在绘制线管时，光标的单击位置与线管绘制的起始位置之间的偏移值。
- 垂直对正：指示以线管的"中"、"底"或"顶"作为参照，将各线管部分的边缘垂直对齐。

对正设置可以在此进行设置，也可以在绘制线管时，在属性框中的限制条件面板中进行设置，两者同步更新。

9.8.3　线管的绘制

在完成类型属性参数设置以及对正设置后，就可以在绘图区域中绘制线管。绘制时注意按照如下所描述的步骤进行。

【执行方式】

功能区："系统"选项卡→"电气"面板→"线管"

快捷键：CN

【操作步骤】

（1）将操作平面切换至线管布置楼层平面，如电力平面上。

（2）执行上述操作。

（3）选择线管类型，并设置相关参数。

在弹出的属性框中，从类型选择器下拉列表中选取某类型线管，注意区分带配件线管与无配件线管的不同。在属性框中继续设置线管的实例属性，主要有对正、参照标高、偏移量以及尺寸的设定，其他参数基本上都是灰显只读状态。

（4）设置选项栏参数。

在选项栏中，设置线管的直径，若下拉列表中并未有想要的尺寸，可以参照之前添加给排水管道尺寸的方法，在电气设置管道设置尺寸下进行新建。完成后在下拉列表中就能找到新建的尺寸值。偏移量与属性面板中的一致。 指示锁定/解锁管段的高程。锁定后，线管会始终保持原高程，不能连接处于不同高程的线管。

（5）设置放置工具选项。

在"上下文"选项卡下的"放置工具"面板中，继续进行设置。

- 自动连接：表示在开始或结束线管管段时，可以自动连接构件上的捕捉。此项对于连接不同高程的管段非常有用。但以不同偏移绘制线管或要禁用捕捉非 MEP 图元时，此时取消选择"自动连接"，以避免造成意外连接。
- 继承高程：表示继承捕捉到的图元的高程。

- 继承大小：表示继承捕捉到的图元的大小。
- 忽略坡度以连接：表示控制倾斜线管是使用当前的坡度值进行连接，还是忽略坡度值直接连接。
- 在放置时进行标记：表示在视图中绘制线管管段时，将默认注释标记应用到线管管段。

（6）绘制线管。

- 水平线管绘制：在绘图区域中，单击指定线管的起点，然后移动光标，并单击指定终点。

如绘制线管为多段线，弯头会自动添加到管段中。绘制带配件的线管时，管件的连接线会显示出来。要绘制垂直线管，在选项栏中指定偏移值，然后继续绘制管路。如果绘制的线管与同一高程的现有线管交叉，软件会自动生成线管接线盒。完成后按 Esc 键退出绘制状态。

- 立管绘制：设置第一次的偏移量高度，在绘图区域中单击确定立管布置位置，将选项栏中的偏移量设置为另一高度值，可正可负。单击选项栏中的 应用 按钮两次，按 Esc 键退出绘制状态，完成线管的立管生成。
- 继承绘制参数：在绘制过程中，若将要绘制的线管尺寸、偏移量等在之前绘制过，可以直接选择已绘制好的线管管段，单击鼠标右键，在命令功能区中选择"创建类似实例（S）"命令，软件自动跳转到绘制线管状态，且各参数值与选择的线管一致。

9.8.4　线管的修改调整

在完成某段线管绘制后，可以选择此线管管段，继续修改和调整线管的各项属性，以达到项目的设计要求。

🖱️【操作步骤】

（1）选择已绘制好的某段线管，如图 9-35 所示，各符号表示的含义已标注。

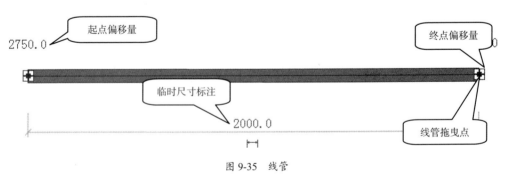

图 9-35　线管

在绘图区域中，根据上述所显示的符号来修改线管的长度，起点、终点偏移量高度值。

如图 9-36 所示，可以选择线管后，直接将线管管段拖曳到新位置。

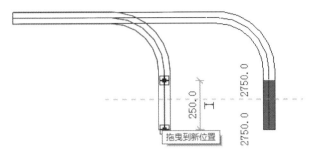

图 9-36　线管长度的调整

还可以在弹出的属性框中，单击类型选择器下拉列表中的线管类型，可选择新的类型加以替换。还可在属性框中修改其对正、参照标高、偏移量等参数。在选项栏中，修改线管的直径。

↳ 实操实练-25　线管的绘制

（1）打开"电气—照明设备"项目，在项目浏览器下，展开电气楼层平面视图目录，双击 1F_±0.000 名称进入 1 层平面视图。

（2）在项目中链接建筑 rvt 模型。

（3）单击"系统"选项卡下的"线管"按钮，在类型选择器中选择带配件刚性非金属线管（RNC Schedule 40）类型，在类型属性参数中设置各个管件的类型。单击"确定"按钮完成并返回，如图 9-37 所示。

参数	值
电气	⟩⟩
标准	RNC Schedule40
管件	⟩⟩
弯头	线管弯头 - 平端口 - PVC: 标准
T 形三通	线管接线盒 - T 形三通 - PVC: 标准
交叉线	线管接线盒 - 四通 - PVC: 标准
过渡件	线管接线盒 - 过渡件 - PVC: 标准
活接头	线管接头 - PVC: 标准

图 9-37　线管类型参数的设置

（4）在属性框中，设置水平对正为中心，垂直对正为中，参照标高为 1F_±0.000，偏移量为 3 530，如图 9-38 所示。

线管 (1)	✐ 编辑类型
水平对正	中心
垂直对正	中
参照标高	1F_±0.000
偏移量	3530.0
开始偏移	3530.0
端点偏移	3530.0

图 9-38　线管实例参数设置

（5）在选项栏中，设置管道直径为 16mm，偏移量为 3 530.0mm，如图 9-39 所示。

| 修改 | 放置 线管 | 直径: 16 mm | ▾ | 偏移量: 3530.0 mm | ▾ | 🔒 | 应用 | 📐 水平 | ▾ | 标记… | ☐ 引线 | ↦ 12.7 mm |

图 9-39 线管布置选项栏的设置

（6）将光标移至照明设备的上方，单击作为线管的起点，滑动鼠标继续绘制，移动到配电箱上方。再次单击，结束绘制，按 Esc 键两次退出管道绘制状态。

（7）按照项目的实际情况，可创建完成后再手动修改线管的管径为某一值。

（8）按照上述步骤继续创建其他设备所需的线管，设置完成相关参数后，将不同的电气设备通过线管进行连接。

（9）将项目文件另存为"电气—线管"，完成对该项目线管的绘制，如图 9-40 所示。

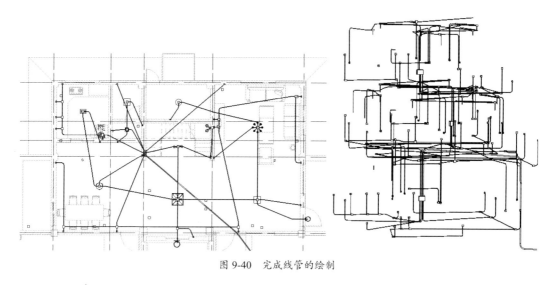

图 9-40 完成线管的绘制

9.9 平行线管

使用此工具可以向包含线管和弯头的现有线管管路中添加平行线管。

✎ 预习重点

◎ 平行线管的创建和调整。

9.9.1 平行线管的类型

平行线管有相同的弯曲半径平行线管和同心的弯曲半径平行线管两类。相同的弯曲半径平行线管表示使用原始线管的弯曲半径绘制平行线管；同心的弯曲半径平行线管表示使用不同的弯曲半径绘制平行线管，但此选项只适用于无配件的线管。

9.9.2 平行线管的创建

平行线管是基于已绘制好的线管进行创建的，所以创建后的线管，其线管类型、线管直径大小都是一样的，在水平方向上，其偏移量高度也一致，在垂直方向创建的线管，是根据原始线管的高度进行偏移绘制的。

【执行方式】

功能区："系统"选项卡→"电气"面板→"平行线管"

【操作步骤】

（1）执行上述操作。

（2）设置平行线管相关参数。

在弹出的"修改 | 放置平行线管上下文"选项卡下，在"平行线管"面板中设置相关参数，如图 9-41 所示。

图 9-41　平行线管参数的设置

其中水平数、垂直数均包含已创建的线管，水平偏移是指相邻两线管的中心线间隔，垂直偏移是指在垂直方向上相邻两线管的中心线间隔。

（3）绘制平行线管。

设置完成后，将光标移动到绘图区域，光标呈 状态。将光标移动到现有线管以高亮显示一段管段。将光标移动到现有线管的一侧时，将显示平行线管的中心线。

这时可以按 Tab 键选择整个线管管路，然后单击以放置平行线管。完成平行线管的创建。

9.9.3　平行线管的修改调整

创建完成的平行线管，有时各线管之间并未连接成为一个完整的系统，这时就要通过修改工具来进行修改和调整。

【操作步骤】

（1）线管的连接。

单击"修改"选项卡下"修改"面板中的修剪/延伸工具，依次选择两根线管，这时软件会生成弯头或线管接线盒等配件，以保证系统的完整性。

（2）线管参数的调整。

选择已完成创建的平行线管，还可以对其进行直径、偏移量的修改，和对正常的线管修改调整没有什么区别。

9.10 导线

使用该工具可以在平面图中的电气构件之间手动创建配线。

✏️ 预习重点

◎ 导线的类型和绘制。

9.10.1 导线的类型

导线按照其绘制方式的不同可分为弧形导线、样条曲线导线和带倒角导线三类。按照导线的材质又可分为 BV、THWN、XHHW、YJV 4 类。在项目中创建导线时，可以根据上述几种区别方式选择合适的导线类型

9.10.2 导线的绘制

在装置之间添加配线回路时，既不会指定配线回路的尺寸，也不会创建线路。导线的绘制是在平面图中进行的，三维视图下看不到导线。

📏【执行方式】

功能区："系统"选项卡→"电气"面板→"导线"

快捷键：EW

🖱️【操作步骤】

（1）将操作平面切换至导线布置平面，如照明\电力平面。

（2）执行上述操作。

（3）导线类型选择及属性参数设置

从导线下拉列表中选择一种导线样式，在弹出的属性框类型选择器下拉列表中选择某导线类型，单击"编辑类型"按钮进入导线类型属性对话框，如图 9-42 所示。

根据项目的设计要求，可以适当修改电气-负荷下各参数的数值，完成后单击"确定"按钮返回到绘制界面。

在属性框中设置导线的实例属性，主要是设置火线、中性线、地线的个数，完成后单击"应用"按钮。

（4）绘制导线。

将光标移动到要连接的第一个装置构件上，当光标移动到电气构件上时，会显示捕捉，必须将导线连接到连接件捕捉，单击以指定导线回路的起点。将光标移动到要连接的装置构件中间的某个点，然后单击以指定中点。将光标移动到下一个装置构件上，然后单击连接件捕捉以指定导线回路的终点，或者单击绘图区域的开放区域以指定终点。完成后，按 Esc 键退出绘制导线状态。

图 9-42　导线类型属性对话框

第10章

分析

📏 知识引导

　　本章主要讲解 Revit 软件在对模型进行分析中的实际应用操作，包括荷载、边界条件、分析模型工具、空间和分区、报告和明细表、检查系统、颜色填充以及能量分析。

10.1　空间和分区

✎　预习重点

◎　了解空间和分区的设置，熟练掌握空间和分区的布置方式。

　　将空间放置到建筑模型的所有区域中，可为获得精确的热负荷和冷负荷分析获取空间相关数据。

10.1.1　空间设置

通过空间设置可指定默认空间类型设置，空间设置是空间布置的基础。

📏【执行方式】

　　功能区："管理"选项卡→"设置"选项卡→"MEP 设置"→"建筑/空间类型设置"

🖱【操作步骤】

　　（1）执行上述操作，将会打开"建筑/空间类型设置"对话框。

　　（2）单击"空间类型"按钮，打开"建筑/空间类型设置"对话框，从列表中选择一种空间类型，在右侧面板中，根据需要调整各参数，如图 10-1 所示。

　　（3）单击某个明细表（占用率明细表、照明明细表或电力明细表）对应的值字段，然后单击 ⋯ 按钮打开"明细表设置"对话框，并选择或调整明细表。

图 10-1 "建筑/空间类型设置"对话框

10.1.2 空间分隔符的添加

通过空间分隔线可对空间进行分割，也可以通过空间分隔线重新确定空间边界。

【执行方式】

功能区："分析"选项卡→"空间和分区"面板→"空间分隔符"

【操作步骤】

（1）将视图切换至相关楼层平面视图。

（2）执行上述操作。

（3）绘制空间分隔线。

使用"修改|放置空间分隔线"选项卡下的绘图工具在绘图区域中绘制空间分隔线，如图 10-2 所示。

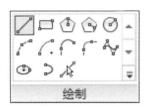

图 10-2 空间分割线绘制面板

在绘制空间分隔线时，确保区域是由线构成完整边界的区域，完成空间分割线的绘制，如图 10-3 所示。

图 10-3　完成空间分割线的绘制

10.1.3　空间布置

空间可以在平面和剖面中进行放置，不能在立面或三维视图中查看或放置空间。可以将空间放置在有边界、半边界或无边界区域中。对变边界区域和无边界区域，在放置空间前需要使用房间边界构件（例如空间分隔线）来完成包围该区域。

【执行方式】

"分析"选项卡→"空间和分区"面板→"空间"

【操作步骤】

（1）打开要放置空间的视图。

（2）执行上述操作。

（3）在选项栏中，指定空间的各项参数。

各参数含义如下。

- 在放置时进行标记：在放置时，将空间标记添加到空间。如果尚未在项目中载入空间标记，可能需要将其载入。默认选择该选项。如果选择"在放置时进行标记"，则可从类型选择器中选择标记类型。
- 上限和偏移：指定空间的垂直长度。上限是指在当前标高上方选择一个标高，来定义空间的上边界。偏移用来指定在边界上限上方或下方的距离。
- 标记位置列表：用于指定"水平"、"垂直"或"模型"作为空间标记位置。仅在选择"在放置时进行标记"的情况下才适用。
- 引线：为空间标记创建引线。仅在选择"在放置时进行标记"的情况下才适用。
- 空间：放置新空间时选择"新建"，否则从列表中选择先前未放置的空间。
- 显示边界图元：高亮显示建筑模型中的房间边界图元，以便于识别。

（4）将光标移至绘图区域中，并单击放置空间。

（5）放置空间时还可使用"自动放置空间"，系统会自动根据空间边界构件创建相关空间。

（6）在剖面视图中，确认代表空间体积的着色区域被约束在底部标高与上方紧邻的标高之间，并且不存在未着色区域，如图 10-4 所示。

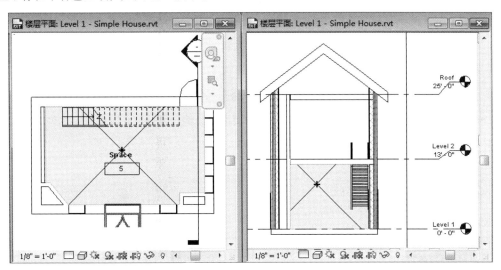

图 10-4　空间

10.1.4　空间标记

通过空间标记可在项目中对空间添加相关标签标记。

【执行方式】

功能区："分析"选项卡→"空间和分区"面板→"空间标记"

【操作步骤】

（1）执行上述操作。

（2）单击视图中的空间对象，系统会自动对所选空间进行标识。

10.1.5　分区

分区由一个或多个空间组成，这些空间由用来维护共同环境的设备所控制。MEP 项目始终至少有一个分区，即默认分区。空间最初放置在项目中时，会添加到默认分区中。当将某空间指定给所创建的分区时，该空间会从默认分区中删除。

【执行方式】

功能区："分析"选项卡→"空间和分区"面板→"分区"

【操作步骤】

（1）将操作面切换至放置空间楼层平面。

（2）执行上述操作，系统进入分区操作界面，如图 10-5 所示。

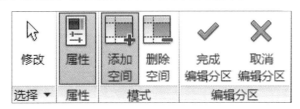

图 10-5　分区操作界面

（3）可以通过添加空间或删除空间操作，将空间指定给特定的分区后，单击完成编辑分区，完成分区设置。

10.2　报告和明细表

✎ 预习重点

◎ 了解报告和明细表相关设置，熟悉热负荷和冷负荷分析、配电盘明细表分析、风管和管道压力损失报告的创建。

10.2.1　热负荷和冷负荷分析

建筑模型中的所有区域放置和定义空间后，可以将这些空间指定给分区。然后可以执行热负荷和冷负荷分析，以确定建筑的能量需求，以及确定空间和分区需求。执行热负荷和冷负荷分析共有两种方法：

- 使用 Revit 中的集成工具计算负荷并创建报告。
- 导出项目信息，以创建 gbXML（Green Building XML）文件。然后可将 gbXML 文件导入到将要执行热负荷和冷负荷分析的第三方负荷分析软件应用程序。

10.2.2　配电盘明细表分析

通过配电盘明细表显示有关配电盘、连接到配电盘的线路及其相应负荷的信息。生成配电盘明细表之前，应设置负荷分类、需求系数和配电盘明细表样板。

【执行方式】

功能区："分析"选项卡→"报告和明细表"面板→"配电盘明细表"

【操作步骤】

（1）执行上述操作。

（2）设置配电盘明细表样板的格式，如图 10-6 所示。

图 10-6 配电盘明细表样板设置

（3）创建配电盘明细表。

① 创建单个配电盘明细表

a）在绘图区域中，选择一个或多个同种类型的配电盘。

b）单击"修改|电气设备"选项卡→"电气"面板→"创建配电盘明细表"下拉列表，并选择 （使用默认样板）/ （选择样板）。

② 创建多个配电盘明细表

a）单击"分析"选项卡→"报告和明细表"面板→ （配电盘明细表）。

b）在"创建配电盘明细表"对话框中，选择一个或多个配电盘，然后单击"确定"按钮。

10.2.3 风管/管道压力损失报告

通过此功能可以为项目中的风管或管道系统生成压力损失报告。

【执行方式】

功能区："分析"选项卡→"报告和明细表"面板→ （风管压力损失报告）或 （管道压力损失报告）

【操作步骤】

（1）执行上述操作。

（2）在"压力损失报告 - 系统选择器"对话框中选择一个或多个系统。

（3）选择报告格式。

（4）在列表中选择要包含在报告中的可用字段。

（5）根据需要启用或禁用以下项的显示：

- 系统信息。
- 重要路径。
- 按剖面划分的直线段的详细信息。
- 按剖面划分的管件和附件损耗系数概要。

（6）单击"生成"按钮。

（7）在"另存为"对话框中，输入文件名，将文件扩展名指定为 HTML 或 CSV，然后单击"保存"按钮，如图 10-7 所示。

风管压力损失报告							
项目名称		Project Name					
项目发布日期		Issue Date					
项目状态		Project Status					
客户姓名		Owner					
项目地址		Enter address here					
项目编号		Project Number					
组织名称							
组织描述							
建筑名称							
作者							
运行时间		2014/3/9 21:08:19					
Mechanical Exhaust Air 1							
系统信息							
系统分类		排风					
系统类型		Exhaust Air					
系统名称		Mechanical Exhaust Air 1					
缩写							
总压力损失(按剖面)							
剖面	图元	流量	尺寸	速度	风压	长度	损耗系数	摩擦
1	风管	377.6 L/s	450x300	2.8 m/s	-	2088	-	0.26 Pa/m
	管件	377.6 L/s	-	2.8 m/s	4.7 Pa	-	0.097759	-
	风道末端	377.6 L/s						
2	风管	377.6 L/s	450x400	2.1 m/s	-	412	-	0.13 Pa/m
	管件	377.6 L/s	-	2.1 m/s	2.6 Pa	-	0	-
3	风管	755.1 L/s	450x400	4.2 m/s	-	4461	-	0.43 Pa/m
	管件	755.1 L/s	-	4.2 m/s	10.6 Pa	-	2.599344	-
4	风管	755.1 L/s	450x300	5.6 m/s	-	32146	-	0.88 Pa/m
	管件	755.1 L/s	-	5.6 m/s	18.8 Pa	-	2.816296	-

图 10-7　压力损失报告

10.3　检查系统

当系统检查器处于活动状态时，可以利用各种工具修改、检查和查看选定风管或管道系统对应的属性。

10.3.1　检查风管|管道系统

通过此工具可检查项目中创建的管道系统是否已准确连接。

【执行方式】

功能区："分析"选项卡→"检查系统"面板→"检查风管系统或检查管道系统"

【操作步骤】

（1）执行上述操作。Revit 为当前视图中的无效管道系统显示警告标记。如果发现以下状况，则会显示警告信息：

- 系统未连接好。
- 存在流/需求配置不匹配。
- 存在与流动方向不匹配。

（2）单击警告标记以显示相关警告消息。

10.3.2　检查线路

使用此命令可查找未指定给线路的构件，并检查平面中的线路是否已正确连接到配电盘。

【执行方式】

功能区："分析"选项卡→"检查系统"面板→"检查线路"

【操作步骤】

（1）执行上述操作，发现错误时会提示警报。

（2）在"警报"对话框中，单击 回 以查看警告消息的详细信息。

10.3.3　显示断开的连接

通过显示断开的连接命令，可以为当前未连接的连接件显示断开标记。显示断开连接内容包括：风管、管道、电缆桥架、线管和电气。

【执行方式】

功能区："分析"选项卡→"检查系统"面板→"显示断开的连接"

【操作步骤】

（1）执行上述操作，在"显示断开连接选项"对话框中勾选一项或多项操作类别，如图 10-8 所示。

图 10-8　断开连接选项

（2）单击警告标记以显示相关警告消息。单击 ▣ （展开警告对话框）查看警告消息的详细信息。

（3）单击 🔧 （显示断开的连接）并清除选择项，以关闭断开标记，如图 10-9 所示。

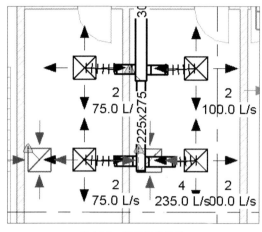

图 10-9　断开连接结果

10.4　颜色填充

10.4.1　风管|管道颜色填充

使用此功能可以为管道填充颜色，具体颜色取决于选定对象的属性。对于带有接头的管道管段，颜色填充将应用到管段的各个部分。

📏【执行方式】

功能区："分析"选项卡→"颜色填充"面板→"风管图例"或"管道图例"

🖱【操作步骤】

（1）将视图切换到要放置管道颜色填充图例的视图。

（2）执行上述操作。

（3）从类型列表中选择一个颜色方案。将光标移至绘图区域。此时光标发生变化，显示颜色填充图例的预览。单击将该图例放置在视图中。

（4）选择视图中的图例，然后单击"修改管道颜色填充图例"选项卡→"方案"面板→ 📋 "编辑方案"。此时将打开"编辑颜色填充"对话框。

（5）在"编辑颜色填充"对话框中，从"颜色"下拉列表中选择颜色图例的属性，然后选择下列选项之一。

● 按值。将每种颜色应用于选择的属性的各个实例。

● 按范围。将属性值划分到各个范围。通过从表中选择范围并单击"拆分"，可以添加范围。

拆分后，各个范围将得到进一步分割。

（6）单击"确定"按钮，完成风管或管道的颜色填充。

10.4.2 颜色填充图例

使用颜色方案功能可为指定的房间、空间、分区、管道系统、风管等对象填充颜色，以标识颜色所代表的图元属性。

【执行方式】

功能区："分析"选项卡→"颜色填充"→"颜色填充|图例"

【操作步骤】

（1）执行上述操作。

（2）在绘图区域任意单击，弹出"选择空间类型和颜色方案"对话框，如图 10-10 所示。

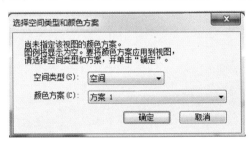

图 10-10 "选择空间类型和颜色方案"对话框

选择空间类型，可以选择 HVAC 分区、空间和房间，选择对应空间类型下的颜色方案。

（3）确定，完成颜色填充的添加。

实操实练-26 房间颜色填充

（1）打开"建筑—房间"项目，将视图切换至一层楼层平面图，此楼层已进行房间分割，并放置房间。

（2）执行"分析"选项卡→"颜色填充"→"颜色填充|图例"命令。

（3）在绘图区域任意单击，弹出"选择空间类型和颜色方案"对话框，如图 10-11 所示。

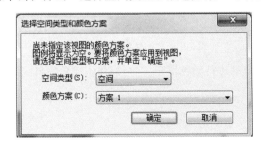

图 10-11 设置为房间空间类型并设置颜色方案

（4）空间类型设置为房间，颜色方案选择方案 1，如图 10-12 所示。

图 10-12　未定义颜色方案

（5）选择上述未定义颜色，并单击"上下文"选项卡下的"编辑方案"按钮，弹出"编辑颜色方案"对话框，如图 10-13 所示。

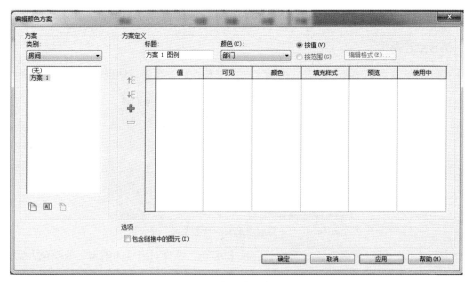

图 10-13　"编辑颜色方案"对话框

（6）单击颜色栏下拉菜单，颜色设置为"名称"，弹出"不保留颜色"对话框并单击"确定"按钮，如图 10-14 所示。

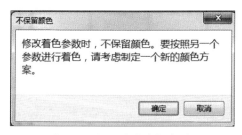

图 10-14　"不保留颜色"对话框

（7）软件根据房间名称自动进行颜色填充。也可以单击颜色栏自定义各种房间颜色，如图 10-15 所示。

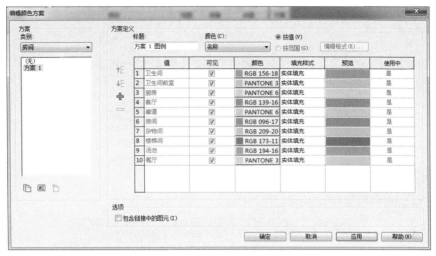

图 10-15　房间名称颜色方案

（8）确定，完成颜色填充的添加，如图 10-16 所示。

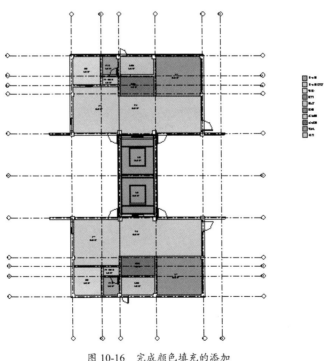

图 10-16　完成颜色填充的添加

（9）将项目另存为"建筑-房间方案"。

10.5　能量分析

当项目中所有区域都放置空间后，可以进行准确的热负荷和冷负荷分析。

10.5.1　能量设置

"能量设置"对话框中的这些设置会影响使用概念体量或建筑图元执行的能量分析的结果。在能量分析之前必须进行能量设置。

【执行方式】

功能区："分析"选项卡→"能量分析"面板→"能量设置"

【操作步骤】

（1）执行上述操作，打开"能量设置"对话框，如图 10-17 所示。

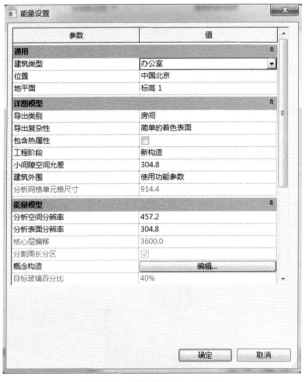

图 10-17　"能量设置"对话框

（2）设置相关参数。

- 分析空间分辨率：指定两个 Revit 图元之间的最大间隙尺寸，保证分析空间不会"泄露"。

- 分析表面分辨率：分析表面分辨率可以结合"分析空间分辨率"指定分析表面边界与理想边界相匹配的精确程度。

- 核心层偏移：指定从外墙开始向内测量的距离，以定义核心分区。

- 分割周长分区：选择此选项可将建筑物的周边（不包括核心层）划分为 4 个热分区：东北、东南、西北和西南。周长分区通常会提高能耗估算的准确性。

- 概念构造：此设置指定要用于不同类型体量表面的构造。

- 目标玻璃百分比：即窗墙比，指定要安装玻璃的洞口（窗户）占外墙的百分比。
- 目标窗台高度：指定地面到窗户底部的距离。低于任务高度（通常为 0.75 米或 2.5 英尺）的窗户面积会影响热增益和热损失，但不会影响有效的日照。

"目标玻璃百分比"和"目标窗台高度"设置将结合使用。如果指定的"目标玻璃百分比"较大，Revit 可能会使用低于指定值的窗台高度以达到要求。

窗户的总高度会直接影响为防止窗户增加太阳能增益所需要的遮阳物深度。窗户越高，需要的遮阳物深度越大。

- 玻璃已着色：如果要使用导光板为窗户和其他玻璃遮阳，可选择此设置，以便进行概念能量分析。对于有大面积玻璃未受保护的空间，适当的遮阳可以大大减少制冷能源的消耗。
- 目标天窗百分比：指定天窗占屋顶的百分比。

（3）确定，完成能量设置。

10.5.2　使用概念体量模式

使用此功能可以概念体量为分析基础及结合能量设置进行能量分析，并对分析结果进行优化。

【操作步骤】

（1）登录到 Autodesk 360。

找到软件左上角登录命令 ![登录工具栏]，单击"登录" ➤ "登录到 Autodesk 360"，然后输入 Autodesk ID 和密码，如图 10-18 所示。

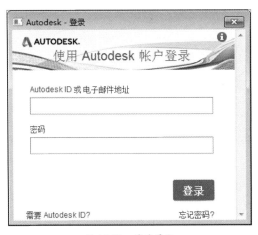

图 10-18　登录界面

（2）创建体量模型。

可以将体量族载入项目中进行分析，也可以直接在项目中创建内建体量。

（3）创建楼层标高。

（4）添加体量楼层。

选择体量模型，选择"修改|体量上下文"选项卡下"体量楼层"命令添加体量楼层，如图 10-19 所示。

图 10-19 "修改|体量上下文"选项卡

（5）将概念体量设置为能量分析模型的基础。

单击"分析"选项卡→"能量分析"面板→"使用概念体量模式"。

（6）创建能量模型，如图 10-20 所示。

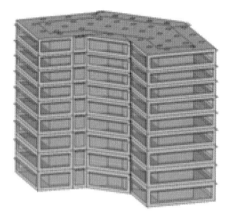

图 10-20 能量模型

单击"分析"选项卡→"能量分析"面板→"能量设置"。在"能量设置"对话框中：

• 对于"建筑类型"，查看指定给建筑的占用类型，并根据需要进行修改。

• 对于"位置"，查看为项目指定的地理位置，并根据需要进行修改。

（7）运行能量模拟分析。

将视图切换至三维视图，单击"分析"选项卡 ▶ "能量分析"面板 ▶ "运行能量模拟"。

（8）命名分析并指定 Green Building Studio 项目。

在"运行能量模拟分析"对话框中，为分析指定一个名称，并选择是否要创建新的或使用现有 Green Building Studio 项目。然后单击"继续"按钮。将显示模拟的图元，如图 10-21 所示。

图 10-21 体量分区和着色显示

当前视图会显示体量分区和体量着色，并将模拟中不包括的图元临时暗显。

（9）单击模拟名称查看模拟结果。

分析完成时，将显示一条提示。单击提示中的分析名称查看模拟结果。或者，单击"分析"选项卡→"能量分析"面板→ "结果和比较"，然后从项目树中选择该分析。

（10）在"结果和比较"对话框中，查看分析结果。

10.5.3 使用建筑图元模式

以建筑图元为分析基础及结合能量设置进行能量分析，并对分析结果进行优化。

【操作步骤】

（1）登录到 Autodesk 360。

（2）创建一个建筑模型。

（3）将建筑图元设置为能量分析模型的基础。

单击"分析"选项卡→"能量分析"面板→"使用建筑图元模式"。

（4）指定建筑类型和位置。

单击"分析"选项卡→"能量分析"面板→"能量设置"，如图 10-22 所示。

图 10-22 能量设置

（5）创建能量分析模型并运行能量模拟分析。

单击"分析"选项卡→"能量分析"面板→ "运行能量模拟分析"。 在对话框中，选择"创建能量分析模型"并继续运行模拟分析。

（6）检查能量分析模型并继续进行模拟分析。单击"确定"按钮以继续进行能量模拟分析。

（7）命名模拟分析运行名称并指定 Green Building Studio 项目，如图 10-23 所示。

图 10-23 "运行能量模拟分析"对话框

在"运行能量模拟分析"对话框中，为模拟分析的运行指定一个名称，并选择是要创建新的还是使用现有的 Green Building Studio 项目。然后单击"继续"按钮。

（8）单击仿真名称。

（9）分析完成时，将显示一条提示。单击提示中的分析名称查看仿真结果，如图 10-24 所示。

图 10-24 能量模拟分析结果

第 11 章

视图

■ 知识引导

　　本章主要讲解在 Revit 软件中对视图的实际应用操作,包括视图创建以及视图控制。

11.1　视图创建

通过使用视图工具可以为模型创建二维平面或三维视图。

✎ 预习重点

　◎ 平面视图、剖面图等视图创建。

11.1.1　平面视图的创建

　　用于创建二维平面视图,如结构平面、楼层平面、天花板投影平面、平面区域或面积平面。平面视图在创建新标高时可以自动创建,也可以在完成标高的创建后手动添加相关平面视图。

　　1)自动创建平面视图

　　在创建新标高时可以自动创建平面视图,此种方法简单、快捷。

🖰【操作步骤】

　　(1)将视图切换到立面视图。

　　(2)单击"建筑"或"结构"选项卡,在"基准"面板中选择标高工具,软件进入绘制标高状态,在选项栏中就会出现 ☑ 创建平面视图 │ 平面视图类型... 该项。勾选"创建平面视图"复选框,并单击"平面视图类型"按钮,弹出"平面视图类型"对话框,如图 11-1 所示。

　　在该对话框中单击选择要创建的视图类型,完成后单击"确定"按钮返回到绘制标高状态。

　　绘制相关标高后,单击项目浏览器中的视图树状目录,在相应的视图目录下就可以找到标高对应的平面视图。

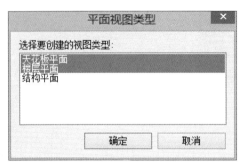

图 11-1 "平面视图类型"对话框

2）手动创建平面视图

手动创建平面视图可以在完成标高的创建后，选择性地手动添加平面视图，此种方法具有相同视图统一添加、选择性添加的优势。在创建标高时，通过复制和阵列方式生成的标高，不会自动生成对应平面视图，需要手动进行添加。

【执行方式】

功能区："视图"选项卡→"创建"面板→"平面视图"下拉菜单

【操作步骤】

（1）执行上述操作，在平面视图下拉列表中选择将要创建的视图类型。以创建楼层平面为例，在下拉列表中选择楼层平面，这时软件弹出"新建楼层平面"对话框，如图 11-2 所示。

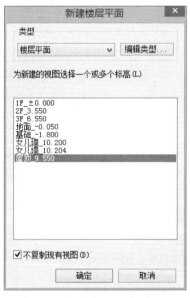

图 11-2 "新建楼层平面"对话框

（2）在对话框中的标高栏中选择标高，配合使用 Ctrl 和 Shift 键来进行选择。勾选下边的"不复制现有视图"复选框，如果未勾选，则会生成已有平面视图的副本。单击"确定"按钮，软件会自动生成所选标高对应的楼层平面，在项目浏览器楼层平面目录下就可以找到新创建的标高平面。

11.1.2 立面图的创建与调整

立面图的创建功能用于创建面向模型几何图形的其他立面视图。默认情况下，项目文件中的 4 个指南针点提供外部立面视图，如图 11-3 所示。

图 11-3 立面

立面视图包括立面和框架立面两种类型，框架立面主要用于显示支撑等结构对象。

【执行方式】

功能区："视图"选项卡→"创建"面板→"立面"下拉菜单

【操作步骤】

（1）将操作平面切换到楼层相关平面。

（2）执行上述操作。

（3）选择立面类型。

在"属性"对话框中选择立面类型，包括建筑立面或内部立面等立面类型。

（4）设置选项栏参数。

- 附着到轴网：将立面视图方向与轴网关联。

- 参照其他视图：不直接创建新的立面视图，而是用已有的视图。

- 新绘制视图：不创建关联立面视图，创建空白视图。

（5）放置立面。

在绘图区域中需要创建立面视图的位置单击放置指南针点，在移动光标时，可以按 Tab 键来改变箭头的位置。

（6）设定立面方向。

选择立面符号，立面符号会随用于创建视图的复选框选项一起显示，如图 11-4 所示。通过勾选方式可创建相关方向的立面视图。

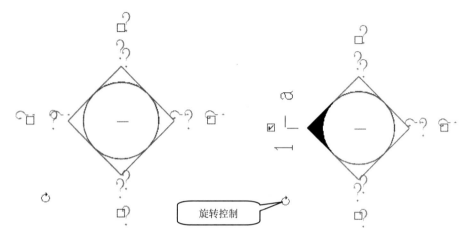

图 11-4　立面方向的调整

使用旋转控制功能可将视图与斜接图元对齐。单击"旋转控制"按钮，并按住左键不松，滑动鼠标进行旋转动作，松开鼠标完成旋转。

（7）调整立面视图宽度及高度范围。

单击已创建的立面，如图 11-5 所示，通过标注的拖曳点对立面视图范围进行调整。

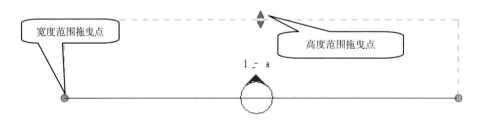

图 11-5　立面视图范围

通过左右两边的宽度拖曳点来控制立面的视图宽度，通过高度拖曳点来控制立面的视图高度。宽度和高度决定着立面所能看到的范围大小。单击选择立面视图点，也可以通过"上下文"选项卡下的"尺寸裁剪"按钮来对视图范围进行更为准确的调整，如图 11-6 所示。

在该对话框中，调整"模型裁剪尺寸"下的宽度值和高度值，注释裁剪偏移值默认，软件会自动计算出裁剪框的全部大小尺寸，单击"确定"按钮完成裁剪。

图 11-6　裁剪区域尺寸设置

（8）拆分立面视图范围线。

选择已创建的立面视图范围线，单击"上下文"选项卡下的"拆分线段"按钮，将光标移动到绘图区域中，软件会提示选择一个要拆分的视图，在视图的宽度线上选定位置单击，然后上下拖动光标，选定位置后单击完成拆分，视图线已经拆分为两部分，两段视图线所示范围有所不同，如图11-7 所示。

图 11-7　拆分立面视图范围线

11.1.3　剖面图的创建

可以通过剖面工具剖切模型，并生成相应的剖面视图，在平面、剖面、立面和详图视图中均可绘制剖面视图。

📏【执行方式】

功能区："视图"选项卡→"创建"面板→"剖面"

🖱【操作步骤】

（1）将视图切换到某楼层平面视图。

（2）执行上述操作。

（3）选择剖面类型并设置相关参数。

（4）设置选项栏参数。

（5）绘制剖面线。

将光标移动到绘图区域中，在剖面的起点处单击，并拖曳光标穿过模型或族，当到达剖面的终点时单击，如图 11-8 所示，除了与立面视图有相同的拖曳点之外，还有其他的特殊符号，代表含义见注释。

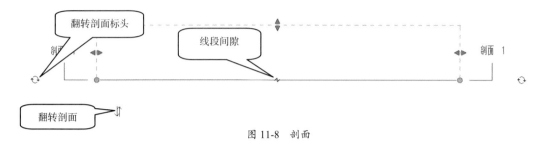

图 11-8　剖面

通过拖曳蓝色控制柄可调整裁剪区域的大小，剖面视图的深度将相应地发生变化。按 Esc 键退出"剖面"工具。双击剖面标头、从项目浏览器的"剖面"组中选择剖面视图并打开或使用右键命令均可转到视图命令。

（6）剖面的调整。

创建完成剖面，也可以通过修改调整，将不同位置上的模型显示在同一剖面内，可以更为直观地进行模型间的对比、调整等。

选择已创建的剖面，在弹出的"上下文"选项卡下，单击"拆分线段"按钮，将光标放在剖面线上的分段点处并单击。继续将光标移至要移动的拆分侧，并沿着与视图方向垂直的方向移动光标，再次单击以放置分段，如图 11-9 所示。

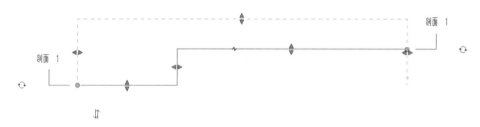

图 11-9　剖面拆分视图范围线

新的分段上有多个控制柄，用于调整裁剪区域尺寸的控制柄显示为浅绿色虚线，所有分段共享同一个裁剪平面，包括用于移动剖面线各个分段的控制柄。还可以通过单击线段间隙符号将剖面分割为较小的分段，截断控制柄在剖面上显示为斜 Z 形。单击该截断控制柄，可以进一步断开剖面。完成截断后，剖面上将出现调整分段尺寸的多个控制柄，如图 11-10 所示。在此单击截断控制柄，可以将断开的剖面进行合拢。

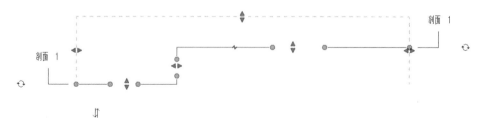

图 11-10　剖面线截断

↘ 实操实练-27　剖面图的创建

（1）打开"建筑—场地"项目，在项目浏览器下，展开楼层平面视图目录，双击 1F_±0.000 名称进入 1 层平面视图。

（2）单击"视图"选项卡下的"剖面"按钮，在类型选择器中选择建筑剖面类型，不对类型属性参数进行设置。不勾选选项栏中的"参照其他视图"复选框，设置偏移量为 0.0，如图 11-11 所示。

图 11-11　剖面创建选项栏

（3）在轴线 2、3 之间单击作为剖面的起点，向下拖动鼠标至另一侧的轴线 2、3 之间，单击作为剖面的终点。

（4）通过 ◀▶ 按钮控制剖面显示范围。通过单击 ⇆ 按钮对剖面框进行左右翻转，确定显示剖面的方向。

（5）单击选中该剖面线，在右键命令菜单中选择"转到视图"命令。

（6）在剖面属性栏中，取消勾选"裁剪视图"和"裁剪区域可见"复选框，单击"应用"按钮保存。

（7）勾选轴线和标高另一端未显示出的编号，并将在剖面视图中无须显示的轴线进行隐藏。

（8）将项目文件另存为"建筑—剖面"，完成对该项目剖面视图的绘制，如图 11-12 所示。

图 11-12　完成剖面图的绘制

11.1.4　详图索引的创建

通过详图索引工具可以在视图中创建矩形详图索引，即大样图。详图索引可以隔离模型几何图形的特定部分，参照详图索引允许在项目中多次参照同一个视图。

【执行方式】

功能区："视图"选项卡→"创建"面板→"详图索引"下拉菜单

【操作步骤】

（1）将视图切换至需要添加详图索引的平面。

（2）执行上述操作，并选择详图索引绘制方式。

详图索引绘制方式包括矩形和草图两种，矩形方式只能用于绘制矩形详图索引，而利用草图方式可以绘制较复杂形状的详图索引，根据实际情况选择对应的方式进行绘制。

（3）选择详图索引类型。

在视图属性选择栏中可以选择对应的详图类型。

（4）选项栏设置。

- 参照其他视图：不自动创建详图，而使用已有的其他视图，如导入的 dwg 格式文件。
- 新绘制视图：不自动创建详图，而是创建空白的视图。

（5）绘制详图索引。

单击"详图索引"下拉列表中的"矩形"按钮，详图索引可以为楼梯间、卫生间等需要大样图的位置进行创建详图。在类型选择器中选择详图，单击"类型属性"按钮，进入详图视图类型属性对话框，如图 11-13 所示。

图 11-13　详图视图类型属性对话框

在对话框中复制创建新的详图类型和名称，设置详图索引标记的标头、参照标签等参数。完成后单击"确定"按钮返回到详图索引绘制状态。

放大模型局部区域，将光标移动到要定义详图索引的区域，光标从左下方向右下方拖曳，创建封闭的矩形网格，在左边的线框旁显示详图索引编号。

要查看详图索引视图，双击详图索引标头，或在项目浏览器详图视图目录下找到详图标号并双击进入，详图索引视图将显示在绘图区域中。

（6）修改调整详图索引。

进入详图视图中，其比例尺为原视图的 2 倍，单击选择详图索引，可以根据边线上的-●-圆形点来拖曳详图线边框，以此来确定详图的大小和范围。

对详图进行进一步的处理，包括添加墙面折断线，标注轴网与构建族之间，族与族之间的尺寸值，以及放置其他构件，标注坡度线等。

11.1.5　绘图视图的创建

利用"绘图视图"可创建一个空白视图，在该视图中显示与建筑模型不直接关联的详图，使用二维细节工具按照不同的视图比例（粗糙、中等或精细）创建未关联的视图专有详图。

【执行方式】

功能区："视图"选项卡→"创建"面板→"绘图视图"

【操作步骤】

（1）执行上述操作。

（2）设置新绘图视图名称及比例。

软件弹出"新绘图视图"对话框，如图 11-14 所示。

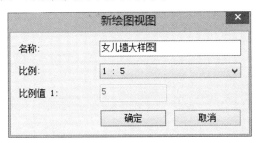

图 11-14　"新绘图视图"对话框

在对话框中设置新绘图视图的名称及比例，如图 11-14 所示。完成后单击"确定"按钮，这时软件会跳转到一个空白的视图界面。在项目浏览器目录下，找到绘图视图（详图）一栏，单击展开，可以看到当前视图为女儿墙大样图视图。

在该视图中，可以通过导入 CAD 的方式，将已创建好的女儿墙大样图 dwg 格式导入到当前视图中，以此来在软件中快速创建女儿墙大样图。

也可以使用"注释"选项卡下"详图"面板中的详图工具来丰富详图内容。详图工具主要包括

"详图线"、"隔热层"、"遮罩区域"、"填充区域"、"文字"、"符号"和"尺寸标注"。

创建完成后的绘图视图，可以随时在项目浏览器下绘图视图（详图）一栏展开查看。

↘ 实操实练-28 大样图的创建

（1）打开"建筑—剖面视图"项目，在项目浏览器下，展开楼层平面视图目录，双击 1F_±0.000 名称进入 1 层平面视图。

（2）单击"视图"选项卡下的"详图索引"按钮，在下拉菜单中单击"矩形"按钮。在类型选择器中选择详图类型，不对类型属性参数进行设置。不勾选选项栏中的"参照其他视图"复选框，如图 11-15 所示。

图 11-15　大样图创建选项栏

（3）在绘图区域中，放大楼梯间所在的位置，按对角点分别单击来创建矩形详图框。

（4）单击选中该详图框，在右键命令菜单中选择"转到视图"命令。

（5）在视图控制栏中，单击"隐藏裁剪区域"按钮，在详图属性栏中，设置视图名称为楼梯间大样图，视图样板为楼梯_剖面大样。单击"应用"按钮保存。

（6）勾选轴线和标高另一端未显示出的编号，并在详图视图中将无须显示的轴线进行隐藏。

（7）使用尺寸标注工具对大样图进行必要的尺寸注释标记，丰富详图的细节。

（8）按照上述步骤，对卫生间进行大样图的创建。

（9）将项目文件另存为"建筑—大样图"，完成对该项目大样图的绘制，如图 11-16 所示。

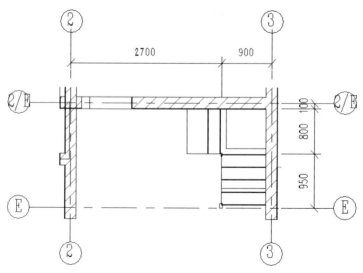

图 11-16　完成大样图的绘制

11.1.6　复制视图的创建

使用该工具可以复制创建当前视图的副本，其中仅包含模型、模型和视图专有图元，或视图的相关副本。新视图中将不会创建隐藏的视图专有图元。隐藏的模型图元和基准将被创建到新视图中并保持隐藏状态。

复制视图包括复制视图、带细节复制、复制作为相关三种形式。

- 复制视图：表示用于创建一个视图，该视图中仅包含当前视图中的模型几何图形。将排除所有视图专有图元，如注释、尺寸标注和详图。
- 带细节复制：表示模型几何图形和详图几何图形都被复制到新视图中。详图几何图形中包括详图构件、详图线、重复详图、详图组和填充区域。
- 复制作为相关：表示用于创建与原始视图相关的视图，即原始视图及其副本始终同步。在其中一个视图中所做的修改将自动出现在另一个视图中。

✎【执行方式】

功能区："视图"选项卡→"创建"面板→"复制视图"下拉菜单

🖱【操作步骤】

（1）将视图切换到需要添加视图副本的视图。

（2）执行上述操作，选择相应复制方式，如图 11-17 所示。

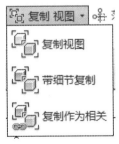

图 11-17　复制视图方式

根据实际情况，在下拉列表中选择相应的选项并单击，这时在项目浏览器当前视图的下方就会出现该视图副本，并且软件自动跳转到该副本视图中，这样，复制视图即可完成。

复制视图还有一种较为快捷的方式，展开项目浏览器，在需要复制副本的视图名称上单击鼠标右键，在弹出的命令功能区中，将光标移动到"复制视图（V）"上，软件会再次弹出下一级命令菜单，如图 11-18 所示。

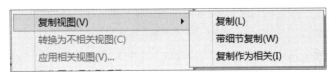

图 11-18　复制视图方式

该命令栏中的三个选项与之前的意义完全一致，可以直接选择某一项完成复制视图。

11.1.7 图例的创建

使用该工具可以为材质、符号、线样式、工程阶段、项目阶段和注释记号创建图例，用于显示项目中使用的各种建筑构件和注释的列表。

图例包括图例和注释记号图例两种类型。

- 图例：可以用于建筑构件和注释的图例创建。
- 注释记号图例：可以用于注释记号的图例创建。

【执行方式】

功能区："视图"选项卡→"创建"面板→"图例"下拉菜单

【操作步骤】

（1）执行上述操作。

（2）创建图例视图。

以创建某项目门窗大样为例，在弹出的下拉列表中选择图例，这时软件会弹出"新图例视图"对话框，如图 11-19 所示，在对话框中修改名称为门窗大样图例，比例选择为 1：50，完成后单击"确定"按钮。

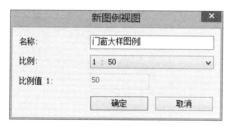

图 11-19 "新图例视图"对话框

软件会自动生成一个空白视图平面，这时在项目浏览器中图例一栏，展开就会看到刚刚创建的门窗大样图例视图 图例 门窗大样图例，并高亮显示。

（3）放置图例。

在项目浏览器中，展开族树状目录，在该目录下找到门一栏，依次展开并找到需要添加的门构件，单击选择后，拖到当前空白视图中来，门的平面缩略图跟随着光标移动，先调整选项栏中的参数然后再进行放置，如图 11-20 所示。

图 11-20 图例放置选项栏

在族一栏后面单击，可以重新选择新的构件族，在视图栏选择前立面，这时主体长度为灰显只读数据。

将光标移动到绘图区域，在任意空白位置上单击放置，按 Esc 键退出放置状态，使用快捷栏中的对齐尺寸标注工具对门进行细致的标记，并为其添加视图标题，如图 11-21 所示。

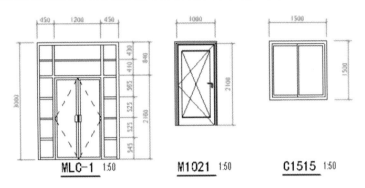

图 11-21　门窗图例

11.1.8　默认三维视图

默认三维视图工具在项目模型创建的过程中有着重要的作用，三维视图工具配合使用 ViewCube 不仅可以随时查看模型各构件样式及整体效果。还可以在三维视图状态下创建相关构件。默认三维视图为三维正交视图。

【执行方式】

功能区："视图"选项卡→"创建"面板→"三维视图"下拉菜单→"默认三维视图"

【操作步骤】

执行上述操作，软件会跳转到默认三维视图界面，配合使用 Shift+鼠标滚轮可以对模型进行旋转，方便观察。也可以单击绘图区域右上方的 ViewCube 导航，通过单击上下左右前后、东南西北多方位对模型进行查看，也可以单击 ViewCube 导航的角点，以此来查看模型的效果，如图 11-22 所示。

在三维视图中查看模型效果时，可以使用剖面框工具，对模型进行分割查看，通过应用剖面框，可以限制查看模型的范围。完全处于剖面框以外的图元不会显示到当前视图中。剖面框对于大型模型尤其有用。例如，要对办公楼中的会议室进行内部渲染，可以使用剖面框裁剪出会议室并忽略办公楼的其余部分。

图 11-22　ViewCube 导航

确认当前视图处于三维视图，在属性框中，找到范围栏下的剖面框一项，勾选后面的复选框，如图 11-23 所示。

图 11-23　三维剖切框设置

这时在模型的最外边就会显示出一个长方形的边框，该框即为剖面框，选择该框，就会在边框上显示该面的拖曳符号，如图 11-24 所示。

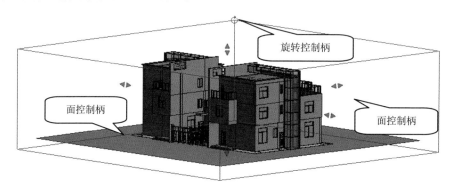

图 11-24　三维剖切框

图 11-24 中蓝色的实线框即为剖面框，在剖面框的每一个面上都有一个面控制柄，用来控制该面的长度或者深度，以此来分割模型。有时也可以通过旋转控制柄将剖面框旋转到其他位置上，然后再来进行查看。

11.2　视图控制

通过使用视图控制工具，可以修改模型几何图形的样式，包括可见性设置、粗细线的设置等。

✎ **预习重点**

◎ 视图可见性设定和剖切面轮廓绘制。

11.2.1　视图可见性设定

该工具用于控制模型图元、注释、导入和链接的图元以及工作集图元在视图中的可见性和图形显示。该工具可以替换的显示内容包括截面线、投影线以及模型类别的表面、注释、类别、导入的类别和过滤器。还可以针对模型类别和过滤器应用半色调和透明度。

【执行方式】

功能区："视图"选项卡→"图形"面板→"可见性/图形"

快捷键：VG

【操作步骤】

（1）将视图切换到需要调整可见性的视图。

（2）执行上述操作。

（3）视图可见性设置

弹出如图 11-25 所示的可见性/图形替换对话框。

图 11-25　"可见性/图形替换"对话框

在该对话框中包括 5 个选项卡，分别为模型类别、注释类别、分析模型类别、导入的类型和过滤器。单击每一个选项卡，可以对当前视图进行相关的设置。

- "模型类别"选项卡设置：在"模型类别"选项卡下，常用的是设置模型中部分内容的可见性，单击过滤器列表下拉菜单按钮，勾选要显示的专业模型构建，如图 11-26 所示。

图 11-26　"模型类别"选项卡

在该下拉列表中可以根据需要勾选相关专业，也可以全部勾选以显示全部的模型构件。完成后，在可见性列表中找到需要隐藏或者显示的构件，在该构件的前方复选框中确定是否勾选，勾选即为显示，不勾选即为隐藏。同时，还可以调整每项后面的投影/表面或截面的线型、填充图案、透明度等。

在该选项卡下还有常用的设置为右下方的截面线样式设置，勾选截面线样式前面的复选框，这时编辑按钮由灰显状态变为可单击状态，单击"编辑"按钮进入主体层线样式，如图 11-27 所示。

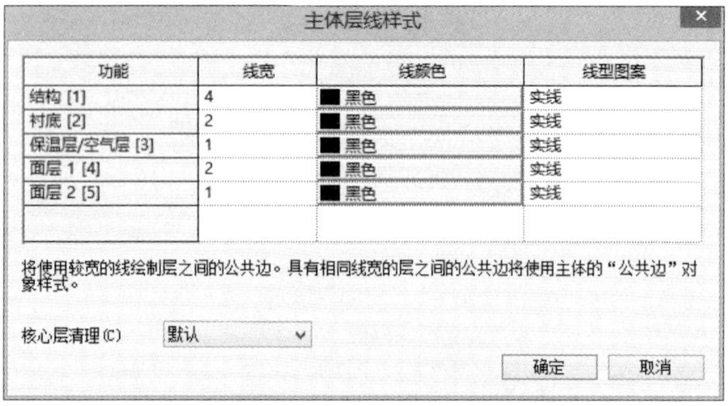

图 11-27　主体层线样式设置

在创建详图索引或大样时，常常会设置墙截面、楼板截面等结构线宽，就是在此对话框中进行设置的，可以将结构线宽调整为 3 或 4，将其他主体层线宽调整为 1，这样在大样图中，截面结构边线就会以粗线显示出来，完成后单击"确定"按钮。

- "注释类别"选项卡设置：单击"可见性/图形替换"对话框上方"注释类别"选项卡，如图 11-28 所示。

图 11-28　"注释类别"选项卡

方法与模型类别可见性设置一样，单击每项前面的复选框，完成对其的隐藏或者显示。在项目创建过程中，通常在此隐藏或显示剖面、剖面框、轴网、标高、参照平面等项。

- "分析模型类别"选项卡设置：单击"可见性/图形替换"对话框上方的"分析模型类别"选项卡，其操作方法方式与之前均相同。
- "导入的类别"选项卡设置：单击"可见性/图形替换"对话框上方"导入的类别"选项卡，如图 11-29 所示。

图 11-29　"导入的类别"选项卡

在该对话框中可以对导入到当前项目中的 dwg 格式文件进行可见性设置，在 dwg 格式文件前面勾选复选框完成可见性设置，且该设置只对当前视图有效。当切换到其他视图中时，如果需要隐藏或显示 dwg 文件，都可以通过此方式进行设置。

- "过滤器"选项卡设置：单击"可见性/图形替换"对话框上方"过滤器"选项卡，如图 11-30 所示。

对于在视图中共享公共属性的图元，过滤器提供了替换其图形显示和控制其可见性的方法。可以将图元添加到过滤器列表，然后更改其投影/表面或截面的线型、填充图案、透明度等。

单击"添加"按钮，从弹出的"添加过滤器"对话框中选择一个或多个过滤器插入到对话框中，如图 11-31 所示，对话框中的图元都是根据当前视图提取出来的。

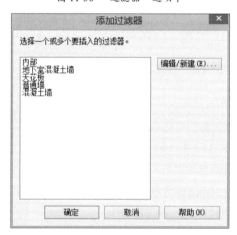

图 11-30 "过滤器"选项卡

图 11-31 "添加过滤器"对话框

在"添加过滤器"对话框中选择一个或多个要插入的过滤器。选择后单击"确定"按钮，图元类别就会自动添加到过滤器下方，然后再对其进行线条或颜色的设定，如图 11-32 所示。通过此方法添加混凝土墙类别，勾选"可见性"复选框，并逐一设置后面的线型以及颜色。完成后单击"确定"按钮，这时当前平面中的图元类别就会按照过滤器所设置的颜色、线条、透明度进行显示。

名称	可见性	投影/表面			截面		半色调
		线	填充图案	透明度	线	填充图案	
混凝土墙	☑			替换…			☐

图 11-32 过滤器可见性设置

- "Revit 链接"选项卡设置：当项目中链接了 Revit 文件，在"可见性/图形替换"对话框上方的选项卡一栏中就出现"Revit 链接"选项卡，其操作方法与"导入的类别"一样，勾选复选框完成可见性设置。如果项目中未有链接，则不会出现该选项卡。

11.2.2　过滤器的设置

在 11.2.1 节可见性图形替换中，介绍了过滤器的图元类别添加和投影/表面、截面的线型，填充图案以及透明度的修改。若在添加过滤器列表中未有需要的图元类别，而模型几何图形实际存在，可以通过新建过滤器来进行图元类别的创建，然后再进行相关的过滤器设置。

✎【执行方式】

功能区："视图"选项卡→"图形"面板→"过滤器"

🖱【操作步骤】

（1）执行上述操作。

（2）弹出"过滤器"对话框，如图 11-33 所示。

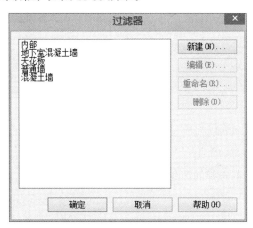

图 11-33　"过滤器"对话框

在对话框中左侧功能区一栏，唯有"新建"按钮是可单击状态，当在左侧框中选择某一项图元类别，这时功能区的"编辑"、"重命名"、"删除"三项都成为可单击状态，这时可以对选择的图元类别进行过滤器条件设置更改、重命名或从列表中删除此图元类别。

（3）新建过滤器。

若要创建新的图元类别过滤器，单击功能区的 新建(N)... 按钮，这时软件弹出"过滤器名称"对话框，如图 11-34 所示。

其中在"名称"一栏修改过滤器的类别名称，在下方有"定义条件"和"选择"两个选项，软件默认为定义条件。其中定义条件指示通过设置相关过滤器条件来控制模型几何图形中的图元类别构件。

图 11-34 "过滤器名称"对话框

单击"确定"按钮，打开"过滤器"对话框，左、中、右依次为过滤器、类别和过滤器规则，如图 11-35 所示。

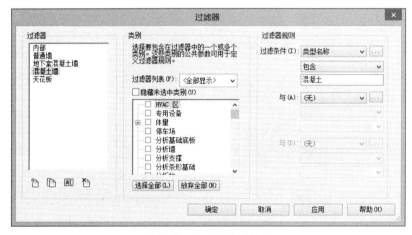

图 11-35 "过滤器"对话框

- "过滤器"栏："过滤器"栏列举当前已有过滤器，软件默认选择该项。在下方的功能区有 4 个按钮，其中 ![] 表示新建图元类别，单击后又会显示如图 11-34 所示的"过滤器名称"对话框。![] 表示复制当前选择的图元类别。![AI] 表示为选择的图元类别进行重命名。![] 表示删除当前选择的图元类别。

- "类别"栏：在"过滤器"栏选择一个过滤器，从过滤器列表后边的下拉菜单中选择相关的专业，在下方就会显示出该专业所包含的所有类别，通过勾选类别名称前方的复选框完成添加。

- "过滤器"规则栏：过滤器规则，也就是设置过滤器条件，过滤条件一次性最多可设置三项规则，其目的是选择需要的类别而过滤掉其他不需要的类别，可通过备注、注释、类别名称、类别注释等参数来进行过滤器条件设置。设置完成后，若没有选择需要的类别或过滤掉了需要的类别，都可以继续在此来进行过滤规则的调整，直到符合要求为止。

完成该对话框中的所有设置后，单击"确定"按钮返回，这时可以在"可见性/图形替换"对话框中"过滤器"选项卡下进行各项类别的添加，以及更改其投影/表面或截面的线型、填充图案、透明度等。

11.2.3　粗线\细线的切换

　　粗线\细线的切换用于按照单一宽度在屏幕上显示所有线，无论缩放级别如何。"细线"工具可用于保持相对于视图缩放的真实线宽。通常在小比例视图中放大模型时，图元线的显示宽度会大于实际宽度。激活"细线"工具后，此工具会影响所有视图，但不影响打印或打印预览。如果禁用该工具，则打印所有的线时，所有线都会显示在屏幕上。

【执行方式】

　　功能区："视图"选项卡→"图形"面板→"细线|粗线"

　　快捷键：TL

【操作步骤】

　　单击"视图"面板下的"细线"按钮，这时图形中的粗线都变为了细线。如图 11-36 所示，同样的常规–200mm 墙体，在楼层平面显示下的粗线状态和细线状态。

图 11-36　粗线|细线切换

　　可以通过单击"细线"按钮，在细线和粗线之间来回切换。也可以单击快捷访问工具栏中的 按钮，其效果一致。

11.2.4　隐藏线的控制

　　隐藏线的控制分为显示隐藏线和删除隐藏线，且两工具的效果是反转的。被其他图元遮挡的模型和详图图元可以通过"显示隐藏线"工具显示出来。可以在所有具有"隐藏线"子类别的图元上使用"显示隐藏线"工具。"删除隐藏线"工具与"显示隐藏线"工具作用相反，且两工具不适用于 MEP 部分，如果视图样板为"电气"、"机械"或"卫浴"，则无法使用该工具。

【执行方式】

　　功能区："视图"选项卡→"图形"面板→"显示隐藏线|删除隐藏线"

【操作步骤】

　　（1）单击"视图"选项卡下的"显示隐藏线"按钮，依次单击遮盖隐藏对象的图元和需要显示隐藏线的图元。

　　（2）若要反转该效果，可使用"视图"面板下的"删除隐藏线"按钮。

11.2.5　剖切面轮廓的绘制

　　使用"剖切面轮廓"工具可以修改在视图中剖切的图元的形状，例如屋顶、楼板、墙和复合结构的层。可以在平面视图、天花板平面视图和剖面视图中使用该工具。对轮廓所做的修改是平面视图专有的。

【执行方式】

功能区："视图"选项卡→"创建"面板→"剖切面轮廓"

【操作步骤】

（1）将视图切换至需要绘制剖切面轮廓的视图。

（2）执行上述操作。

（3）设置选项栏参数。在选项栏中，选择"面"（编辑面四周的整个边界）或"面与面之间的边界"（编辑各面之间的边界线）作为"编辑"的值。

（4）单击高亮显示的截面或边界，以便将其选择并进入绘制模式。

（5）绘制要添加到选择集或从选择集删除的区域。使用其起点和终点位于同一边界线的一系列线。不能绘制闭合环或与起始边界线交叉。但是，如果使用"面与面之间的边界"选项，可以绘制该墙的其他边界线。

（6）设定区域方向。

剖切面轮廓草图控制箭头会显示在绘制的第一条线上。它指向在编辑之后将保留的部分。单击控制箭头可改变其方向。

（7）完成编辑后，单击 ✔（完成编辑模式），如图 11-37 所示。

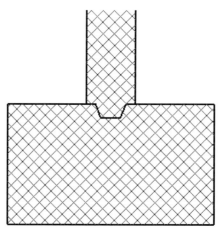

图 11-37　剖切面轮廓

11.2.6　视图样板的设置与控制

通过对视图应用视图样板，可以确保各类型视图图纸表达的一致性，同时减少单独自定义的工作量，以提高设计和出图的效率。

1）将视图样板应用于当前视图

✎ 【执行方式】

功能区："视图"选项卡→"创建"面板→"视图样板"下拉菜单→"将视图样板应用于当前视图"

图 11-38 所示为视图样板设置面板。

图 11-38　视图样板设置面板

🖱 【操作步骤】

（1）双击打开需要修改视图样板的视图。

（2）执行上述操作。

（3）在"应用视图样板"对话框的"视图样板"下，使用规程过滤器和视图类型过滤器来限制视图样板的列表。

（4）在"名称"列表中，选择要应用的视图样板。

2）从当前视图创建样板

✎ 【执行方式】

功能区："视图"选项卡→"创建"面板→"视图样板"下拉菜单→"从当前视图创建样板"

🖱 【操作步骤】

（1）双击打开可以创建视图样板的视图。

（2）执行上述操作。

（3）输入创建的视图样板名称后，确定，完成新视图样板的创建。

3）管理视图样板

✎ 【执行方式】

功能区："视图"选项卡→"创建"面板→"视图样板"下拉菜单→"管理视图样板"

🖱 【操作步骤】

（1）执行上述操作。

（2）在弹出的"视图样板"对话框的"视图样板"下，使用规程过滤器和视图类型过滤器来限制视图样板的列表，如图 11-39 所示。

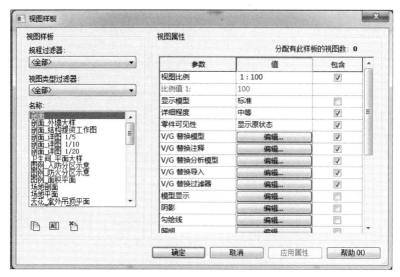

图 11-39 "视图样板"对话框

（3）在"名称"列表中，选择要调整的视图样板。

（4）在"视图属性"列表中，可以对视图的属性进行调整。

第 12 章

注释

■ **知识引导**

　　本章主要讲解在 Revit 软件中对模型构件进行注释的实际应用操作，包括尺寸标注、详图、文字、标记、注释记号、颜色填充类图例注释以及符号添加等。

12.1　尺寸标注

尺寸标注是项目中显示距离和尺寸的视图专有图元。

✎ **预习重点**

　◎ 对齐标注等尺寸标注、高程点标注。

12.1.1　对齐尺寸标注

对齐用于在平行参照之间或多点之间放置尺寸标注。

📏 **【执行方式】**

功能区："注释"选项卡→"尺寸标注"面板→"对齐"

快捷键：DI

🖱 **【操作步骤】**

（1）将操作平面切换至需要进行标注的楼层平面或其他相关视图。

（2）执行上述操作。

（3）选择尺寸标注类型设置标注样式。

在属性框类型选择器下拉列表中选择一种尺寸标注样式，再单击"编辑类型"按钮，进入尺寸标注类型属性对话框，如图 12-1 所示。

图 12-1　尺寸标注类型属性对话框

在类型属性设置对话框中，根据项目要求，修改框中部分参数对应的数值或样式，完成后单击"确定"按钮返回。

（4）设置选项栏参数。

对齐尺寸标注选项栏参数，如图 12-2 所示。

图 12-2　对齐尺寸标注选项栏

- 标注参照对象。"标注参照对象"下拉菜单中可选择的选项有"参照墙中心线"、"参照墙面"、"参照核心层中心"和"参照核心层表面"。如果选择墙中心线，则将光标放置于某面墙上时，光标将首先捕捉该墙的中心线。如果选择核心层表面，则将光标放置于某面墙上时，光标将首先捕捉该墙的核心层表面。

- 拾取对象。拾取对象指创建对齐尺寸标注添加方式，包括单个参照点和整个墙两种方式。
    - ➢ 单个参照点：依次单击标注点完成标注。
    - ➢ 整个墙：选择整个墙选项后，单击"选项"按钮可以打开"自动尺寸标注选项"对话框，如图 12-3 所示。

图 12-3　"自动尺寸标注选项"对话框

设置自动尺寸标注选项后，选择需要标注的墙体即可。

（5）放置标注。

将光标移动到绘图区域，放置在某个图元（例如墙）的参照点上，则参照点会高亮显示。通过 Tab 键可以在不同的参照点之间循环切换。依次单击指定参照，按 Esc 键退出放置状态，完成对齐尺寸标注。拖动文字下方的移动控制柄 ● 可以将标注文字移动到其他位置上，如图 12-4 所示。

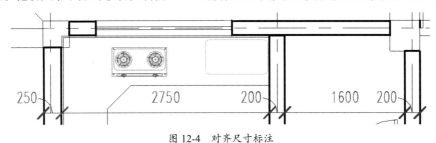

图 12-4　对齐尺寸标注

12.1.2　线性尺寸标注

线性尺寸标注放置于选定的点之间。尺寸标注与视图的水平轴或垂直轴对齐。选定点是图元的端点或参照的交点。只有在项目环境中才可用线性尺寸标注。线性尺寸标注无法在族编辑器中创建。

【执行方式】

功能区："注释"选项卡→"尺寸标注"面板→"线性"

【操作步骤】

（1）将视图切换至需要创建线性尺寸标注的视图。

（2）执行上述操作。

（3）选择线性尺寸标注类型并设置标注样式。

在属性框类型选择器下拉列表中选取某种样式的标注，然后单击"编辑类型"按钮进入线性尺寸标注类型属性对话框，如图 12-5 所示。

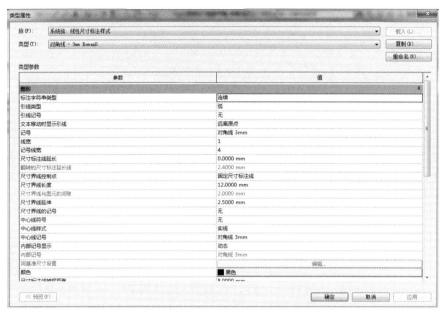

图 12-5　线性尺寸标注类型属性对话框

根据项目具体要求，参照对齐尺寸标注的类型属性参数设置。完成后单击"确定"按钮返回。

（4）放置标注。

激活"线性尺寸标注"按钮后，依次单击图元的参照点或参照的交点，使用空格键可使尺寸标注在垂直轴或水平轴标注间切换。当选择完参照点之后，按 Esc 键两次退出放置状态完成线性尺寸标注的绘制，如图 12-6 所示。

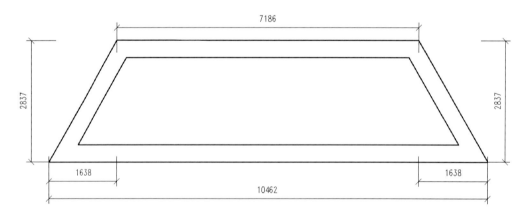

图 12-6　线性尺寸标注

12.1.3　角度尺寸标注

通过放置角度尺寸标注，以便测量共享公共交点的参照点之间的角度。可以为尺寸标注选择多个参照点，每个图元都必须穿越一个公共点。

【执行方式】

功能区："注释"选项卡→"尺寸标注"面板→"角度"

【操作步骤】

（1）将视图切换至需要添加角度尺寸标注的视图。

（2）执行上述操作。

（3）选择角度尺寸标注类型并设置标注样式。

在属性框类型选择器下拉列表中选择某种样式的标注，单击"编辑类型"按钮进入其类型属性设置对话框，参照标注的类型属性参数设置。完成后单击"确定"按钮返回。

（4）设置选项栏参数。

参照对齐尺寸标注。

（5）放置标注。

依次单击构成角度的两条边，拖曳光标以调整角度标注的大小。选择要显示尺寸标注的象限。当尺寸标注大小合适时，单击以放置标注。完成后按 Esc 键退出放置状态，如图 12-7 所示。

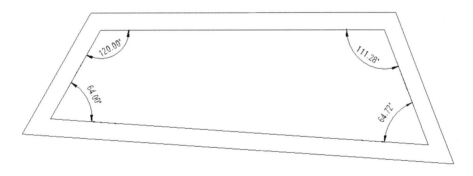

图 12-7　角度尺寸标注

12.1.4　径向尺寸标注

通过放置一个径向尺寸标注，以便测量内部曲线或圆角的半径。

【执行方式】

功能区："注释"选项卡→"尺寸标注"面板→"径向"

【操作步骤】

（1）将视图切换至需要添加径向尺寸标注的视图。

（2）执行上述操作。

（3）选择径向尺寸标注类型并设置标注样式。

参照对齐尺寸标注的类型属性参数设置。完成后单击"确定"按钮返回。

（4）设置选项栏参数。

参照对齐尺寸标注设置。

（5）放置标注。

激活"径向尺寸标注"按钮后，将光标移动到要放置标注的弧上，通过按 Tab 键在墙面和墙中心线之间切换尺寸标注的参照点，确定后单击，一个临时尺寸标注将显示出来。

滑动鼠标，选择合适位置，再次单击以放置永久性尺寸标注。按 Esc 键退出放置状态，如图 12-8 所示。

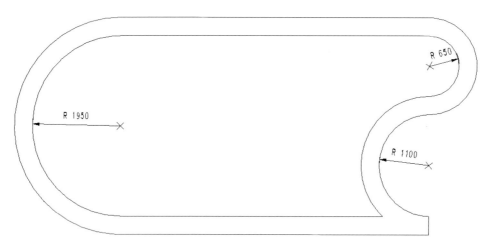

图 12-8　径向尺寸标注

（6）修改弧上的径向尺寸标注。

可以将现有径向尺寸标注的参照从一个弧修改为另一个弧（只要新弧与原弧同心）。选择一个径向尺寸标注，该标注的一端将出现一个蓝色的圆形拖曳控制柄。将此控制柄拖曳至另一个弧。如果将光标放置在弧上，会高亮显示一个有效同心弧，如图 12-9 所示。

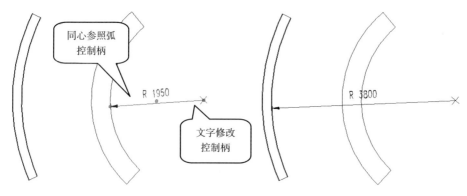

图 12-9　径向尺寸标注修改

12.1.5　直径尺寸标注

通过放置一个直径尺寸标注，来表示圆弧或圆的直径尺寸标注。

【执行方式】

功能区："注释"选项卡→"尺寸标注"面板→"直径"

【操作步骤】

（1）将视图切换至需要进行直径标注的视图。

（2）执行上述操作。

（3）选择直径尺寸标注类型并设置标注样式。

在属性框类型选择器下拉列表中选择某种样式的直径尺寸标注，项目默认只有一个类型，可以通过事先载入族的方式，将其他样式的尺寸标注载入到当前项目中。

单击"编辑类型"按钮进入其类型属性设置对话框，参照之前标注的类型属性参数设置。完成后单击"确定"按钮返回。

（4）设置选项栏参数。

参照对齐尺寸标注。

（5）放置标注。

激活"直径尺寸标注"按钮后，将光标放置在圆或圆弧的曲线上，通过按 Tab 键，可以在墙面和墙中心线之间切换尺寸标注的参照点。然后单击。一个临时尺寸标注将显示出来。

将光标沿尺寸线移动，并单击以放置永久性尺寸标注。默认情况下，直径前缀符号显示在尺寸标注值中。按 Esc 键退出放置状态，如图 12-10 所示。

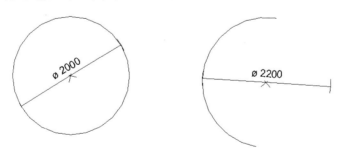

图 12-10　直径尺寸标注

12.1.6　弧长尺寸标注

通过放置一个弧长尺寸标注，以便测量弯曲墙或其他图元的长度。

【执行方式】

功能区："注释"选项卡→"尺寸标注"面板→"弧长"

【操作步骤】

（1）将视图切换至需要添加弧长标注的视图。

（2）执行上述操作。

（3）选择弧长尺寸标注类型并设置相关属性参数（参见对齐尺寸标注）。

（4）放置标注。

激活"弧长尺寸标注"按钮后，将光标放置在弯曲墙或其他图元上，参照线变成蓝色，软件并提示"选择与该弧相交的参照，然后单击空白区域完成操作"。若与弧相交的是墙体，这时需要在相交的两端墙面上（墙面或墙中心线）各自单击一次。若与弧未有相交图元，这时需要分别单击弧的起点和终点。完成后会出现临时尺寸，移动光标至弧的外部或内部，单击以放置永久性尺寸标注。按 Esc 键退出放置状态，如图 12-11 所示。

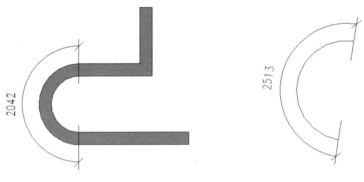

图 12-11 弧长尺寸标注

12.1.7　高程点标注

通过使用高程点标注工具，可以在平面视图、立面视图和三维视图中，获取坡道、公路、地形表面及楼梯平台的高程点，并显示其高程值。

【执行方式】

功能区："注释"选项卡→"尺寸标注"面板→"高程点"。

快捷键：EL

【操作步骤】

（1）将视图切换至楼层相关视图，平面图、立面图、剖面图和锁定三维视图均可。

（2）执行上述操作。

（3）选择高程点标注类型并设置高程点标注类型相关属性参数。

在属性框类型选择器下拉列表中选取需要的标注样式，单击"编辑类型"按钮进入高程点标注类型属性对话框，如图 12-12 所示。

图 12-12　高程点标注类型属性对话框

在该对话框中，根据实际标注规则和具体项目要求，修改和调整对话框中的数值或样式，标注颜色、字体大小、单位格式等。完成后单击"确定"按钮返回。

（4）设置选项栏参数。

在选项栏中，对标注样式进行进一步的参数设置，如图 12-13 所示。

图 12-13　高程点标注选项栏

- 引线。未勾选此复选框，在某个点上单击即可放置高程值。勾选此复选框后，会激活后边的水平段选项。若只勾选引线，在某个点上单击，将光标移到图元外的位置，再次单击即可放置高程点。若引线与水平段都勾选了，先在某个点上单击，将光标移到图元外的位置，再单击一次放置引线水平段，最后移动光标并单击以放置该高程点。
- 显示高程。在显示高程下拉列表中有 4 个选项，其中"实际（选定）高程"选项用于显示图元上的选定点的高程；"顶部高程"选项用于显示图元的顶部高程；"底部高程"选项用于显示图元的底部高程；"顶部高程和底部高程"选项用于显示图元的顶部和底部高程。根据项目实际情况进行选择。

（5）放置高程点标注。

将光标移动到绘图区域中，选择图元的边缘或选择地形表面上的某个点。在可以放置高程点的图元上移动光标时，绘图区域中会显示高程点的值。然后根据选项栏中对引线的设置情况进行高程点的标注放置，完成高程点的标注后，按 Esc 键退出放置状态。如果放置高程点之后再选择它，可以使用拖曳控制柄来移动它。如果删除其参照的图元，高程点将被删除。

如图 12-14 所示，零高程点标注在各种引线设置后的效果。

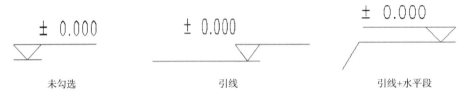

图 12-14　零高程点标注在各种引线设置后的效果

12.1.8　高程点坐标标注

通过使用此工具，可以在楼板、墙、地形表面和边界上，或在非水平表面和非平面边缘上放置标注，以显示项目中选定点的"北/南"和"东/西"坐标。

【执行方式】

功能区："注释"选项卡→"尺寸标注"面板→"高程点　坐标"。

【操作步骤】

（1）将视图切换至楼层相关视图。

（2）执行上述操作。

（3）选择高程点坐标标注类型并设置高程点坐标标注类型相关属性参数。

（4）设置选项栏参数。

在选项栏中，只有引线和水平段两选项，设置方法参见高程点标注。

（5）放置高程点坐标标注。

将光标移动到绘图区域中，选择图元的边缘或选择地形表面上的某个点。将光标移动到可以放置高程点坐标的图元上方时，高程点坐标值会显示在绘图区域中。

然后根据选项栏中对引线的设置情况进行高程点坐标的标注放置，完成高程点坐标的标注后，按 Esc 键退出放置状态。

如图 12-15 所示，高程点坐标标注在各种引线设置后的效果。

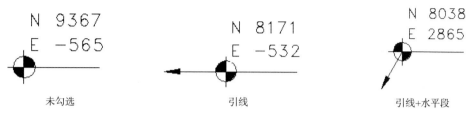

未勾选　　　　　　　　引线　　　　　　　　引线+水平段

图 12-15　高程点坐标标注在各种引线设置后的效果

12.1.9　高程点坡度标注

通过使用此工具在模型图元的面或边上的特定点处显示坡度值。使用高程点坡度的对象通常包括屋顶、梁和管道。可以在平面视图、立面视图和剖面视图中放置高程点坡度。

📏【执行方式】

功能区："注释"选项卡→"尺寸标注"面板→"高程点 坡度"

🖱【操作步骤】

（1）将视图切换至相关视图。

（2）执行上述操作。

（3）选择高程点标注类型并设置高程点标注类型相关属性参数。

（4）设置选项栏参数。

在选项栏中修改其相关实例参数，如图 12-16 所示。

图 12-16　高程点坡度标注选项栏

- 坡度表示。在坡度表示下拉菜单中选择"箭头"或"三角形"，该选项只在立面或剖面视图中启用。
- 相对参照的偏移。相对参照的偏移表示相对于参照移动高程点坡度，使之离参照更近或更远。

（5）放置高程点标注。

完成相关设置后，将光标移动到绘图区域中，单击要放置高程点坡度的边缘或坡度，将光标移动到可以放置高程点坡度的图元上时，绘图区域中会显示高程点坡度的值，单击以放置高程点坡度。完成高程点坡度的标注后，按 Esc 键退出放置状态。图 12-17 所示为"箭头"和"三角形"两种不同坡度样式所标注的高程点坡度。

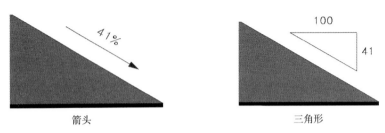

图 12-17　高程点坡度标注

坡度表示的这两种表示形式，尽管其显示方式不同，但其中的信息都相同。三角形不能用在平面视图中。

实操实练-29　平面图标注

（1）打开"建筑—明细表"项目，在项目浏览器下，展开楼层平面视图目录，双击 1F_±0.000 名称进入 1 层平面视图。

（2）单击"注释"选项卡下，"尺寸标注"面板中的"对齐"按钮，对横纵轴网线进行尺寸标注。

（3）在绘图区域中，对必要的门窗及到相邻墙体、轴网间的尺寸进行标记。

（4）利用"尺寸标注"面板中的高程点工具，对项目中的不同房间位置的楼板高程进行标注；对室外散水的坡度进行标注；对必要的位置进行文字标注说明。

（5）按照上述步骤，对项目中其他楼层平面进行尺寸标注。

（6）将项目文件另存为"建筑—平面图标注"，完成对该项目平面图尺寸的标注，如图 12-18 所示。

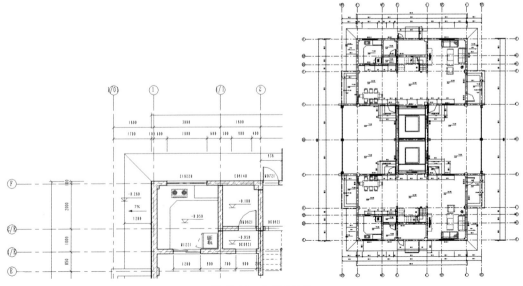

图 12-18　平面图标注

12.2 详图

此工具可创建详图视图和绘图视图。添加详细信息、隔热层、填充区域和遮罩区域等。

✎ 预习重点

◎ 详图线和云线批注的创建。

12.2.1 详图线

详图线工具可用于创建详图的详图线。详图线只在绘制它们的详图中可见。若要绘制存在于三维空间（作为建筑模型的一部分）中并显示在所有视图中的线，可以使用模型线工具。通常，填充区域在模型视图中绘制。可以将详图线转换为模型线。"详图线"工具的线样式与"线"工具相同，但详图线与详图构件及其他注释一样，也是视图专有的。详图线是在视图的草图平面中绘制的。

📏【执行方式】

功能区："注释"选项卡→"详图"面板→"详图线"。

快捷键：DL

🖱【操作步骤】

（1）将视图切换至相关详图视图。

（2）执行上述操作。

（3）设置选项栏相关参数。

● 链：表示勾选该选项后可以使用鼠标进行连续绘制，相关详图线会形成线链。

● 偏移量：表示实际绘制的详图线与光标位置之间的偏移量。

● 半径：勾选该选项后可以通过输入数字确定圆弧半径。

（4）在"上下文"选项卡中选择绘制详图线线形，并选择绘制工具，然后通过控制鼠标来绘制对应的线条。

（5）修改详图线。

选择详图线，在弹出的"修改 | 线上下文"选项卡下，通过面板中的工具，对详图线进行进一步的修改和调整，如图 12-19 所示。

图 12-19 详图线的转换

在"线样式"面板中，可以继续修改详图线的线样式。在"编辑"面板中，可以通过转换线工具，将已创建完成的详图线转换为模型线。在"排列"面板中，单击可将一个或多个选定的图元移动到视图中其他所有详图图元的前方或后方。

12.2.2 详图区域的创建

详图区域包括填充区域创建和遮罩区域。通过"填充区域"工具可应用边界线样式和填充样式在闭合边界内创建平行于视图的草图平面。此工具可用于在详图视图中定义填充区域或将填充区域添加到注释族中。遮罩区域提供了一种在视图中隐藏图元的方法，在需要隐藏项目中的图元情况下，遮罩区域会很有用。

1）填充区域的创建

【执行方式】

功能区："注释"选项卡→"详图"面板→"区域"下拉菜单→"填充区域"。

【操作步骤】

（1）将视图切换到需要创建填充区域的详图视图。

（2）执行上述操作。

（3）选择填充区域类型，并设置相关属性参数。

在属性框类型选择器下拉列表中，选择填充区域类型，单击"编辑类型"按钮进入填充区域类型属性对话框，如图 12-20 所示。

图 12-20 填充区域类型属性对话框

在对话框中，可以复制新建的区域并重命名，主要设置"图形"面板下的参数，在填充样式一栏，单击后方的 □ 按钮，进入"填充样式"对话框，如图 12-21 所示。

图 12-21　"填充样式"对话框

　　首先在该对话框的下方选择填充图案类型。填充图案类型有两种：绘图或模型。绘图填充样式取决于视图比例。而模型填充样式取决于建筑模型中的实际尺寸标注。

　　按照项目实际要求选择某种填充图案类型，然后在上部的选择框中选择合适的填充图案样式。如果未能找到项目合适的样式，可单击右边功能区中的　新建(N)　按钮，软件弹出"新填充图案"对话框，如图 12-22 所示。

图 12-22　"新填充图案"对话框

　　在该对话框中，可以根据项目的实际需要创建新的填充样式，其中创建方式有简单和自定义两种。简单创建主要通过线型角度、线间距来进行创建，在预览中可以随时查看创建样式。而自定义创建主要通过导入外部的影线填充图案进来，通过设置文件单位和导入比例来完成样式的创建。

新的填充样式创建完成后，单击"确定"按钮返回到"填充样式选择"对话框，这时在选择框中就会显示刚刚创建完成的新填充样式，包括显示名称和填充图案。

选择好某个填充样式后，单击"确定"按钮返回到"类型属性"对话框中，这样填充样式一栏就设置完成。接着设置背景是否透明，线宽以及填充图形的颜色。完成所有的设置后再次单击"确定"按钮返回到填充区域边界绘制状态。

（4）创建填充区域。

在弹出的"修改 | 创建填充区域边界上下文"选项卡下，如图 12-23 所示。首先需要选择绘制边界的线样式，其与详图线含义相同。

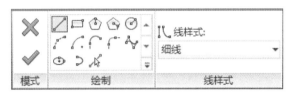

图 12-23　填充区域草图绘制工具面板

在"绘制"面板中选择某种绘制工具，将光标移动到详图中需要绘制填充区域的上方，单击完成边界的绘制。然后单击 ✔ 按钮完成编辑模式。

这样填充区域即可创建完成，切换视图样式查看效果。在属性框中"尺寸标注"下的"面积"一栏，就会显示出该填充区域的面积值。

（5）填充区域的修改。

单击选择刚刚创建的填充区域，可以对其进行再一次的类型属性设置，包括填充样式、透明度、线宽、颜色等设置。还可以通过拖曳边界线上的造型操纵柄 ◀▶ 将边线拖曳到另一位置上。这时属性框中的面积值也随之发生改变。

2）遮罩区域的创建

✎ 【执行方式】

功能区："注释"选项卡→"详图"面板→"区域"下拉菜单→"遮罩区域"。

🖱 【操作步骤】

（1）将视图切换到需要创建遮罩区域的详图视图。

（2）执行上述操作。

（3）绘制遮罩区域。

在弹出的"修改 | 创建遮罩区域边界上下文"选项卡下，首先需要选择绘制边界的线样式，其与详图线含义相同。在"绘制"面板中选择某种绘制工具，将光标移动到详图中需要绘制遮罩区域的上方，单击完成边界的绘制。然后单击 ✔ 按钮完成编辑模式。

这样遮罩区域即可创建完成，切换视图样式查看效果。在属性框中"尺寸标注"下的"面积"

一栏，就会显示出该遮罩区域的面积值。

（4）遮罩区域的修改。

单击选择刚刚创建的填充区域，可以通过拖曳边界线上的造型操纵柄 ◀▶ 将边线拖曳到另一位置上。这时属性框中的面积值也随之发生改变。

遮罩区域不参与着色，通常用于绘制绘图区域的背景色。遮罩区域不能应用于图元子类别。

12.2.3　详图构件

通过"详图构件"工具可在详图视图或绘图视图中放置详图构件。详图构件仅在该视图中可见。可以对详图构件添加注释记号。

📏【执行方式】

功能区："注释"选项卡→"详图"面板→"构件"下拉菜单→"详图构件"

🖱【操作步骤】

（1）将视图切换到需要放置详图构件的详图视图。

（2）执行上述操作。

（3）选择详图构件类型并设置相关参数。

在属性框类型选择器下拉列表中，单击选择详图构件类型。如果类型选择器中没有相关详图构件，应在放置前将外部详图构件族载入到当前项目中。

（4）放置详图构件。

将光标移动到绘图区域中，详图构件的平面图也随着光标移动，移动到需要放置的上方，按空格键旋转详图构件，通过详图构件的捕捉点与其他图元连接。单击完成在详图中放置详图构件。

12.2.4　云线批注的创建

云线批注的创建用于将云线批注添加到当前视图或图纸中，以指明已修改的设计区域。在项目中，除三维视图以外，可以在所有视图中绘制云线批注。云线在视图中和包含视图的图纸上可见。在输入修订信息之后，可以将一个修订指定给一个或多个云线。使用标记识别指定给云线的修订。

📏【执行方式】

功能区："注释"选项卡→"详图"面板→"云线　批注"

🖱【操作步骤】

（1）打开要在其中指示修改的视图。

（2）执行上述操作，软件进入草图编辑模式。

（3）设置选项栏参数。

选项栏参数包括链、偏移量、半径，含义与详图线一致。

（4）绘制云线草图。

在软件"上下文"选项卡中选择云线草图绘制方式，在绘图区域中，将光标放在已修改的部分视图的附近。绘制云线草图，直到云线包围经过修改的区域。

（5）设定属性标识数据。

"标识数据"面板，如图12-24所示。

标识数据	⌃
修订	字列 1 - 修订 1 ⌄
修订编号	1
修订日期	日期 1
发布到	
发布者	
标记	
注释	

图 12-24 "标识数据"面板

单击"修订"后方的下拉按钮，在弹出的下拉列表中选择相应的修订（修订的创建参照 15.1.5）指定给云线。然后在"标记"和"注释"栏输入相应的文字标识数据。

完成后单击 ✔ 按钮完成编辑模式，如图 12-25 所示，云线将显示为红色。

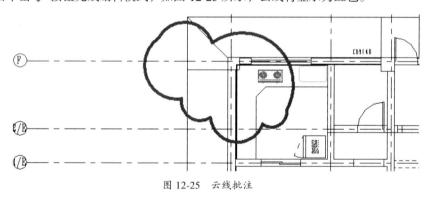

图 12-25 云线批注

12.2.5 详图组的创建和放置

详图组的创建和放置用于创建详图组，或在视图中放置详图组，详图组包含视图专有图元，如文字和填充区域，但不包括模型图元。

1）详图组的创建

详图组的创建和模型组的创建有相同之处，均可以通过两种方式进行创建，所包含的图元性质不同。

✎【执行方式】

功能区："注释"选项卡→"详图"面板→"详图组"下拉菜单→"创建组"。

方式一

🖱【操作步骤】

（1）在视图中先选定相关图元。

（2）单击"详图组"下拉列表中的"创建组"按钮，完成详图组的创建。

（3）在项目浏览器中，展开组目录下的详图组，对其重命名、修改其他属性等。

方式二

🖱【操作步骤】

（1）执行上述操作，软件弹出"创建组"对话框，如图 12-26 所示。

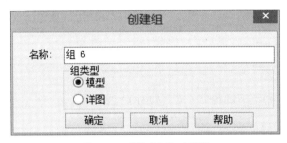

图 12-26　"创建组"对话框

在"名称"栏中输入新创建组的名称，并选择组类型。

若选择模型，则创建模型组，模型组中所包含的都是模型图元；若选择详图，则创建的就是详图组，详图组中所包含的都是视图专有图元。这里选择详图组类型，然后单击"确定"按钮，这时软件进入添加视图专有图元界面，且软件背景变为淡灰色，通过软件左上角弹出的"编辑组"面板可进行组的编辑，如图 12-27 所示。

图 12-27　"编辑组"面板

（2）选择详图组成员对象。

选择📑添加按钮，光标变为带有加号，将光标移动到绘图区域中，选择成组的视图专有图元、文字和填充区域等。选择📑删除按钮，光标变为带有减号，通过单击刚刚选择的视图专有图元完成删除命令。添加/删除视图专有图元后，单击✔完成按钮，完成详图组的创建。

2）放置详图组

在完成详图组的创建后，就可以在视图中放置详图组的实例。如果软件文件中不包含任何详图组，可以通过创建组工具或作为组载入工具将一个详图组载入到项目中。详图组的放置也有两种方式。

【执行方式】

功能区："注释"选项卡→"详图"面板→"详图组"下拉菜单→"放置详图组"。

方式一

【操作步骤】

（1）执行上述操作。

（2）选择详图组类型。

在弹出的属性框中，单击打开类型选择器下拉列表，从中选取将要放置的详图组。

（3）放置详图组。

将光标移动到绘图区域中的合适位置上，单击完成详图组的放置。

方式二

【操作步骤】

（1）展开项目浏览器中组下的各个分支，如图 12-28 所示。

图 12-28　项目浏览器

在详图目录下，可以看到当前载入到项目中的详图组的名称，如果没有，可以通过使用"插入"选项卡下作为组载入工具将一个详图组载入到项目中，这时在详图目录下就会显示详图组的名称。

（2）选择将要放置的详图组，单击详图组名称并将其拖曳到绘图区域中，在合适位置上单击放置，完成详图组的放置。

12.2.6　隔热层的绘制

使用"隔热层"工具在详图视图或绘图视图中放置衬垫隔热层图形。同时可以调整隔热层的宽度和长度，以及隔热层线之间的膨胀尺寸，如图 12-29 所示。

【执行方式】

功能区："注释"选项卡→"详图"面板→"隔热层"

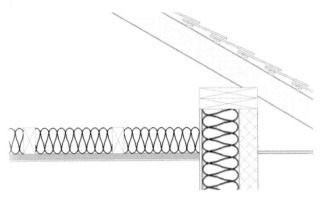

图 12-29　隔热层

🖱️**【操作步骤】**

（1）将视图切换至详图视图。

（2）执行上述操作。

（3）设置选项栏参数。

- 隔热层宽度：指定隔热层宽度。
- 偏移量：指定隔热层路径与绘制路径之间的间距。
- 定位线：指定定位线，默认为中心线，到近边指沿绘制方向右侧边，到远边指沿绘制方向左侧边。

（4）设置隔热层属性参数。

为"隔热层宽度"指定一个值，同选项栏参数一致。

在"属性"选项板中，为"隔热层膨胀与宽度的比率（1/x）"指定一个值。较小的值会增大膨胀率，而较大的值会减小膨胀率。

（5）绘制隔热层。

绘制隔热层与绘制模型线的方法类似。可以设置距光标的偏移，也可以拾取用来绘制隔热层的线。

（6）更改隔热层的长度。

选择隔热层。单击并拖曳在隔热层的端点显示的蓝点控制柄之一。

12.3　文字

使用文字工具将文字注释（注释）添加到当前视图中。

✏️ **预习重点**

◎ 文字的设置和添加。

12.3.1 文字设置

将文字注释放置到视图中之前，需要对文字进行相关的参数项设置。

🖊️【执行方式】

功能区："注释"选项卡→"文字"面板→" 文字 ▾ "。

🐭【操作步骤】

（1）单击"注释"选项卡下"文字"面板中 文字 ▾ 后方的斜箭头符号，软件弹出文字类型属性对话框，如图 12-30 所示。

图 12-30　文字类型属性对话框

（2）设置文字属性参数。

若要创建具体项目的实例文字样式，可以通过复制创建新的文字类型，然后再进行参数项修改。

部分参数说明如下。

- 颜色：设置文字和引线的颜色。
- 线宽：设置边框和引线的宽度。
- 背景：设置文字注释的背景。不透明背景的注释会遮挡其后的材质。透明背景的注释可看到其后的材质。这有利于在按颜色定义的房间内放置文字注释。
- 显示边框：在文字周围显示边框。
- 引线/边界偏移量：设置引线/边界和文字之间的距离。

- 引线箭头：设置引线箭头的样式。
- 文字字体：设置文字的字体样式，默认字体为 Arial。
- 文字大小：设置字体的尺寸大小值。
- 标签尺寸：设置文字注释的标签卡间距。
- 粗体：将文字字体设置为粗体。
- 斜体：将文字字体设置为斜体。
- 下画线：在文字下加下画线。
- 宽度系数：常规文字宽度的默认值是 1.0。字体宽度随"宽度系数"成比例缩放。高度则不受影响。

设置完成所有的参数后，单击"确定"按钮，完成文字类型的设定。

12.3.2　文字的添加

将已完成设置的文字注释放置到项目视图中。

【执行方式】

功能区："注释"选项卡→"文字"面板→"文字"。

快捷键：TX

【操作步骤】

（1）将视图切换到需要添加文字的视图上。

（2）执行上述操作，此时光标变为 $\vdash_A$ 样式。

（3）在属性框中类型选择器下拉列表中选取某文字类型。

（4）在"修改 | 放置 文字上下文"选项卡下"格式"面板中选择一个引线选项，如图 12-31 所示。

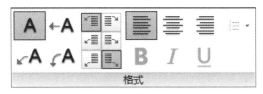

图 12-31　文字格式面板

部分选项工具使用说明如下。

- A 无引线：用于排除注释的引线。
- ←A 一段引线：用于将一条直引线从文字注释添加到指定的位置。
- A 二段引线：用于添加由两条直线构成的一条引线。
- A 曲线型：用于将一条弯曲引线从文字注释添加到指定的位置。
- 左上引线：将引线附着到文字注释的左上方。

- 右上引线：将引线附着到文字注释的右上方。
- 左中引线：将引线附着到文字注释的左侧中间位置。
- 右中引线：将引线附着到文字注释的右侧中间位置。
- 左下引线：将引线附着到文字注释的左下方。
- 右下引线：将引线附着到文字注释的右下方。

其他的左对齐、居中对齐、右对齐、段落格式以及粗体、斜体、下画线不在此作解释。

（5）输入文字内容。

设置完成各参数后，在绘图区域中，单击即可开始输入文字，或单击并拖曳矩形可创建换行文字。输入文字，然后在视图中的任何位置单击以完成文字注释。

各种引线下创建的文字的样式，如图 12-32 所示。

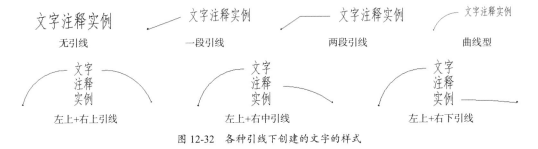

图 12-32　各种引线下创建的文字的样式

12.4　标记

使用"标记"工具在图纸中识别图元的注释，并将标记附着到选定的图元上。

✏️ **预习重点**

◎ 按类别标记和房间标记。

12.4.1　标记符号的载入

📏【执行方式】

功能区："注释"选项卡→"标记"面板→" 载入的标记和符号 "。

🖱️【操作步骤】

（1）单击注释选项卡下 标记 ▾ 面板中的倒三角符号，展开下拉列表，如图 12-33 所示。

图 12-33　载入的标记和符号

（2）单击"下拉"面板中的"载入的标记和符号"按钮，软件弹出"载入的标记"对话框，如图 12-34 所示。

图 12-34 "载入的标记"对话框

（3）在过滤器列表中，选择标记所属的类别，在对应的下部框中，就会显示专业下每个类别的名称以及该类别对应的当前项目中载入的标记。单击框中已有的载入标记，弹出标记选择下拉列表，如图 12-35 所示，从下拉列表中选择合适的窗标记注释。

图 12-35 标记选择

如果类别无对应的载入标记，可以单击过滤器列表后方的 载入族(L)... 按钮，软件弹出"载入族"对话框，如图 12-36 所示。按照"China—注释—标记"的查找顺序打开"标记"文件夹。

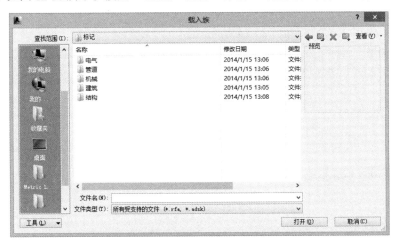

图 12-36 "载入族"对话框

在对话框中可以看到，标记按照各个专业的不同进行分类存放，分别单击进入相应的文件夹中，可以将一个或多个 rfa 标记族一次性载入到当前的项目中。配合使用 Ctrl 或 Shift 键选择，完成单击对话框中的"打开"按钮。

（4）载入完成后，这时单击框中已有的载入标记，在下拉列表中，就可以看到新载入进来的标记族,从下拉列表中选择合适的标记族即可。完成后单击"确定"按钮返回,这样即可完成标记族的载入以及对应类别的标记设置。

也可以通过使用"插入"选项卡下的载入族工具,将需要的标记族载入到当前项目中。

12.4.2 按类别标记

按类别标记用于根据图元类别将标记附着到图元中。

【执行方式】

功能区:"注释"选项卡→"标记"面板→"按类别标记"。

快捷键:TG

【操作步骤】

(1)将视图切换至相关二维视图。

(2)执行上述操作。

(3)设置选项栏参数,如图 12-37 所示。

图 12-37 标记放置选项栏

- 标记方向:单击可选择"垂直"或"水平",也可在放置标记后,通过选择标记并按空格键来修改其方向。

- 标记类型:单击 标记... 按钮,软件将弹出"载入的标记"对话框,可以继续载入标记族文件以及对应类别标记的设置。

- 引线:如果希望标记带有引线,则勾选"引线"前方的复选框。勾选后,需继续指定引线带有"附着端点"还是"自由端点"。如果需要,可在"引线"复选框旁边的文本框中为引线长度输入一个值。

(4)放置标记。

将光标移至绘图区域中,放在需要标注的图元上,软件会高亮显示要标记的图元,此时单击以放置标记。在放置标记之后,它将处于编辑模式,而且可以重新定位。可以移动引线、文字和标记头部的箭头。

12.4.3 全部标记

如果视图中的一些图元或全部图元都没有标记,则通过一次操作即可将标记应用到所有未标记的图元。该功能非常实用。

【执行方式】

功能区:"注释"选项卡→"标记"面板→"全部标记"。

【操作步骤】

（1）打开要进行标记的视图。

（2）执行上述操作，软件弹出"标记所有未标记的对象"对话框，如图 12-38 所示。

图 12-38 "标记所有未标记的对象"对话框

（3）指定标记对象。

在该对话框中，首先指定要标记的图元。若要标记当前视图中未标记的所有可见图元，则选中"当前视图中的所有对象"单选按钮；若要只标记在视图中选定的那些图元，则选中"仅当前视图中的所选对象"单选按钮；若要标记链接文件中的图元，则勾选"包含链接文件中的图元"复选框。

在类别选择框中，可选择一个或多个标记类别，要选择多个类别，在按住 Shift 键或 Ctrl 键的同时，选择所需的类别。

（4）引线和标记方向的设置。

在下方的引线设置中，若要将引线附着到各个标记，则勾选复选框，并设置引线长度。

（5）放置标记。

设置完成后单击"应用"按钮，此时视图中的图元已进行了标记，无须修改时单击"确定"按钮完成最终标记。如果标记类别或其对象类型的可见性处于关闭状态，则会出现一条信息。单击"确定"按钮可允许软件在标记该类别之前开启其可见性。

12.4.4 梁注释

利用此工具，可以将多个梁标记、注释和高程点放置在当前视图和链接模型中的选定梁或所有梁上。

【执行方式】

功能区:"注释"选项卡→"标记"面板→"梁注释"。

【操作步骤】

（1）执行上述操作，软件弹出"梁注释"对话框，如图 12-39 所示。

图 12-39 "梁注释"对话框

（2）设置梁注释。

若要标记链接模型中的梁，则勾选"包括链接文件中的梁"复选框。

若要在当前文件中放置新注释并删除现有的梁标记，则勾选"删除现有的梁标记和高程点"复选框。

单击"设置"按钮可打开"放置设置"对话框，如图 12-40 所示，在该对话框中调整标记和高程点相对于梁的偏移值。

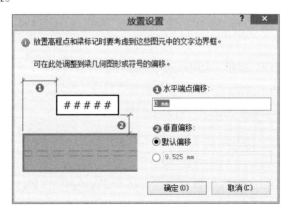

图 12-40 "放置设置"对话框

"水平端点偏移"和"垂直偏移"设置可按照输入的测量值调整标记和高程点与其附着的点之间的距离。该测量值表示绘图比例，默认为水平 0mm 和垂直 9.525m。设置完成后单击"确定"按钮返回到"梁注释"对话框。

在梁注释位置和类型对话框的可定义特定于水平梁和斜梁的注释类型和位置。在"平面上的水平梁"选项卡下，分别单击 ... 按钮，软件弹出"选择注释类型"对话框，如图 12-41 所示。

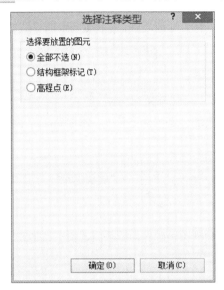

图 12-41　"选择注释类型"对话框

在此对话框中进行定义和编辑标记。若选择"全部不选"单选按钮，则标记不会追踪梁上的任何特定点。修改梁的长度不会导致标记的移动。若选择"结构框架标记"单选按钮，此选项可启用特定于梁上选定位置的可用结构族标记的下拉菜单。显示的标记由特定族参数确定。若选择"高程点"单选按钮，则通过相关设置可以在放置标记时显示梁的相对高程或底部高程、顶部高程等。

在"平面上的斜梁"选项卡下，按照上述的相同方式继续对其进行设置。

设置完成后单击"确定"按钮，保存设置并返回到软件所在的视图中。完成梁注释标记。

12.4.5　材质标记

通过使用此工具可以根据选定图元的材质说明对选定图元的材质进行标记。

【执行方式】

功能区："注释"选项卡→"标记"面板→"材质标记"

【操作步骤】

（1）执行上述操作。

（2）在属性框类型选择器下拉列表中选择某种材质标记样式。

（3）对材质标记的放置进行设置，如图 12-42 所示。

| 修改 \| 标记 | 🖺 水平 ∨ | 标记... | ☑ 引线 | 附着端点 ∨ | ↦ 12.7 mm |

图 12-42　材质标记放置选项栏

（4）放置材质标记。

将光标移至绘图区域中，放在需要标注的图元上，软件会高亮显示要进行材质标记的图元，此时单击以放置材质标记。在放置材质标记之后，它将处于编辑模式，可继续对其重新定位以及调整引线、文字和标记头部的箭头。完成后按 Esc 键退出完成放置。

12.4.6　面积标记

面积和面积标记是相互分离的，面积标记是可以添加到面积平面视图中的注释图元。

📏【执行方式】

功能区："注释"选项卡→"标记"面板→"面积标记"。

🖱️【操作步骤】

（1）将视图切换至面积平面视图，确保面积平面视图中已创建面积区域。

（2）执行上述操作。

（3）设置选项栏参数。

（4）选择面积标记类型。

（5）在面积平面中单击以放置面积标记。

12.4.7　房间标记

房间标记可以显示相关参数的值，例如房间编号、房间名称、计算的面积和体积等参数。房间标记是可在平面视图和剖面视图中添加和显示的注释图元。房间标记可在视图中创建或放置房间时使用"在放置时进行标记"选项放置。如果放置房间时没有添加标记，可使用"标记房间"工具稍后对其进行标记。还可使用"标记所有未标记的对象"工具，在一次操作中对多个未标记的房间进行标记。

📏【执行方式】

功能区："注释"选项卡→"标记"面板→"房间标记"。

🖱️【操作步骤】

（1）将视图切换至楼层平面视图，确保已创建房间区域。

（2）执行上述执行方式。

（3）设置选项栏参数。

（4）选择房间标记类型。

（5）在平面视图房间上单击以放置房间标记。

12.4.8　视图参照标记

如果视图已包含在图纸中，视图参照显示相应视图的视图编号和图纸编号。视图参照可以放置在任何标准项目视图中，透视视图、明细表或图纸视图除外。若要在三向投影三维视图中放置视图参照，视图必须处于锁定状态。双击视图参照即可打开目标视图。

【执行方式】

功能区："注释"选项卡→"标记"面板→"视图参照"。

【操作步骤】

（1）打开要向其添加参照的视图。

（2）执行上述操作。

（3）在"视图参照"面板中，在"视图类型"下为"目标视图"列表选择要显示的视图类型。

（4）在"视图参照"面板中选择"目标视图"。

（5）在绘图区域中单击以放置参照。

12.4.9　踏板数量标记

对于基于构件的楼梯，可以为平面、立面或剖面视图中的梯段显示踏板/踢面编号。

【执行方式】

功能区："注释"选项卡→"标记"面板→"踏板 数量"。

【操作步骤】

（1）执行上述操作。

（2）拾取构件式楼梯参照线，放置踏板数量标记。

（3）放置后选择踏板/踢面注释并修改。

在选项栏中，根据需要更改"起始编号"的值。

在"属性"选项板中，修改实例属性，如图 12-43 所示。

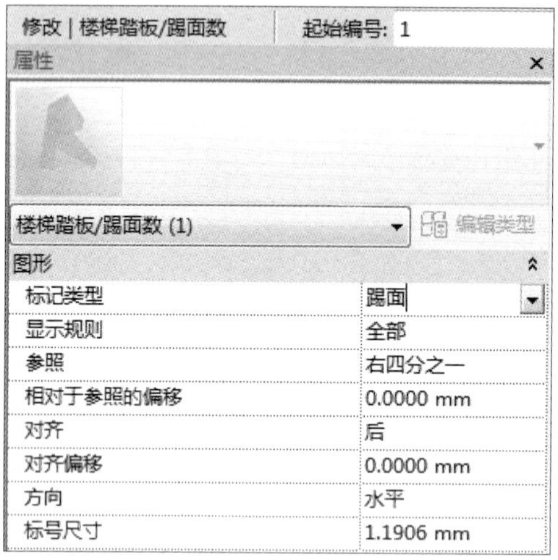

图 12-43　踏步数量标记实例属性对话框

12.4.10　多钢筋标记

通过使用多钢筋注释，可以选择多个对齐的钢筋并显示钢筋参照之间的尺寸标注以及参数数据。多钢筋标记包括"对齐多钢筋注释"和"线性多钢筋注释"。

【执行方式】

功能区："注释"选项卡→"标记"面板→"多钢筋"下拉菜单。

【操作步骤】

（1）单击"注释"选项卡→"标记"面板→多钢筋→" （对齐多钢筋注释）"或"线性多钢筋注释"。

（2）在"类型选择器"中选择多钢筋注释类型。

（3）设置选项栏参数。

（4）单击要标记的钢筋集。

（5）在绘图区域中单击以放置尺寸标注线。

（6）单击以放置标记引线。

（7）单击以放置标记头部，完成多钢筋注释的放置。

12.4.11　注释记号的设置

通过设置注释记号，来指定注释记号表的位置，以及注释记号的编号方法。

【执行方式】

功能区："注释"选项卡→"注释记号"面板→"注释记号设置"。

【操作步骤】

（1）执行上述操作，弹出"注释记号设置"对话框，如图 12-44 所示。

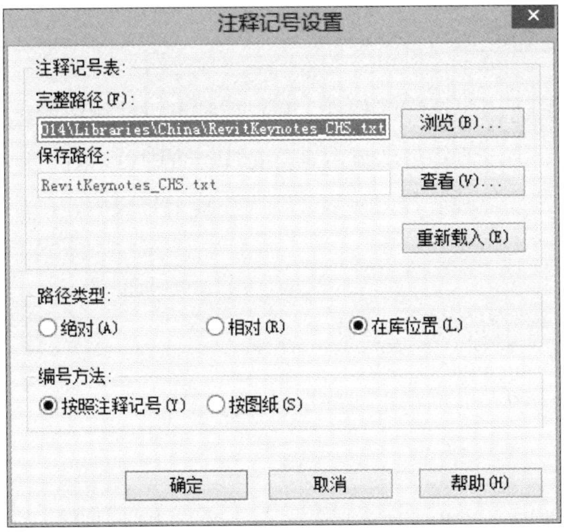

图 12-44　"注释记号设置"对话框

对话框中各项说明如下。

- 完整路径：显示注释记号文件的完整路径。
- 保存路径：显示载入的注释记号文件的文件名。
- 查看：单击打开"注释记号"对话框。该对话框不允许对注释记号表进行编辑。
- 重新载入：从当前文件中重新加载注释记号表。
- 绝对路径：确定位于本地计算机上或网络服务器上的特定文件夹。可以以统一命名约定（UNC）格式存储路径。
- 相对路径：在项目文件或中心模型所在的位置查找注释记号文件。如果将该文件移动到一个新位置，则软件仍可以在此新文件夹位置找到注释记号文件。
- 在库位置：找到指定单机安装或网络展开的注释记号文件。
- 按照注释记号编号：按存储在注释记号参数中的值，或按从注释记号表中选择的值确定注释记号值。该值将显示在注释记号中，并将填充注释记号参数。
- 按图纸编号：根据注释记号的创建顺序对其编号。如果已选择一个注释记号参数的值，则将一直存储该值。注释记号图例将根据注释记号的创建顺序来显示其编号。除非带有注释记号标记的视图放置在图纸视图中，否则标记中不显示任何编号。

（2）设置完成后单击"确定"按钮保存并返回。

12.5　注释记号

使用"注释记号"工具为图元类型、材质等指定的注释记号标记选定图元。

✎ **预习重点**

◎ 注释记号的特点和各记号的添加。

12.5.1 注释记号的特点

首先项目中所有模型图元（包括详图构件）和材质都可以使用注释记号标记族标记。其次如果图元已包含注释记号的值，则该值将自动显示在标记中。否则可以直接选择注释记号值。最后在项目中指定的注释记号将被链接至源注释记号表，修改注释记号表后，在重新打开项目时，项目中的注释记号将反映此修改。

12.5.2 图元注释记号的添加

通过使用此工具可以为图元类型指定注释记号标记。

📏 **【执行方式】**

功能区："注释"选项卡→"注释记号"面板→"图元注释记号"或"材质注释记号"或"用户注释记号"

🖱 **【操作步骤】**

（1）执行上述操作。

（2）选择注释记号类型并设置相关属性参数。

在属性框类型选择器下拉列表中选择一个注释记号类型。完成后，就可以在类型选择器中选取。单击"编辑类型"按钮进入注释记号类型属性对话框，如图 12-45 所示。

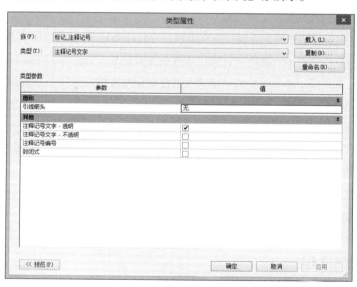

图 12-45　注释记号类型属性对话框

在该对话框中设置引线箭头的有无，以及引线箭头的样式。通过勾选复选框设置注释记号文字为透明或不透明。完成设置后，单击"确定"按钮保存并返回到当前视图中。

（3）设置选项栏参数。

设置选项栏中的参数，如图 12-46 所示。

图 12-46　图元注释记号放置选项栏

在该选项栏中，单击下拉菜单可选择"垂直"或"水平"来设置放置图元注释记号时的方向，也可在放置图元注释记号完成后，通过选择记号并按空格键来切换方向。如果希望注释记号带有引线，则勾选"引线"前方的复选框。勾选后，需继续指定引线带有"附着端点"还是"自由端点"。

（4）放置注释记号。

将光标移至绘图区域中，放在需要放置注释记号的图元上，软件会高亮显示要进行放置注释记号的图元，在图元合适位置单击，这时软件将会弹出"注释记号"对话框，如图 12-47 所示。

在该对话框中，根据图元的类型，逐级展开关键值目录，从最低级目录中选择某个关键值标号，这时在对话框下方的"注释记号文字"框中将显示该关键值对应的注释记号文字，可以在此手动继续修改文字内容，完成后单击"确定"按钮保存并返回到放置视图中。

在放置图元注释记号之后，它将处于编辑模式，可继续对其重新定位以及调整引线和标记头部的箭头。单击注释记号中的内容可继续弹出"注释记号"对话框，修改和调整注释记号文字。完成后按 Esc 键退出放置状态。

图 12-47　选择需放置注释记号的图元

12.6　颜色填充类图例注释

使用"颜色填充类图例注释"工具为平面视图中的风管、水管以及房间等创建颜色填充图例。

✎ **预习重点**

◎ 风管图例和管道图例。

12.6.1 风管图例

通过放置图例,用以指示与风管系统关联的颜色填充。

📏 **【执行方式】**

功能区:"注释"选项卡→"颜色填充"面板→"风管图例"

🖱 **【操作步骤】**

(1)在浏览器中将视图切换到某标高 HVAC 平面视图。

(2)执行上述操作。

(3)选择颜色填充图例类型并设置相关参数。

在绘图区域中创建管道颜色填充图例之前,也要先对其属性进行相关设置。在属性框中类型选择器下拉列表中选择标号为"1"的该类型,如图 12-48 所示。

图 12-48 颜色填充图例类型选择器

单击"编辑类型"按钮进入颜色填充图案类型属性对话框,如图 12-49 所示。

图 12-49 颜色填充图案类型属性对话框

在对话框中，设置图形、文字以及标题文字的相关参数。完成后单击"确定"按钮保存修改并返回到当前视图中。

（4）选择颜色方案并放置。

在绘图区域中的空白处单击，这时会弹出"选择颜色方案"对话框，如图 12-50 所示。

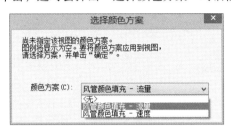

图 12-50　"选择颜色方案"对话框

根据对话框中的提示，单击"颜色方案"后面的下拉按钮，在下拉菜单中选择"风管颜色填充-流量"或"风管颜色填充-速度"一项。其分别表示按风管中流量大小范围分等级创建颜色填充图例和按风管中流速大小范围分等级创建颜色填充图例。

选择好某一项后，单击对话框中的"确定"按钮，这时在单击处就生成了风管颜色填充图例，如图 12-51 所示，并且视图中的风管按照颜色填充图例中各个等级显示相应的颜色。

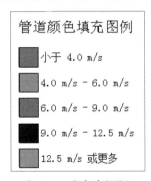

图 12-51　颜色填充图例

单击创建完成的颜色填充图例，可通过控制柄修改图例的大小，以及拖曳其到相应的位置。

12.6.2　管道图例

通过放置图例，用以指示与管道系统关联的颜色填充。

【执行方式】

功能区："注释"选项卡→"颜色填充"面板→"管道图例"

【操作步骤】

（1）在浏览器中将视图切换到某标高给排水等相关管道平面视图。

（2）执行上述操作。

（3）选择颜色填充图例类型并设置相关属性参数

在绘图区域中创建管道颜色填充图例之前，也要先对其属性进行相关设置。在属性框中类型选择器下拉列表中选择标号为"1"的该类型，如图 12-52 所示。

图 12-52　颜色填充图例类型选择器

选择完成后，单击"编辑类型"按钮进入颜色填充图例类型属性对话框，如图 12-53 所示。

图 12-53　颜色填充图例类型属性对话框

在对话框中，设置图形、文字以及标题文字的相关参数。完成后单击"确定"按钮保存修改并返回到当前视图中。

（4）选择颜色方案并放置。

在绘图区域中的空白处单击，这时会弹出"选择颜色方案"对话框，如图 12-54 所示。

根据对话框中的提示，单击"颜色方案"后面的下拉按钮，在下拉菜单中选择"管道颜色填充-尺寸"选项。其表示按照管道直径大小范围分等级创建颜色填充图例。

选择该项后，单击对话框中的"确定"按钮，这时在单击处就生成了管道颜色填充图例，如图 12-55 所示，并且当前视图中的管道都会按照颜色填充图例中各个等级显示相应的颜色。

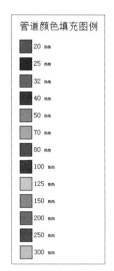

图 12-55　管道颜色填充图例

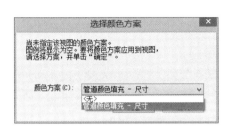

图 12-54　选择颜色方案

单击创建完成的颜色填充图例，可通过控制柄修改图例的大小，以及拖曳其到相应的位置上。

12.6.3　颜色填充图例

通过在视图中放置图例，以表明房间或面积的颜色填充含义。这里以放置房间颜色填充图例举例说明此工具的用法。

【执行方式】

功能区："注释"选项卡→"颜色填充"面板→"颜色填充图例"

【操作步骤】

（1）打开某项目的建筑模型文件，在浏览器中将视图切换到某标高楼层平面视图。确保视图中已完成房间、空间等空间分配。

（2）执行上述操作。

（3）定义颜色方案。

如果在放置颜色填充图例之前尚未将颜色方案分配到现有的视图中，则软件会提示 没有向视图指定颜色方案。要创建或修改颜色方案，则使用"颜色方案"工具。单击"建筑"选项下 房间和面积 ▼ 后边的倒三角符号，在弹出的下拉菜单中单击"颜色方案"按钮。这时软件弹出"编辑颜色方案"对话框，如图 12-56 所示。

在左边"方案"框中的"类别"选项卡下拉菜单中选择"房间"选项。在"方案定义"框中，修改标题为"某层房间图例"，在"颜色"下拉列表菜单中选择"名称"选项，这时软件会弹出"不保留颜色"对话框，如图 12-57 所示，在对话框中单击"确定"按钮。

图 12-56 "编辑颜色方案"对话框

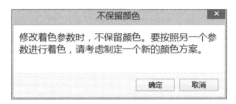

图 12-57 "不保留颜色"对话框

保留其他设置为默认值不变，单击"确定"按钮保存设置并返回到楼层平面视图。

（4）选择颜色图例类型，并设置相关属性参数。

在属性框中类型选择器下拉列表中选择标号为"1"的选项，如图 12-58 所示。

图 12-58 颜色填充图例类型选择器

选择完成后，单击"编辑类型"按钮进入颜色填充图例类型属性对话框，如图 12-59 所示。

在该对话框中，设置图形、文字以及标题文字的相关参数。完成后单击"确定"按钮保存修改并返回到当前视图中。

（5）选择空间类型和颜色方案并放置。

在绘图区域中的空白处单击，这时会弹出"选择空间类型和颜色方案"对话框，如图 12-60 所示。

图 12-59 颜色填充图例类型属性对话框

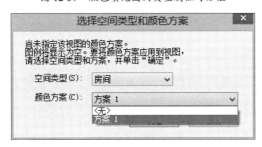

图 12-60 "选择空间类型和颜色方案"对话框

在该对话框中,单击"空间类型"后的选项栏,在弹出的菜单中选择"房间"选项。在"颜色方案"后的选项栏中单击,从弹出的菜单中选择"方案 1"选项。完成后单击"确定"按钮返回到当前视图中。在单击的空白处生成了房间颜色填充图例,如图 12-61 所示。单击创建完成的颜色填充图例,可通过控制柄修改图例的大小,以及拖曳其到相应的位置上。

图 12-61 房间颜色填充图例

当前视图中的房间也会按照图例所显示的颜色填充整个房间区域，如图 12-62 所示。

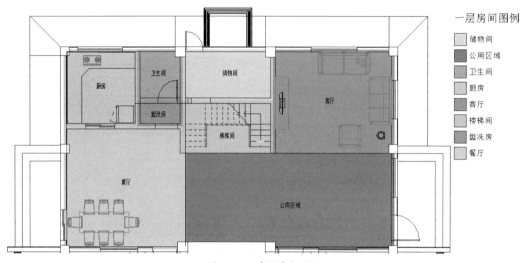

图 12-62　房间填充示例

12.7　符号添加

使用此工具可将二维的注释图形符号放置在项目视图中，且放置的符号只在其所在的视图中显示。

✎ 预习重点

◎ 符号族的载入和添加。

12.7.1　符号族的载入

在当前视图中放置符号之前，需要从族库中将需要的二维注释符号族载入到当前项目中。

📏【执行方式】

功能区："注释"选项卡→"符号"面板→"符号"

🖱【操作步骤】

（1）执行上述操作。

（2）载入注释族。

在弹出的"修改 | 放置 符号上下文"选项卡中，单击"载入族"按钮，软件弹出"载入族"对话框，如图 12-63 所示。按照"China—注释—符号"的查找顺序打开"符号"文件夹。

图 12-63　"载入族"对话框

在该对话框中可以看到，符号按照电气、建筑、结构三个专业进行分类存储。根据项目注释的实际需求，双击打开对应的文件夹，在展开的文件夹中，配合使用 Ctrl 和 Shift 键可以将一个或多个注释符号族载入到当前项目中，载入进来的符号族，在属性框类型选择器下拉列表中就可以找到。

文件夹中有注释符号无法通过此方式进行载入时，软件会弹出"无法载入族文件"对话框，如图 12-64 所示。

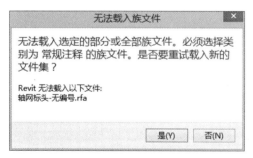

图 12-64　"无法载入族文件"对话框

对于这类问题的解决方法就是可通过使用"插入"选项卡下的"载入族"工具，将需要的注释符号文件载入到项目中。

12.7.2　符号的添加

通过使用"符号"工具就可以在视图中放置二维注释符号。下面以放置二维注释符号指北针举例来说明符号添加的步骤。

【执行方式】

功能区："注释"选项卡→"符号"面板→"符号"

【操作步骤】

（1）将视图切换到标高楼层平面视图中。

（2）执行上述操作。

（3）在属性框中，单击展开类型选择器下拉列表，在下拉列表中选择"符号_指北针"，如图 12-65 所示。

图 12-65　符号类型选择器

选择完成后，单击属性框中的"编辑类型"按钮，软件将弹出符号类型属性对话框，如图 12-66 所示。

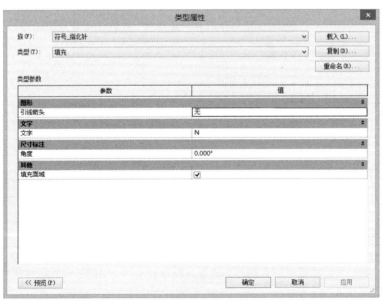

图 12-66　符号类型属性对话框

在该对话框中，分别设置框中参数项对应的选项或数值。

- 引线箭头：表示在放置指北针符号的同时为符号创建引线。单击可选择有无以及引线的箭头样式。

- 文字：表示指北针符号的文字标识，一般默认为"N"即可。
- 角度：表示在放置时，指北针的指北方向与水平线的夹角值。也可以在放置完成后对其进行角度旋转。
- 填充面域：表示指北针符号中是否创建填充面域，勾选、不勾选效果如图 12-67 所示。

勾选效果   不勾选效果

图 12-67　符号填充效果

完成所有项的设置后，单击"确定"按钮保存修改并返回到放置状态。

（4）设置选项栏参数。

设置选项栏中的参数，如图 12-68 所示。

修改 | 放置 符号　　引线数：0　　　　　　　　☐ 放置后旋转

图 12-68　符号放置选项栏

- 引线数：通过在数值框中键盘输入或单击数值框后方的 ⬍ 按钮调整数值来确定放置符号时引线的条数。
- 放置后旋转：勾选"放置后旋转"复选框，可在放置的同时，通过旋转鼠标来对符号进行旋转。不勾选该复选框则在视图中单击就可放置。

（5）放置符号。

所有属性参数设置完成后，将光标移动到绘图区域中，在合适的位置单击，这时指北针符号就放置好了，按 Esc 键退出当前状态。选择已放置好的指北针符号，通过显示出来的"移动控制柄"可将符号拖曳到合适准确的位置上。

12.7.3　跨方向符号

通过使用"跨方向符号"工具可以为结构板放置跨方向符号。

【执行方式】

功能区："注释"选项卡→"符号"面板→"跨方向"

【操作步骤】

（1）将视图切换到结构平面视图。

（2）执行上述操作。

（3）选择跨方向符号类型，并设置相关参数。

（4）设置选项栏参数。

要在结构楼板中心放置标记，可在选项栏中选择"自动放置"。

（5）选择结构楼板对象。

（6）将光标移到结构楼板上所需的位置，然后单击以放置跨度方向符号。

12.7.4 梁系统跨度符号

通过此功能可使用梁系统跨度标记来标记梁系统。梁系统跨度标记仅适用于梁系统。这些标记显示为垂直于系统中已创建梁的跨度箭头。

✎【执行方式】

功能区："注释"选项卡→"符号"面板→"梁"

🖱【操作步骤】

（1）将视图切换到结构梁平面视图。

（2）执行上述操作。

（3）选择结构梁系统标记类型。

（4）设置选项栏参数。

要在结构梁系统中心放置标记，可在选项栏中选择"自动放置"。

（5）选择结构梁系统。

（6）将光标移到梁系统所需的位置，然后单击以放置梁系统标记，如图 12-69 所示。

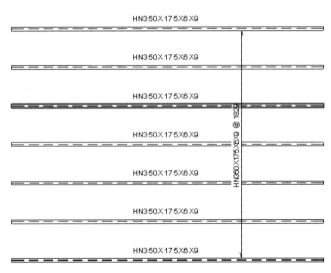

图 12-69　跨方向放置

12.7.5　楼梯路径符号

通过楼梯路径符号工具可以注释楼梯的坡度方向和行走路径。

【执行方式】

功能区："注释"选项卡→"符号"面板→"楼梯 路径"

【操作步骤】

（1）将视图切换到楼梯平面视图。

（2）执行上述操作。

（3）选择楼梯路径类型并设置相关参数。

软件自带可以选择的楼梯路径类型有"自动选择向上/向下方向"和"固定为向上方向"。在底部楼层视图中，两个楼梯路径类型的表示法相同，但顶部楼层视图的表示法不同。"自动选择向上/向下方向"类型从顶部楼层视图显示向下方向，"固定为向上方向"在顶部楼层视图中显示向上方向。选择一个楼梯路径类型，然后单击"修改"选项卡 ➤ "属性"面板 ➤ （类型属性），可以修改该类型参数。

部分参数说明如下。

- 起点符号类型：指定符号以显示在楼梯路径的起点处。
- 起点延伸：指定将楼梯路径线的起点延伸到楼梯外的距离。
- 箭头类型：指定在楼梯路径的终点使用的箭头样式。
- 全台阶箭头：选择此选项可将箭头扩展到整个台阶的尺寸。
- 绘制每个梯段：选择此选项可为每个梯段绘制一个单独的楼梯路径。如果选择此选项，则"拐角处的线形"属性不可用。
- 平台拐角处的线形：选择"直线"或"曲线"作为楼梯路径线在平台拐角处的形状。
- 从踢面开始：选择此选项可从第一个踢面而不是踏板开始楼梯路径。
- 踢面处结束：选择此选项可从最后一个踢面而不是踏板结束楼梯路径。
- 到剪切标记的距离：指定在剪切标记符号两侧停止楼梯路径线的距离。
- 箭头显示到剪切标记：选择此选项可在楼梯路径中包括箭头，从而指向剪切标记符号。

（4）选择楼梯。楼梯路径注释将在楼梯上显示。

（5）根据需要修改楼梯路径实例属性。

12.7.6　区域钢筋符号

通过区域钢筋符号可以对区域钢筋进行标记注释，以表示钢筋类型等详细信息。

【执行方式】

功能区:"注释"选项卡→"符号"面板→"区域"

【操作步骤】

(1)将视图切换到结构平面视图。

(2)执行上述操作。

(3)选择要放置符号的区域钢筋。

(4)定位并单击以放置区域钢筋符号,如图 12-70 所示。

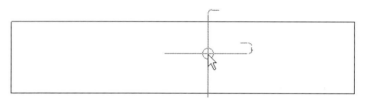

图 12-70 区域钢筋符号

12.7.7 路径钢筋符号

通过路径钢筋符号工具可以使用自定义符号和标记对路径钢筋区域进行注释。以标记与钢筋类型和特定边界详细信息有关的信息。

【执行方式】

功能区:"注释"选项卡→"符号"面板→"路径"

【操作步骤】

(1)将视图切换到结构平面视图。

(2)执行上述操作。

(3)选择要放置符号的路径钢筋。

(4)定位并单击以放置路径钢筋符号,如图 12-71 所示。

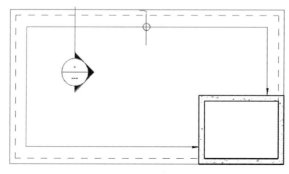

图 12-71 路径钢筋符号

12.7.8　钢筋网符号

通过钢筋网符号工具可使用自定义符号和标记来注释每个钢筋网片，以提供与钢筋类型和钢筋网特定详细信息有关的信息。

【执行方式】

功能区："注释"选项卡→"符号"面板→"钢筋网"

【操作步骤】

（1）将视图切换到结构平面视图。

（2）执行上述操作。

（3）选择要放置符号的钢筋网。

（4）定位并单击以放置钢筋网符号，如图 12-72 所示。

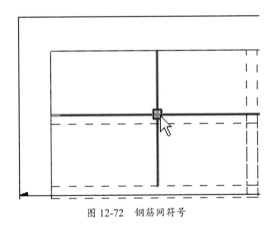

图 12-72　钢筋网符号

第13章

统计

■ 知识引导

　　本章主要讲解在 Revit 软件中对模型构件进行相关统计工作的实际应用操作，包括创建明细表统计、材质统计、图纸统计、注释块统计、视图统计等。

13.1　Revit 统计分类

　　Revit 软件根据创建明细表类型的不同，可分为明细表（数量）、关键字明细表、材质提取明细表、注释（注释块）明细表、修改明细表、视图列表和图纸列表几大类。

13.2　明细表的特点

　　明细表以表格形式显示信息，这些信息是从项目中的图元属性中提取的。可以在设计过程中的任何时候创建明细表。对项目的修改会影响明细表，明细表将自动更新以反映这些修改。可以将明细表导出到其他软件程序中，如 Excel。

13.3　明细表统计

　　通过使用明细表工具可以为模型提供用于创建各类明细表的选项。

✎ 预习重点

　◎　明细表的特点和创建。

13.3.1　明细表|数量的创建

　　明细表|数量的创建用于创建关键字明细表或建筑构件的明细表，使用关键字明细表，可以定义关键字，以便为明细表自动填充某些信息。

【执行方式】

功能区："视图"选项卡→"创建"面板→"明细表"下拉菜单→"明细表/数量"

【操作步骤】

（1）执行上述操作，弹出"新建明细表"对话框，如图 13-1 所示。

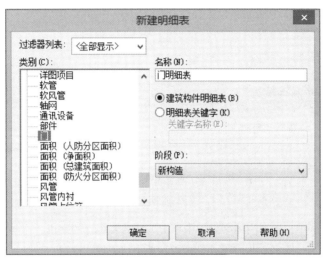

图 13-1　"新建明细表"对话框

（2）选择明细表统计类别。

在该对话框中，单击过滤器下拉列表菜单，勾选将要创建的明细表的类别所属专业名称前面的复选框，然后在下边的类别中选择统计类别。

（3）输入明细表名称。

单击可以继续修改此名称为"某项目-门明细表"等样式。

在名称的下方有"建筑构件明细表"和"明细表关键字"两个选择。

建筑构件明细表是软件根据当前所创建的建筑模型几何图形提取出来的信息。

关键字明细表类似于构件明细表。创建关键字时，关键字会作为图元的实例属性列出。当应用关键字的值时，关键字的属性将应用到图元中。

（4）选择统计阶段。

在"阶段"下拉列表中，有"新构造"、"现有"两个选项，这是 Revit 软件 4D 的应用，可以为每一个构件添加修建的时间节点，可以按照时间节点的方式统计当前节点中构件的数量，这里选择"新构造"选项。在该对话框设置完成后，单击"确定"按钮。

（5）设置明细表属性。

软件弹出"明细表属性"对话框，如图 13-2 所示。在"明细表属性"对话框中，有 5 个选项卡的参数来分别对明细表的属性进行相关设置。

图 13-2　"明细表属性"对话框

① 字段

在"字段"选项卡中，从可用的字段框中单击选择需要统计的字段，这些字段都来自于类别的实例属性参数和类型属性参数，选择某个字段后，单击"添加"按钮，这时在明细表字段框中就会显示添加进来的字段，添加进来的字段在可用的字段框中即可移除，如果某个字段无须添加却已在明细表字段框中，单击后，单击"删除"按钮，这时该字段又会回到可用字段框中。

添加完成的字段，在明细表字段框中，单击选择个别字段，通过下方的"上移"、"下移"按钮，对字段进行移动，字段在框中为从上到下的顺序，创建完成后在明细表中为从左到右的顺序。

有时可以通过单击"添加参数"按钮来添加新的项目参数或共享参数。然后再将该参数添加到明细表字段框中。

单击"计算值"按钮可以通过现有的字段编辑相关公式生成新的字段。如图 13-3 所示，统计了门的宽度与高度值，那么可以通过这两个值计算得出门的洞口面积，并将此面积放置在明细表的一列中。这时就需要通过计算值工具来进行设置。

单击 计算值(C)... 按钮，软件弹出"计算值"对话框，如图 13-3 所示。

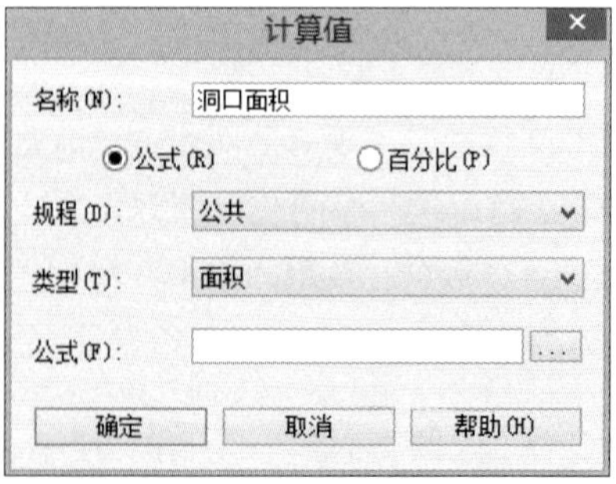

图 13-3　"计算值"对话框

在该对话框中，输入名称为"洞口面积"，选择"公式"单选按钮，在"规程"下拉列表中选择"公共"，在"类型"下拉列表中选择"面积"。单击"公式"后面的 ... 按钮，弹出如图 13-4 所示的"字段"对话框。

在该对话框中选择要添加到公式中的字段（该字段均为明细表字段框中已添加的字段），选择完第一个字段后，在"公式"栏就会显示该字段，然后在该字段后输入乘号，再次单击 ... 按钮，从弹出的字段框中选择第二个字段，完成后如 公式(F)：[宽度*高度] ... 所示，这样公式即可编辑完成，单击"计算值"对话框中的"确定"按钮，这时洞口面积字段就出现在了明细表字段框中，如图 13-5 所示。

图 13-4 "字段"对话框

图 13-5 字段选择

② 排序/成组

单击"排序/成组"选项卡，如图 13-6 所示。选择第一个排序方式为按类型，升序，若创建的明细表排序成组不理想，还可以继续设置排序方式，一次性可设置 4 种排序方式，只是有优先级差别而已。

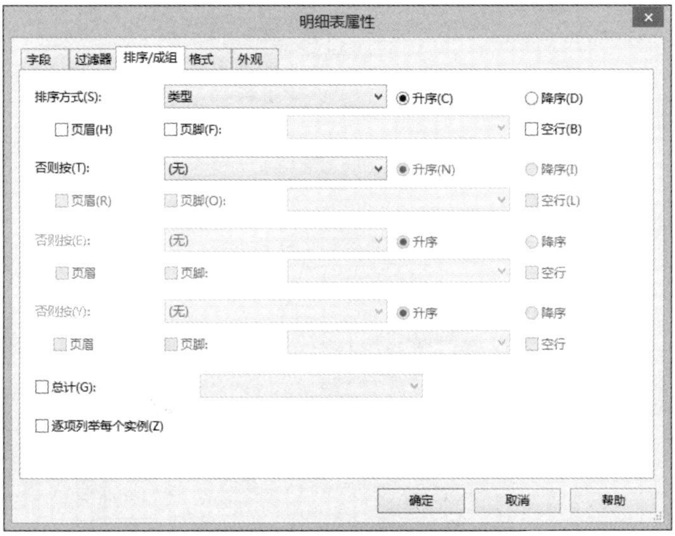

图 13-6 "排序/成组"选项卡

取消勾选下方的"逐项列举每个实例"复选框，如果有要求，也可以勾选"总计"复选框，这些都可以在创建完成明细表后继续来修改。

③ 格式

单击"格式"选项卡，如图 13-7 所示。

图 13-7 "格式"选项卡

在该选项卡下，可以逐一单击左边字段框中的每一个字段，然后在右边设置字段的新标题，如图 13-7 所示，可将"类型"字段标题设置为"门编号"，"合计"字段标题设置为"樘数"等类似的修改。在下方的"标题方向"和"对齐"下拉列表中选择合适的选项，用来设置创建后的明细表数据对齐方式，其他的可选择默认值。

④ 外观

单击"外观"选项卡，如图 13-8 所示。

图 13-8 "外观"选项卡

在该选项卡下，勾选"网格线"和"轮廓"前面的复选框，分别在下拉列表中选择相应的线型，取消勾选"数据前的空行"复选框，在下面的文字框中，勾选"显示标题"和"显示页眉"复选框，然后逐一设置标题文本、标题、正文的文字样式和大小。

（6）创建明细表。

完成所有选项卡下的设置后（除开过滤器选项卡，过滤器的设置一般在完成创建之后才考虑是否有必要过滤掉不需要的数据），单击下方的"确定"按钮，这时软件就会生成门明细表，如图 13-9 所示。

<门明细表>

A	B	C	D	E	F
门编号	宽度	高度	注释	合计	洞口面积
700 x 2100mm	700	2100		2	1.47
800 x 2100mm	800	2100		2	1.68
800 x 2100mm	800	2100		14	1.68
900 x 2100 mm	900	2100		4	1.89
1000 x 2100 m	1000	2100		4	2.10
1000 x 2100 m	1000	2100		2	2.10
1000 x 2100 m	1000	2100		10	2.10
1200 x 2100 m	1200	2100		4	2.52
1200 x 2100 m	1200	2100		2	2.52
1500 x 2100 m	1500	2100		6	3.15

图 13-9　门明细表

13.3.2　明细表的调整

创建完成的明细表，还需进一步的修改和调整，将其调整到一个美观、合适的效果。明细表的修改主要包括明细表属性修改以及明细表修改工具修改。

🖱 【操作步骤】

（1）打开需要调整的明细表。

单击展开项目浏览器下的明细表/数量一栏，在树状目录下找到刚刚创建的门明细表，双击名称，软件将跳转到该明细表界面。

（2）修改明细表属性。

在属性框中其他面板下，可以找到明细表前的"设置"选项卡，如图 13-10 所示。

其他	☆
字段	编辑...
过滤器	编辑...
排序/成组	编辑...
格式	编辑...
外观	编辑...

图 13-10　明细表实例属性

单击每个选项后面的"编辑"按钮，就又回到了"明细表属性"对话框，在该对话框中，继续对明细表的格式、外观等进行再次的调整。

同时根据明细表中的数据，可过滤掉不需要的数据内容，单击"过滤器"后面的"编辑"按钮，软件自动弹出"明细表属性"对话框，并处于"过滤器"选项卡下，如图 13-11 所示。

图 13-11 "明细表属性"对话框

在该对话框中，分别在下拉列表中选择合适的字段或内容，完成过滤条件的设置，明细表会根据过滤器条件的设置，将无用的参数数据过滤掉，过滤条件一次性最多设置 4 条。完成后单击"确定"按钮。

（3）明细表修改工具的修改。

当视图处于某个明细表界面，这时在弹出的"明细表/数量上下文"选项卡下，会显示出各种修改工具按钮，如图 13-12 所示。

图 13-12 "明细表/数量上下文"选项卡

各工具用途解释说明如下。

- 0.0 格式单位：用于指定明细表中每列数据的单位显示格式。
- f_x 计算：将计算公式添加到明细表单元格式中。
- 插入：单击后打开"选择字段"对话框，可以继续在明细表字段框中添加新的字段。
- 删除：单击删除当前选定的列。
- 调整：指示调整当前指定列的表格宽度。
- 隐藏：单击隐藏当前指定的列。
- 取消全部隐藏：单击将显示明细表中所有的隐藏列。

- ▭┏ 插入：在当前选定的单元格或行的正上方或正下方插入一行。
- ▤ 删除：指示用于删除明细表中一个或多个选定的行。
- ↕ 调整：指示调整当前指定行的表格高度。
- ▥ 合并/取消合并：将多个单元格合并为一个，或者将合并的单元格拆分为其原始状。
- ▨ 插入图像：指示从文件中插入相关图像到指定的位置上。
- ▤ 清除单元格：指示删除选定页眉单元的文字和参数关联。
- ▥ 成组：用于为明细表中的选定几列的页眉创建新的标题。
- ▥ 解组：指示删除在将两个或更多列标题组成一组时所添加的列标题。
- ▤ 着色：指示为选定的单元格指定背景颜色。
- ▤ 边界：为选定的单元格范围指定线样式和边框。
- ✏ 重设：指示用于删除与选定单元关联的所有格式。
- A 字体：指示修改选定单元格内文字的属性。
- ≡ 对齐水平：指示修改选定单元格内文字在水平方向上的对齐样式，有左、中心、右三种。
- ≡ 对齐垂直：指示修改选定单元格内文字在垂直方向的上对齐样式，有底部、中部、底部三种。
- ▥ 在模型中高亮显示：指示用于在一个或多个项目视图中显示选定的图元。

通过上述介绍和解释说明的明细表修改工具用法，对创建的明细表进行多方面的修改，修改调整后的明细表可以添加到图纸视图中，也可以通过导出的方式，生成 txt 文档存于计算机中。

↴ 实操实练-30 门窗明细表的创建

（1）打开"建筑—渲染图"项目，在项目浏览器下，展开楼层平面视图目录，双击 1F_±0.000 名称进入 1 层平面视图。

（2）单击"视图"选项卡下的"明细表"按钮。在下拉菜单中单击"明细表/数量"按钮。

（3）在左边的"类别"目录下选择门，在"名称"一栏修改为别墅门明细表，设置"阶段"为新构造，如图 13-13 所示。完成后单击"确定"按钮。

图 13-13 "新建明细表"对话框

（4）在明细表属性框的字段下，从可用的字段中添加族与类型、标高、宽度、高度、合计到明细表字段下，并通过上移、下移工具对字段的顺序进行调整，如图 13-14 所示。

图 13-14　字段设置

（5）切换到"排序/成组"选项卡下，如图 13-15 所示，设置"排序方式"为按标高升序，否则按族与类型升序排列。不勾选"总计"复选框，不勾选"逐项列举每个实例"复选框。

图 13-15　排序/成组设置

（6）切换到"格式"选项卡下，如图 13-16 所示，修改族与类型的标题为门类型，标高的标题为放置楼层，合计的标题为樘数。除族与类型的对齐方式为左，其他均为中心线。

图 13-16　格式设置

（7）切换到"外观"选项卡下，如图 13-17 所示，不勾选"数据前的空行"复选框。其他值为默认设置。

图 13-17　外观设置

（8）单击"确定"按钮，软件视图将跳转到明细表界面下，如图 13-18 所示，此时单击属性框下"过滤器"后方的"编辑"按钮，在框中设置过滤条件为宽度不等于 900，这样软件会将不需要出现在门明细表中的洞口进行过滤。

（9）按照上述步骤，对项目中已创建的窗图元进行数量统计，如图 13-19 所示。

（10）将项目文件另存为"建筑—门窗统计表"，完成对该项目门窗数量的统计。

图 13-18　过滤器设置

<别墅门明细表>				
A	**B**	**C**	**D**	**E**
类型	放置楼层	宽度	高度	模数
单扇平开木门18-百叶窗式: BM082	1F _±0.000	800	2100	2
单扇平开格栅门: M1021	1F _±0.000	1000	2100	4
单扇平开镶玻璃门7: FDM1021	1F _±0.000	1000	2100	2
单扇平开镶玻璃门7: M0721	1F _±0.000	700	2100	2
双扇推拉门1: BM1221	1F _±0.000	1200	2100	2
双扇推拉门2: BM1221	1F _±0.000	1200	2100	1
双扇推拉门: M1221	1F _±0.000	1200	2100	3
单扇平开门12: M1021	2F _3.600	1000	2100	8
单扇平开木门18-百叶窗式: BM082	2F _3.600	800	2100	4
双扇推拉门1: RM1521	2F _3.600	1500	2100	2
单扇平开木门12: M1021	3F _6.600	1000	2100	2
单扇平开木门18-百叶窗式: BM082	3F _6.600	800	2100	4
单扇平开格栅门: M0821	3F _6.600	800	2100	2
双扇推拉门: RM1521	3F _6.600	1500	2100	1

<别墅窗明细表>				
A	**B**	**C**	**D**	**E**
窗类型	放置标高	宽度	高度	合计
推拉窗: C0914B	1F _±0.000	900	1350	2
组合窗-双层单列(固定+推拉): C1519	1F _±0.000	1500	1950	4
组合窗-双层单列(固定+推拉): C1522	1F _±0.000	1500	2250	8
组合窗-双层单列(固定+推拉): C1822	1F _±0.000	1800	2250	4
推拉窗6: C0513B	2F _3.600	500	1300	4
推拉窗6: C0913B	2F _3.600	900	1300	4
组合窗-双层单列(固定+推拉): C1516	2F _3.600	1500	1650	4
组合窗-双层单列(固定+推拉): C1816	2F _3.600	1800	1650	4
推拉窗6: C0513B	3F _6.600	500	1300	4
推拉窗6: C0913B	3F _6.600	900	1300	2
组合窗-双层单列(固定+推拉): C1516	3F _6.600	1500	1650	2
组合窗-双层单列(固定+推拉): C1816	3F _6.600	1800	1650	1

图 13-19　门窗明细表

13.4　图形柱明细表

通过使用此工具可以为项目创建图形柱明细表。

✏️ **预习重点**

◎ 图形柱明细表的特点和创建。

13.4.1　图形柱明细表的特点

结构柱在柱明细表中通过相交轴网及其顶部和底部的约束和偏移来标识。结构柱根据这些标识放置到柱明细表中。通过图形柱明细表，可以将包括不在轴网上的柱、过滤要查看的特定柱、将相似的柱位置分组，以及将明细表应用到图纸上。

13.4.2　图形柱明细表的创建

📏 **【执行方式】**

功能区："视图"选项卡→"创建"面板→"明细表"下拉菜单→"图形柱明细表"

🖱️ 【操作步骤】

执行上述执行方式，软件将快速完成图形柱明细表的创建，如图 13-20 所示，在项目浏览器下，就会出现图形柱明细表一栏，展开即可看到完成的明细表名称，且当前视图处于该图形柱明细表中。

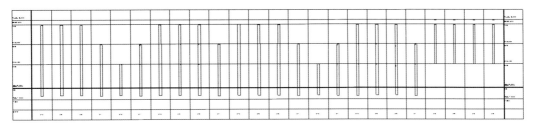

图 13-20　图形柱明细表

13.4.3　图形柱明细表的调整

图形柱明细表的调整主要集中于属性框中，在属性框中进行一步步的调整，达到满意的效果。

🖱️ 【操作步骤】

（1）打开图形柱明细表。

（2）设置图形柱明细表属性，如图 13-21 所示。

图 13-21　设置图形柱明细表属性

- 图形：在属性框中的"图形"面板下，设置明细表的视图比例、详细程度等。
- 文字：在"文字"面板中，单击"编辑"按钮，软件弹出"图形柱明细表属性"对话框，如图 13-22 所示。

实操实练——权威授权版

图 13-22 "图形柱明细表属性"对话框

在对话框中，通过切换上方的"文字外观"和"轴网外观"选项卡来进行设置，在"文字外观"选项卡下，分别设置标题文字、标高文字、柱位置的字体类型、大小以及字体样式。在"轴网外观选项卡下，分别设置水平宽度和垂直高度中的各个参数值，完成后单击"确定"按钮返回到属性框中。

- 标识数据：在"标识数据"面板下，修改视图名称、图纸上的标题以及明细表标题内容。
- 阶段化：在"阶段化"面板下，调整阶段过滤器和相位，这是软件 4D 功能应用。
- 其他：在其他面板下，单击"隐藏标高"后的"编辑"按钮，弹出"隐藏在图形柱明细表中的标高"对话框，如图 13-23 所示，在该对话框中可以将部分或全部的标高选择，确定后在图形柱明细表中进行隐藏。

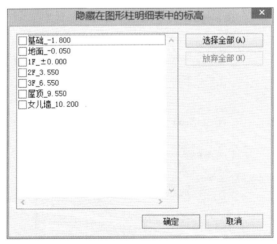

图 13-23 "隐藏在图形柱明细表中的标高"对话框

在其他面板下，还可以对柱的顶、底部标高进行重新设置，以及柱位置起点、终点的设置，指定柱的材质类型。

修改完成后，单击属性框中的"应用"按钮。

13.5　材质提取统计

通过使用此工具可以创建所有 Revit 族类别的子构件或材质的列表。

✎ **预习重点**

◎ 明细表的特点和创建。

13.5.1　材质提取明细表的特点

材质提取明细表具有其他明细表视图的所有功能和特征，但通过它可以了解组成构件部件的材质数量。

13.5.2　材质提取明细表的创建

材质提取明细表的创建与明细表/数量的创建方法一致，界面稍有不同。

📏 **【执行方式】**

功能区："视图"选项卡→"创建"面板→"明细表"下拉菜单→"材质提取"

🖱 **【操作步骤】**

（1）执行上述操作打开"新建材质提取"对话框，如图 13-24 所示。

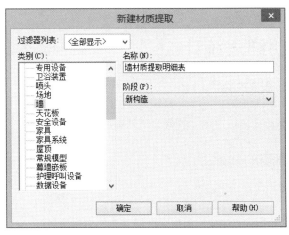

图 13-24　"新建材质提取"对话框

（2）与之前的新建明细表界面有所不同，"新建材质提取"对话框没有了"建筑构件明细表"和"明细表关键字"两个选项。其他操作与 13.2.2 节所讲的明细表的创建一致。单击"确定"按钮，软件弹出材质提取属性设置对话框，明细表的属性与材质提取属性的不同在于可用字段的不同，材质提取注重于族构件材质属性，而数量明细表注重于模型中创建族构件的数量。

（3）在材质提取属性设置对话框中进行参数设置，完成后单击"确定"按钮，软件就生成了对应的族构件材质提取明细表。

13.6 图纸列表

13.6.1 图纸明细表统计的特点

图纸列表也可以称为图形索引或图纸索引。还可以将图纸列表用作施工图文档集的目录。

13.6.2 图纸明细表统计的创建

📏【执行方式】

功能区："视图"选项卡→"创建"面板→"明细表"下拉菜单→"图纸列表"

🖲【操作步骤】

（1）执行上述操作。

（2）在"图纸列表属性"对话框的"字段"选项卡中，选择要包含在图纸列表中的字段。

（3）在"图纸列表属性"的"字段"选项卡中，选择"包含链接中的图元"，以便将任意数量的占位符图纸与项目浏览器关联。单击"确定"按钮。

（4）使用"过滤"、"排序/成组"、"格式"和"外观"选项卡指定剩余的明细表属性。

（5）单击"确定"按钮。完成图纸列表的生成，生成的图纸列表会显示在绘图区域中。在项目浏览器中，显示在"明细表/数量"下。

13.7 注释块明细表统计

13.7.1 注释块明细表的特点

注释块明细表或注释块列出可使用"符号"工具添加的全部注释实例。

13.7.2 注释块明细表的创建

📏【执行方式】

功能区："视图"选项卡→"创建"面板→"明细表"下拉菜单→"注释块明细表"

🖲【操作步骤】

（1）执行上述操作，打开"新建注释块"对话框，如图 13-25 所示，选择一个常规注释作为"族"。如果需要，输入新建注释块的名称作为"注释块名称"。单击"确定"按钮。

（2）在"注释块属性"对话框中，选择要设置的参数作为"可用字段"，然后单击"添加"按钮将它们添加到"明细字段"列表中。

（3）在其他注释块属性选项卡中完成所有信息。

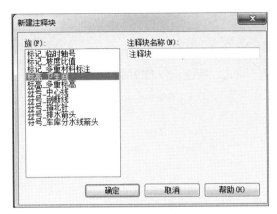

图 13-25　新建注释块参数设置

（4）完成后，单击"确定"按钮完成注释块明细表的创建。

13.8　视图统计

13.8.1　视图明细表的特点

视图列表是项目中视图的明细表。在视图列表中，可按类型、标高、图纸或其他参数对视图进行排序和分组。

13.8.2　视图明细表的创建

✎【执行方式】

功能区："视图"选项卡→"创建"面板→"明细表"下拉菜单→"视图列表"

🖱【操作步骤】

（1）执行上述操作，弹出"视图列表属性"对话框，如图 13-26 所示。

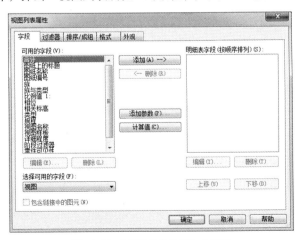

图 13-26　"视图列表属性"对话框

（2）设置视图列表属性，包括字段、过滤器、排序/成组、格式、外观，详细说明与明细表/数量设置方式一致，此处不作详细介绍。

（3）设置完成后，单击"确定"按钮，完成视图列表的创建工作。

第14章

建筑表现

📓 **知识引导**

　　本章主要讲解在 Revit 软件中对建筑表现的实际应用操作,包括材质与建筑表现、透视图的创建、动画漫游的创建以及渲染图的创建。

14.1　材质与建筑表现

用于指定建筑模型中应用到图元的材质和关联特性。

✏️ **预习重点**

◎ Revit 材质设置和视图表现。

　　打开材质浏览器,可以定义材质资源集,包括外观、物理、图形和热特性。可以将材质应用于项目的外观渲染或热能量分析。

📏【执行方式】

　　功能区:"管理选项卡"→"设置"面板→"材质"

🖱【操作步骤】

　　(1)执行上述操作,软件弹出"材质浏览器"对话框,如图 14-1 所示。

　　(2)在该对话框的左侧可单击选择项目中包含的材质,右侧就会显示材质的各类属性,可以通过单击右侧上方的选项卡,完成对该材质标识、图形、外观、物理和热度的属性的修改。

　　(3)在已有材质上单击鼠标右键,可以对材质进行编辑、复制、重命名、删除和添加到收藏夹操作,如图 14-2 所示。

图 14-1 材质浏览器

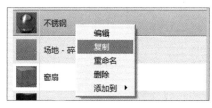

图 14-2 复制材质

（4）当材质浏览器中的项目材质不符合要求时，可以根据需要创建新的材质类型，并对新材质类型赋予新的实体材质。单击左侧下方的 ⊙ · 按钮，从弹出的下拉菜单中选择"新建材质"。这时在项目材质浏览器中就会出现命名为"默认为新材质"的材质类型，选择后对其重命名，选择状态下，继续单击左侧下方的 ▤ 按钮，打开资源浏览器，如图 14-3 所示。

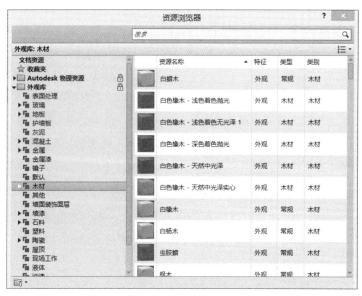

图 14-3 资源浏览器

（5）从图 14-3 中可以看到，资源库分类很多，从左边树状目录下，展开需要的材质，并从右侧找到需要的资源，双击后，材质资源就已经赋予到材质浏览器中的新建材质上，单击 █×█ 关闭资源浏览器，返回到材质浏览器界面，这时可以进一步修改"材质标识"、"图形"、"外观"选项卡下的参数信息。完成后单击"确定"按钮，这样新的材质即可添加完成，在项目中就可以把这些材质赋予到墙体、楼板、屋顶等各个构件上。

14.2　透视图的创建

通过使用放置在视图中的相机来为项目模型创建透视图。

✎ 预习重点

　◎　透视图的特点和创建。

14.2.1　透视图的特点

透视图的特点主要是创建灵活性。透视图是通过放置在视图中的相机来创建的，放置相机的位置可以是视图中的任何位置。其次还可以使用偏移和标高选项来指定透视图。

14.2.2　透视图的创建与调整

📐【执行方式】

功能区："视图"→"创建"面板-"三维视图"下拉菜单→"相机"

🖱【操作步骤】

（1）将视图切换至相关平面视图。

（2）执行上述操作。

（3）设置选项栏中的参数，如图 14-4 所示。

图 14-4　透视图创建选项栏

若取消勾选"透视图"复选框，则创建的视图会是正交三维视图，而非透视视图。

设置自标高的偏移量值，确定相机的位置高度。

（4）透视图的创建。

将光标移至绘图区域，相机缩略图随着光标的移动而移动，在光标位置处单击来放置视点，滑动鼠标，将观察的目标置于相机的视界范围内，再次在光标位置上单击，软件自动跳转到新生成的透视视图界面，完成透视图的创建。

（5）透视图的调整。

创建完成的透视图，需要进一步地调整，才能达到使用或渲染的要求。在软件下方的视图控制栏 透视图  中设置透视的精细程度以及视觉样式，如图 14-5 所示。

图 14-5　透视图

如图 14-5 所示，在透视图的四周均有一个边界控制点●，通过拖曳此控制点可以调整透视图的范围大小，也可以通过单击"上下文"选项卡下的"尺寸裁剪"按钮来进行透视图范围的设置，如图 14-6 所示。

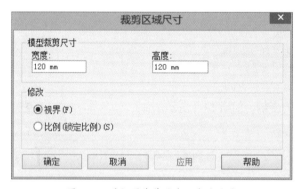

图 14-6　透视图裁剪区域尺寸的设置

在"裁剪区域尺寸"对话框中输入宽度值和高度值，完成后单击"确定"按钮返回。

↘ 实操实练-31　透视图的创建

（1）打开"建筑—详图"项目，在项目浏览器下，展开楼层平面视图目录，双击 1F_±0.000 名称进入 1 层平面视图。

（2）单击"视图"选项卡下的"三维视图"按钮，在下拉菜单中单击"相机"按钮。不对类型属性参数进行设置。勾选选项栏中的"透视图"复选框，设置偏移量为 1 750，自为 1F_±0.000，如图 14-7 所示。

图 14-7　透视图创建选项栏

（3）在绘图区域中，单击放置相机的位置，向前滑动鼠标，并左右旋转，将需要创建透视图的图元放置到相机的视图范围中，再次单击，软件将自动跳转到透视视图界面。

（4）通过拖曳边界框的控制点对透视图的显示范围进行设置。

（5）在视图控制栏中，设置详细程度为精细，视觉样式为真实，单击"隐藏裁剪区域"按钮。在三维视图属性框中，修改视图名称为一楼客厅。

（6）按照上述步骤，对项目的转角楼梯以及入户门进行透视图的创建。

（7）将项目文件另存为"建筑—透视图"，完成对该项目透视图的创建，如图 14-8 所示。

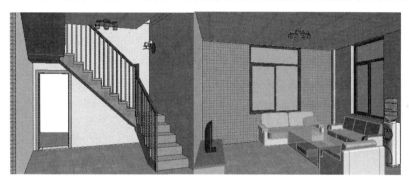

图 14-8　完成透视图的创建

14.3　动画漫游的创建

通过使用漫游工具可以创建模型的三维漫游动画，以观察整个建筑模型的效果。

✎ 预习重点

◎ 动画漫游的特点和创建。

14.3.1　动画漫游的特点

动画漫游可以将创建的漫游导出为 AVI 文件或图像文件。将漫游导出为图像文件时，漫游的每个帧都会保存为单个文件。可以导出所有帧或一定范围的帧。

14.3.2　动画漫游的创建与调整

✐【执行方式】

功能区："视图" → "创建" 面板→ "三维视图" 下拉菜单→ "漫游"

【操作步骤】

（1）打开要放置漫游路径的视图，通常情况下，此视图为平面视图。

（2）执行上述操作。

（3）设置选项栏参数，如图 14-9 所示。

图 14-9　漫游选项栏

若取消勾选"透视图"复选框，则漫游将作为正交三维视图创建，默认已勾选。然后再设置漫游相机的位置高度，即自目标高的偏移量高度值。

（4）动画漫游的创建。

选项栏设置完成后将光标移至绘图区域中，单击光标可依次放置多个漫游关键帧，每单击一次放置一个关键帧。可以在任意位置放置关键帧，但在路径创建期间不能修改这些关键帧的位置。路径创建完成后，可以编辑关键帧。

完成漫游路径的创建后，可以单击"上下文"选项卡下的"完成漫游"按钮，也可以按 Esc 键退出创建状态。

（5）动画漫游的调整。

单击刚刚创建完成的漫游路径，在弹出的"上下文"选项卡下单击"编辑漫游" 按钮。在选项栏中，将控制编辑模式选为"活动相机"，这时路径如图 14-10 所示。各符号意义见标识框。

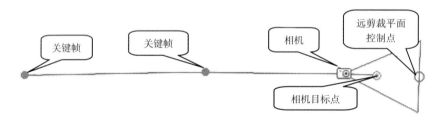

图 14-10　漫游路径

在相机处于活动状态且位于关键帧时，可以拖曳相机的目标点和远剪裁平面。如果相机不在关键帧处，则只能修改远剪裁平面。

若将选项栏中的控制编辑模式选为"路径"，则关键帧变为路径上的控制点，可以将关键帧拖曳到所需的位置上。

若将选项栏中的控制编辑模式选为"添加关键帧"，则可沿路径放置光标并单击以添加新的关键帧。

若将选项栏中的控制编辑模式选为"删除关键帧"，则将光标放置在路径上的现有关键帧上，并单击以删除此关键帧。

设置完成漫游路径后，在漫游属性框中最下方的其他面板　漫游帧 ▢▢▢▢ 300 ▢▢▢▢ ，单击漫游帧后方的"数字"按钮，弹出"漫游帧"对话框，如图 14-11 所示。

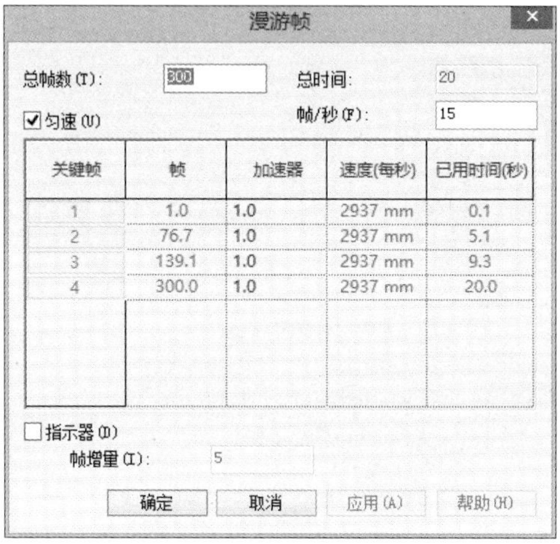

图 14-11　"漫游帧"对话框

默认情况下，相机沿整个漫游路径的移动速度保持不变。通过增加/减少帧总数或者增加/减少每秒帧数，可以修改相机的移动速度。为两者中的任何一个输入所需的值。若要修改关键帧的快捷键值，可取消勾选"匀速"复选框并在加速器列中为所需关键帧输入值。加速器有效值介于 0.1 和 10之间。软件一般默认值即可，完成后单击"确定"按钮返回。

在项目浏览器中，找到漫游一栏，展开后，在已创建的漫游名称上单击右键，对漫游名称进行重命名，完成命名后，单击绘图区域中漫游的边框，在弹出的"上下文"选项卡下单击"编辑漫游"按钮。将选项栏中帧后面的边框中的数字修改为 1，按 Enter 键完成，再次单击"编辑漫游"选项卡，面板显示按钮如图 14-12 所示。

图 14-12　"漫游"面板

- 单击 ⑭ 可将相机位置往回移动一关键帧。
- 单击 ⑪ 可将相机位置往回移动一帧。
- 单击 ⑫ 可将相机向前移动一帧。
- 单击 ⑬ 可将相机位置向前移动一关键帧。
- 单击 ▷ 可将相机从当前帧移动到最后一帧。

要停止播放，可单击进度条旁的"取消"按钮或按 Esc 键。出现提示时，单击"是"按钮。

（6）导出漫游动画。

创建完成的漫游可以导出为 AVI 或图像文件。将漫游导出为图像文件时，漫游的每个帧都会保存为单个文件。可以导出所有帧或一定范围的帧。

按照"🔻→导出→图像和动画→漫游"的顺序单击，软件会弹出"长度/格式"对话框，如图14-13 所示。

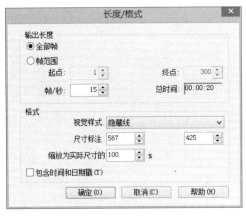

图 14-13　动画导出设置

在"输出长度"框下，选择"全部帧"或"帧范围"，其中全部帧表示将所有帧包括在输出文件中。帧范围表示仅导出特定范围内的帧。若选择"帧范围"此选项，在下属的框中分别输入起点帧和终点帧数值，并设置每帧的持续时间值。

在"格式"框下，将视觉样式、尺寸标注、缩放设置为需要的值。

单击"确定"按钮，软件弹出"导出漫游"对话框，修改调整输出文件名称和路径，或浏览至新位置并输入新名称。在"文件类型选择"下拉列表中，选择保存的漫游格式类型，AVI 或图像文件（JPEG、TIFF、BMP 或 PNG）。完成后单击"保存"按钮完成漫游动画的导出。

14.4　渲染图的创建

通过使用渲染工具，可以为建筑模型创建照片级真实感图像。

✎ 预习重点

◎ 渲染和云渲染的操作流程。

14.4.1　Revit 渲染的两种方式

Revit 根据渲染方式的不同可分为单机渲染与云渲染两种，其中单机渲染指的是通过本地计算机，设置相关渲染参数，进行独立渲染。云渲染也称为联机渲染，可以使用 Autodesk 360 中的渲染从任何计算机上创建真实照片级的图像和全景。

14.4.2　渲染的操作流程

✎ 【执行方式】

功能区："视图"选项卡→"图形"面板→"渲染"

快捷键：RR

【操作步骤】

（1）双击打开需要创建渲染图像的视图。

（2）执行上述操作，打开"渲染"对话框，如图 14-14 所示。

图 14-14 "渲染"对话框

（3）设置相关渲染参数。

在弹出的"渲染"对话框中设置渲染的相关参数，

- 区域：若勾选了"区域"复选框，则表示渲染视图中的某一个区域，勾选后，在三维视图中，Revit 会出现一个红色的边框用来显示渲染区域边界。单击选择渲染区域，此时边框由红色变为蓝色，并在每条边框线上出现一个蓝色圆形控制符号，拖曳该控制点来调整边框的尺寸，以此来确定渲染区域的边界。

- 质量：在"质量"一栏下，用来设置渲染质量，单击后方的下拉菜单，选择渲染质量，如图 14-15 所示。

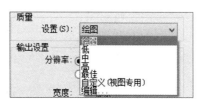

图 14-15 渲染质量选择框

各选项解释说明如下。

- 绘图：尽可能快地渲染以获得渲染图像的设置。该图像包含许多人造物品（渲染图像中的小的不准确或不完美）。相对渲染速度最快。
- 低：以较高水平的质量快速渲染，包含几个人造物品。相对渲染速度快。
- 中：以通常适合演示的质量渲染，包含较少的人造物品。相对渲染速度中等。
- 高：以适合大多数演示的高质量渲染，包含很少的人造物品。产生此渲染质量需要很长的时间。相对渲染速度慢。
- 最佳：以非常高的质量渲染，包含最少的人造物品。产生此渲染质量需要最长的时间。相对渲染速度最慢。
- 自定义（视图专用）：需要在编辑中打开"渲染质量设置"对话框，如图 14-16 所示，然后指定其相关设置。渲染速度取决于自定义设置。相对渲染速度是变化的。

图 14-16　"渲染质量设置"对话框

- 输出设置：在输出设置一栏，设置渲染图像的分辨率，需要注意的是更高的分辨率和更大的图像尺寸将增加渲染时间。
- 照明设置：在照明一栏中，选择所需的设置作为方案。若在下拉列表中选择了某个使用日光的照明方案，则需在下方的日光设置中选择所需的日光位置。单击 ... 按钮进入"日光设置"对话框，如图 14-17 所示。设置完成后单击"确定"按钮再次返回到"渲染"对话框中。

图 14-17　"日光设置"对话框

若选择了某个使用人造灯光的照明方案，则单击下方激活的 人造灯光(L)... 按钮，进入"人造灯光"对话框，如图 14-18 所示。

图 14-18　"人造灯光"对话框

在该对话框中，可以创建灯光组并将照明设备添加到灯光组中。还可以暗显、打开或关闭灯光组或各个照明设备。设置完成后单击"确定"按钮再次返回到"渲染"对话框中。

若选择的照明方案是"室内：仅日光"或"室内：日光和人造光"，那么在渲染过程中，可以自动实现日照效果。要在内部视图中获得高级照明质量，可以启用采光口（如果需要）。通过采光口可以提高渲染图像的质量，但它们也会增加渲染时间。默认情况下，会关闭采光口。

● 背景设置：在背景一栏，用于设置渲染的背景样式，大致可分为天空、颜色和图像三类。

若使用天空和云指定背景，在"样式"下拉列表中选择一个指示所需云量的天空选项作为样式。如图 14-19 所示，拖动模糊度滑块来确定对于薄雾的清晰程度。

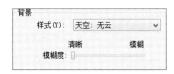

图 14-19　背景天空设置

若使用颜色指定背景，如图 14-20 所示，单击下方的颜色样例，在弹出的"颜色设置"对话框中，为渲染图像指定背景颜色。完成后单击"确定"按钮返回。

图 14-20　背景颜色设置

若使用图像指定背景，如图 14-21 所示，单击下方的"自定义图像"按钮，在弹出的"背景图像"对话框中，从计算机中选取某张图片，并在"背景图像"对话框中，指定"比例"和"偏移量"，然后单击"确定"按钮返回。

图 14-21　背景图像设置

- 图像设置：在图像一栏，单击 调整曝光(A)... 按钮，弹出"曝光控制"对话框，如图 14-22 所示。

图 14-22　曝光设置

在该对话框中，指定所需的设置。如果要返回到默认曝光设置，单击 重设为默认值 按钮，默认的曝光值已对选定的照明方案进行了优化，其他曝光设置使用中性设置。完成设置后单击"确定"按钮返回。

（4）渲染。

在完成上述设置后，就可以单击 渲染(R) 按钮开始渲染，视图渲染完成后生成对应的图像，还可以继续根据渲染框中的参数对完成的图像进行进一步的设置。

在渲染图像后，可以将该图像另存为项目视图保存到项目中。在项目浏览器渲染一栏下可以找到保存的渲染视图图像。还可以将渲染视图放置到施工图文档集中的图纸中。

也可以单击"导出"按钮将图像文件导出到计算机中用于保存。此文件存储在项目之外指定的位置中。Revit 支持保存的图像文件类型有 BMP、JPEG、JPG、PNG 和 TIFF。

14.4.3　云渲染的操作流程

【执行方式】

功能区："视图"→"图形"面板→"Cloud 渲染"

快捷键：RC

【操作步骤】

（1）登录 Autodesk 账户，如图 14-23 所示。

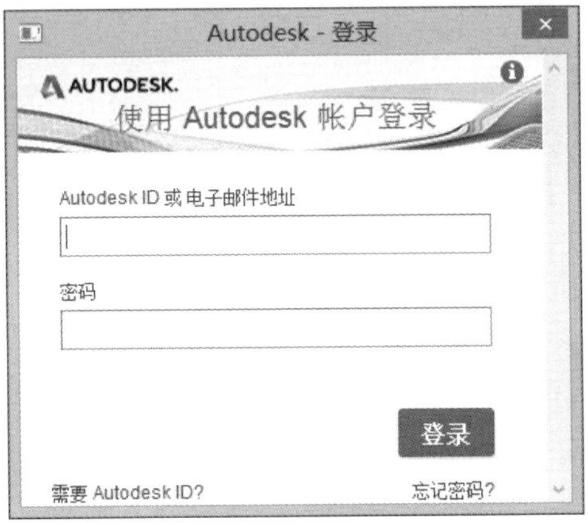

图 14-23　登录界面

在如图 14-23 所示的对话框中输入用户名及密码，单击"登录"按钮完成登录操作，这时在软件界面左上角用户信息中心栏中就会显示已登录成功的用户名。

（2）执行上述操作。

（3）软件弹出"在 Cloud 中渲染"对话框，如图 14-24 所示，可以根据对话框中提示的步骤一步步进行，如果已熟悉云渲染操作步骤，可以勾选左下角的"下次不再显示此消息"复选框。

图 14-24　云渲染流程

阅读完成后单击"继续"按钮，进入下一项内容，如图 14-25 所示。

图 14-25　云渲染参数设置

（4）在该对话框中进行相关的参数设置，包括从下拉列表中选择将要渲染的视图名称、输出类型、渲染质量、图像尺寸、曝光、文件格式等。

对话框提示了预计的等待时间，以及是否在完成后向用户发送电子邮件。

（5）各项参数设置完成后，单击"开始渲染"按钮，软件就开始上载进行渲染。

（6）完成渲染后，软件会自动提示，用户可以在网页中下载已渲染好的视图图像，保存到计算机中。

➥ 实操实练-32　渲染视图的创建

（1）打开"建筑—透视图"项目，在快捷访问工具栏中，单击 按钮将视图切换到三维视图。

（2）单击"视图"选项卡下的"渲染"按钮，软件弹出"渲染"对话框。

（3）在"渲染"对话框中，设置质量为高，照明方案为室外：仅日光，背景样式为天空：少云，模糊度为清晰，如图 14-26 所示。

图 14-26　渲染参数设置

（4）单击"渲染"对话框顶端的"渲染"按钮开始进行渲染。

（5）渲染完成后，单击"显示渲染"按钮查看渲染效果。

（6）按照上述步骤，对项目的东南、东北两个视图进行渲染。

（7）将项目文件另存为"建筑—渲染图"，完成对该项目三维视图的渲染，如图 14-27 所示。

图 14-27　渲染图

第15章

图纸

知识引导

本章主要讲解在 Revit 软件中对模型图纸深化的实际应用操作，包括创建图纸、标题栏、拼接线视图的添加、修订、视口控制等。

使用"图纸"工具可为施工图文档集中的每张视图创建一个图纸视图，同时可以在每个图纸上放置多个视图或明细表。

预习重点

◎ 图纸的创建和视图的添加。

15.1 图纸的创建

图纸是施工图文档集的一个独立的页面。在项目中，可以创建各样式的图纸，包括平面施工图纸、剖面施工图纸以及大样节点详图等。

【执行方式】

功能区："视图"选项卡→"图纸组合"面板→"图纸"

【操作步骤】

（1）执行上述操作，弹出"新建图纸"对话框，如图 15-1 所示。

（2）选择图纸标题栏并新建图纸视图。

如图 15-1 所示，在"选择标题栏"列表框下，可以选择带有标题栏的图纸大小。例如，"A0 公制"、"A1 公制"、"A2 公制"等，若没有需要的尺寸标题栏，可以单击 载入(L)... 按钮将族库中其他标题栏载入到当前项目中。然后在该对话框中就会出现载入进来的新公制标题。

图 15-1 "新建图纸"对话框

也可以选择"无"创建不带标题栏的图纸。为了展示图纸的每一个操作环节，这里选择"无"，即创建不带有标题栏的图纸。以此为例。单击"选择占位符图纸"列表框下的"新建"按钮并单击"确定"按钮，保存选择并返回到之前界面。软件的视图将自动跳转到新建图纸视图中，在项目浏览器中，图纸目录下，就会找到新建图纸的名称，因为当前视图为该新建图纸视图，所以视图的名称将高亮显示，如图 15-2 所示。

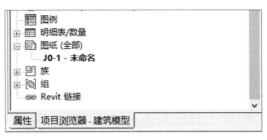

图 15-2　图纸目录

（3）修改图纸编号和名称。

在当前新建图纸的名称上单击鼠标右键，在弹出的命令功能区中选择"重命名"命令，这时软件弹出"图纸标题"对话框，如图 15-3 所示。

图 15-3　"图纸标题"对话框

在该对话框中，修改图纸的编号以及名称，完成后单击"确定"按钮，这时项目浏览器中图纸的名称即可修改完成。图纸的命名有助于日后对图纸的管理和出图工作。这样一张无标题栏的图纸就创建完成。

15.2　标题栏的创建

使用此工具可以在新建的图纸中创建标题栏图元。

【执行方式】

功能区："视图"选项卡→"图纸组合"面板→"标题栏"

【操作步骤】

（1）将操作视图切换至相应图纸视图，激活上述命令按钮。

（2）执行上述操作。

（3）选择标题栏类型并设置相关参数。

实操实练 权威授权版

单击属性框中的类型选择器，在下拉列表中选择将要放置的标题栏公制尺寸，如图 15-4 所示。

图 15-4　标题栏类型选择器

若该下拉菜单中未有需要的标题栏类型，这时可单击选项栏中的 **载入...** 按钮，或者单击"修改 | 放置 放置标题栏"选项卡下的"载入族"工具，软件都将弹出"载入族"对话框，如图 15-5 所示。按照"China—标题栏"的顺序打开标题栏文件夹。

图 15-5　"载入族"对话框

在该对话框中，可以看到族库中该文件夹下存储的标题栏族文件，配合使用 Ctrl 和 Shift 键，可以将一个或多个标题族文件载入到当前项目中，这时在类型选择器下拉列表中就能找到新载入进来的标题尺寸，单击并选择该公制尺寸标题。

单击属性框中的"编辑类型"按钮，软件弹出标题栏类型属性对话框，如图 15-6 所示。

图 15-6　标题栏类型属性对话框

其中"尺寸标注"下的"l"、"c"、"b"、"a"数值分别表示图纸幅面边界线的长度、标题栏边线距幅面边界线的宽度、图纸幅面边界线的宽度和装订线预留边线宽度。一般情况下，该类数值都有统一的设计规定，单击"确定"按钮返回到标题栏放置状态。

将光标移动到绘图区域中，在当前图纸视图中的合适位置上单击。在放置自由实例时，可以单击空格键循环放置基点。

（4）标题栏的修改。

单击已放置的标题栏，在属性框中修改和调整标题栏中的各个信息，包括图纸信息以及相关人员的信息，如图 15-7 所示。

图 15-7　标题栏实例属性对话框

在对应的栏中输入和修改相关数据，完成后单击"应用"按钮保存，相应的图纸中的标题栏也会一同被修改。对于标题栏中关于"出图记录"类似的相关的信息输入，可以在"注释"选项卡下选择"文字"工具，将需要的文字信息放置到指定的位置上。

15.3 拼接线的创建

拼接线是绘制线，可以将其添加到视图中，以指示视图拆分的位置。

【执行方式】

功能区："视图"选项卡→"图纸组合"面板→"拼接线"

【操作步骤】

（1）在项目浏览器中，通过单击，从中打开需要创建拼接线的主视图。

（2）执行上述操作。

（3）设置拼接线相关参数。

在属性框中设置拼接线的限制条件，如图 15-8 所示。

图 15-8　拼接线实例属性

各条件参数说明如下。

- 顶部约束：指定拼接线在所创建的视图中可见的顶部标高。
- 顶部偏移：指定拼接线在所创建的视图中可见的顶部标高上方的距离。
- 底部约束：指定拼接线在所创建的视图中可见的底部标高。
- 底部偏移：指定拼接线在所创建的视图中可见的底部标高上方的距离。

（4）设置选项栏参数。

在选项栏中还可继续设置是否在绘制时产生链效果，以及设置单击点与拼接线之间的偏移。

（5）绘制拼接线。

完成上述实例属性设置后，在"上下文"选项卡下"绘制"面板中选取某种绘制工具，然后在绘图区域中以绘制模型线样式来绘制拼接线，完成后单击✔按钮退出编辑模式，拼接线就会在当前视图中显示出来。

15.4　视图的添加

使用此工具将项目浏览器中的视图添加到图纸中。可以在图纸中添加建筑的一个或多个视图，包括楼层平面、场地平面、天花板平面、立面、三维视图、剖面、详图视图、绘图视图和渲染视图。每个视图仅可以放置到一个图纸中。要在项目的多个图纸中添加特定视图，可创建视图副本，还可以将图例和明细表（包括视图列表和图纸列表）放置到图纸中。可以将图例和明细表放置到多个图纸中。操作方式可以在项目浏览器中，展开视图列表，找到该视图，然后将其拖曳到图纸中。也可以通过下列执行方式：

【执行方式】

功能区："视图"选项卡→"图纸组合"面板→"视图"

【操作步骤】

（1）打开将要放置视图的图纸。

（2）执行上述操作，打开"视图"对话框，在"视图"对话框中选择一个视图，然后单击"在图纸中添加视图"按钮。

（3）在绘图区域的图纸中移动光标时，所选视图的视口会随其一起移动。单击以将视口放置在所需的位置上。

（4）如果需要，可以修改图纸中的各个视图，内容如下：

- 要修改图纸中显示的视图标题，可双击该标题，然后对其进行编辑。
- 要将视图移到图纸中的某个新位置，可选择其视口，然后对其进行拖曳。可以将视图与轴网线对齐以进行精确放置。

15.5　修订

使用修订工具可以输入有关修订的信息，或在发布时标记修订。还可以修改修订的编号方案，并控制图形中的每个修订的云线和标记的可见性。

【执行方式】

功能区："视图"选项卡→"图纸组合"面板→"修订"

🖱【操作步骤】

（1）执行上述操作，软件弹出"图纸发布/修订"对话框，如图 15-9 所示。

序列	编号	日期	说明	已发布	发布到	发布者	显示
1	数字	9.7	墙体变化	☐			云线和标记
2	数字	9.15	访问端口	☐			云线和标记
3	数字	9.24	增加视觉样式	☐			云线和标记

添加 (A)

编号
◉ 每个项目 (R)
○ 每张图纸 (H)

行
上移 (M)
下移 (V)
向上合并 (U)
向下合并 (D)

字母序列
选项 (O)...

确定 (K)　　取消 (C)　　应用 (P)

图 15-9　"图纸发布/修订"对话框

（2）添加修订信息。

在如图 15-9 所示的对话框中，若要添加新的修订，可单击"添加"按钮进行修订的添加，然后单击每一行，修改修订的信息。

- 日期：输入进行修订的日期或发送修订以供审阅的日期。
- 说明：输入要在图纸的修订明细表中显示的修订的说明。
- 已发布、发布到、发布者：如果已发布修订，则输入"发布到"和"发布者"的值，并勾选"已发布"复选框。
- 显示：单击每行，在弹出的下拉菜单中选择"无"、"标记"、"云线和标记"三项中的一项。其中"无"表示在图纸中不显示云线批注和修订标记；"标记"表示显示修订标记并绘制云线批注，但在图纸中不显示云线。
- 云线和标记：表示在图纸中显示云线批注和修订标记。软件默认选项为"云线和标记"。完成设置如图 15-10 所示。
- 修订信息合并：对于某些项目，可能希望合并来自项目中某个特定阶段的所有修订，然后分别列出下一个项目阶段的所有新修订。单击其中某项前方的序列号选择改行，在功能栏中单击"向上合并"或"向下合并"。这时软件就会弹出合并操作警示框，如图 15-10 所示，单击"确定"按钮，完成修订信息的合并。

Revit

合并操作将修改此修订的所有云线批注。是否继续？

确定　　取消

图 15-10　合并操作提示

- 字母序列：单击"选项"按钮，软件会弹出"序列选项"对话框，如图 15-11 所示。

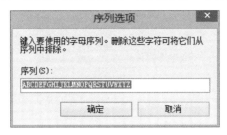

图 15-11　"序列选项"对话框

在对话框中的"序列"栏下，输入要使用的字母序列，可将这些字符从序列中删除并排除，输入完成后单击"确定"按钮返回到"图纸发布/修订"对话框，再次单击"确定"按钮保存修改并返回到当前视图中。

（3）添加修订信息。

修改信息创建完成后，就可以在除三维视图以外的所有视图中绘制云线批注，并将每一个修订指定给一个或多个云线。具体云线批注的创建以及修订的指定参照 14.2.4 节。

大多数图纸的标题栏都包含修订明细表。若将视图放置在图纸中并且该视图包含修订云线，修订明细表将自动显示有关这些修订的信息。如果需要，可以指定将其他修订显示在修订明细表中。

15.6　视图参照

视图参照用于添加注释，表明选定视图的图纸编号和详图标号。视图参照是一个符号。可以在族编辑器中创建视图参照族。视图参照族可以包含视图编号和图纸编号参数值的线、填充面域、文字和标签。

若要在三维视图中放置视图参照，视图必须处于锁定状态。

【执行方式】

功能区："视图"选项卡→"图纸组合"面板→"视图参照"

【操作步骤】

（1）展开项目浏览器，打开要向其添加参照的视图。

（2）单击"视图"选项卡下的"视图参照"按钮。

（3）在属性框类型选择器下拉列表中，选择视图参照类别，如图 15-12 所示。

（4）选择视图类型和目标视图。

在"修改 | 视图参照上下文"选项卡下，"视图参照"面板中，对"视图类型"和"目标视图"进行选择，如图 15-13 所示。

图 15-12 视图参照类型选择器

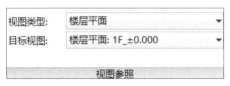

图 15-13 "视图参照"面板

在"视图类型"下为"目标视图"列表选择要显示的视图类型。在"目标视图"面板中，选择相应的标高视图样式。

（5）放置视图参照。

完成选择后，将光标移动到绘图区域中，在当前视图中合适的位置上单击以放置视图参照。

（6）隐藏参照视图。

放置在视图上的参照，可通过设置对其进行隐藏。单击"视图"选项卡下的"可见性/图形"按钮，软件弹出当前参照所在视图的"可见性/图形替换"对话框，如图 15-14 所示。

图 15-14 "可见性/图形替换"对话框

在该对话框的上方，切换到"注释类别"选项卡，从列表中找到"视图参照"选项，如图 15-14 红线所框选的。取消勾选"视图参照"复选框，然后单击"确定"按钮，保存修改并返回到当前视图中，这时视图中的参照已经隐藏掉。

15.7 导向轴网

使用此工具可以在图纸中添加轴网向导来对齐放置的视图，以便于这些视图在不同的图纸中能够出现在相同位置处。还可以将同一个轴网向导显示在不同的图纸视图中，也可以在不同的图纸之间共享已创建的轴网向导。

【执行方式】

功能区："视图"选项卡→"图纸组合"面板→"导向轴网"

【操作步骤】

（1）打开相关图纸。

（2）执行上述操作，软件弹出"指定导向轴网"对话框，如图 15-15 所示。

图 15-15 "指定导向轴网"对话框

（3）创建新的导向轴网。

若是第一次在图纸视图中创建导向轴网，则对话框中的"选择现有轴网"为灰显只读状态。软件默认会选择"创建新轴网"选项，在对应的"名称"文本框中，输入将要创建的导向轴网的名称，完成后单击"确定"按钮保存修改并返回到图纸视图。软件就会在图纸中生成导向轴网，如图 15-16 所示。

（4）定位导向轴网。

可单击选择导向轴网，通过拖曳边线上的范围控制点来指定轴网向导的范围，软件默认的导向轴网范围与图纸范围加上偏移值匹配。

单击选择所放置的视图，在"修改"面板中选择"移动"工具，先选择视口中的裁剪区域或基准，单击开始移动，使它们与导向轴网中的线对齐，从而以此来指定图纸中的确切位置。

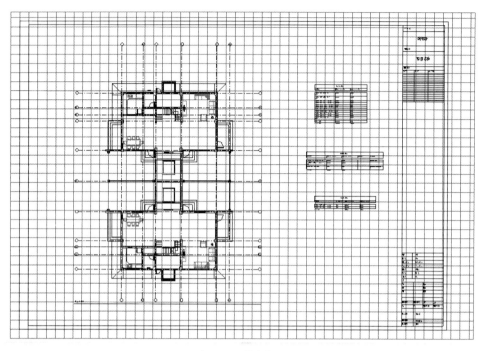

图 15-16　导向轴网

（5）修改导向轴网。

添加到图纸视图中的导向轴网，可以继续对其进行属性修改和设置。单击选择导向轴网，在属性框中对其进行参数修改，如图 15-17 所示。

图 15-17　导向轴网属性对话框

在"属性"选项板中的"尺寸标注"下，可重新指定导向轴网的导向间距，以及修改导向轴网的名称，完成后单击"应用"按钮保存修改。

在创建完成导向轴网后，还可以在对象样式中继续更改导向轴网的线样式，包括"线宽"、"线颜色"和"线型图案"。

单击"管理"选项卡下"设置"面板中的"对象样式"按钮，软件弹出"对象样式"对话框，切换到"注释对象"选项卡下，如图 15-18 所示。

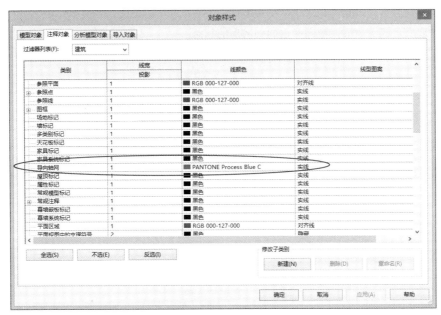

图 15-18　导向轴网显示设置

在该面板下，在"类别"框中找到"导向轴网"类别一栏，分别单击"线宽"、"线颜色"和"线型图案"各自的选项值，在弹出的下拉列表中，选择合适的选项，完成后单击"确定"按钮保存样式的修改并返回到当前视图中，这时导向轴网的线样式就会根据重新的设置值进行显示。

（6）创建共享导向轴网。

展开项目浏览器下的图纸目录，双击图纸名称进入另一图纸视图。继续单击"视图"选项卡下的"导向轴网"按钮，软件弹出"指定导向轴网"对话框，如图 15-19 所示。

图 15-19　"指定导向轴网"对话框

在该对话框中可以看到，与第一次创建不同，这里的"选择现有轴网"选项已经可以被选择，若要创建共享导向轴网，此时在"选择现有轴网"栏下，单击选择项目中已创建的导向轴网名称，选择完成后单击"确定"按钮，这时选择的导向轴网就已添加到新的图纸视图中。

若要创建新的导向轴网，单击选择"创建新轴网"，其他步骤与之前相同。

15.8　视口控制

通过视口控制工具可在图纸中激活选定的视图，然后可从图纸中直接修改视图，而无须单独打开视图，完成后可取消激活，视图又返回到之前的状态。

【执行方式】

功能区："视图"选项卡→"图纸组合"面板→"视口"

【操作步骤】

（1）展开项目浏览器下已完成的图纸目录，双击图纸名称进入图纸视图。

（2）在绘图区域中，选择图纸中的一个视图。

（3）在弹出的"修改 | 视口上下文"选项卡下"视图"面板中就出现了"激活视图"按钮，如图 15-20 所示。

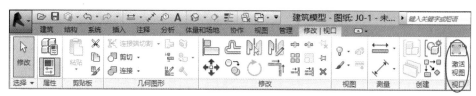

图 15-20　激活视图面板

（4）修改视图内容。

单击"激活视图"按钮激活当前图纸中的视图，软件会以半色调显示图纸标题栏及其内容，也仅显示活动视图的内容。这时就可以根据需要编辑该视图。

根据具体需要修改视图，例如添加尺寸标注、添加文字注释、修改视图比例等。

（5）取消视图激活。

完成图纸中视图的修改后，单击"视图"选项卡下"视口"下拉列表中的"取消激活"按钮。这时刚刚进行编辑的视图即可恢复激活前的状态。

（6）双击图纸中的视图也可以快速激活当前视图。

实操实练-33　图纸的创建

（1）打开"建筑—平面图标注"项目，在项目浏览器下，展开楼层平面视图目录，双击 1F_±0.000 名称进入 1 层平面视图。

（2）单击视图控制栏中的显示裁剪区域，通过拖曳裁剪边线上的控制点，裁剪出需要显示的图纸内容边界。

（3）单击"视图"选项卡下，图纸组合中的"图纸"按钮，在弹出的"新建图纸"对话框中选择 A0 公制，如图 15-21 所示，单击"确定"按钮打开图纸。

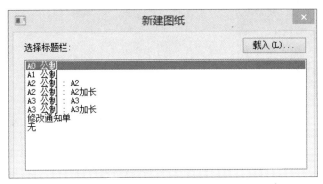

图 15-21　新建图纸

（4）视图跳转至图纸界面，在项目浏览器中，单击 1F_±0.000 名称并拖曳到图纸中，调整到合适的位置时单击放置视图。

（5）在视口属性框中，勾选"裁剪视图"后方的复选框，取消勾选"裁剪区域可见"复选框，如图 15-22 所示。单击"应用"按钮进行保存。

图 15-22　视口范围设置

（6）拖动图纸的标题至图纸中的合适位置，并在"视口属性"框下的图纸中的"标题"一栏后方输入一层平面图。单击"应用"按钮保存。

（7）按照同样的方式，将创建完成的门窗明细表也拖曳至图纸视图中，并对其表格进行小幅度格式修改。

（8）按照上述步骤，对项目中其他楼层平面进行图纸的创建。

（9）将项目文件另存为"建筑—图纸"，完成对该项目图纸的创建。

第16章

协作

📓 知识引导

　　本章主要讲解在 Revit 软件中创建模型时各专业模型之间协作的实际应用操作，包括模型链接协作、创建工作集进行协作。

16.1　Revit 协作模式

Revit 的协作模式主要包括如下两类：

- 模型链接。在一个 Revit 项目文件中引用其他 Revit 文件的相关数据，与 AutoCAD 的外部引用功能相同。
- 工作集。通过使用工作共享，多个设计者可以操作自己的本地文件，并通过中心文件与其他工作者共享工作成果，形成完整的项目成果。

16.2　模型链接

✎ 预习重点

◎ Revit 链接、复制/监视功能、碰撞检查。

16.2.1　模型链接协作模式的特点

模型链接协作模式的特点主要有：

- 模型链接协作模式主要应用于专业间协作。
- 将模型链接到项目中时，软件会打开链接模型并将其保存到内存中。项目包含的链接越多，则其打开链接模型所需的时间就越长。
- 在链接时可以将链接的 Revit 模型转换为组，也可以将组转换为链接的 Revit 模型，还可以镜像链接的 Revit 模型。

16.2.2　模型链接的创建

模型链接的创建，即将外部 Revit 模型链接到当前项目中。具体链接步骤参照第 4 章内容。

16.2.3　复制/监视功能

使用"复制/监视"工具可以监视跨多个规程的项目对图元的修改，然后执行协调查阅以标识潜在的问题。

✐【执行方式】

功能区："协作"选项卡→"坐标"面板→"复制/监视"

🖰【操作步骤】

（1）链接相关文件。

根据第 4 章介绍的步骤，将外部已完成的 Revit 文件链接到当前项目中，链接文件时可使用"自动-原点-原点"对齐方式。链接进来的模型，在当前状态下无法对其进行编辑，光标移动之上，可显示虚拟边框。

（2）执行上述操作。

单击选择"协作"选项卡下"复制/监视"下拉列表中的"选择链接"按钮，如图 16-1 所示。

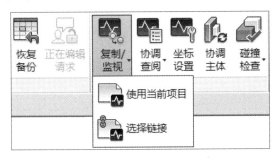

图 16-1　"复制/监视"下拉列表

（3）选择链接文件，这时软件弹出"复制/监视上下文"选项卡，如图 16-2 所示。

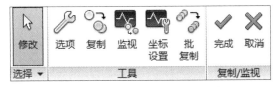

图 16-2　"复制/监视上下文"选项卡

各工具使用说明如下。

- 修改：单击进入选择模式，以此可以选择要修改的图元。
- 选项：用于定义"复制/监视"工具的设置。

- 复制：将指定图元从链接项目复制到主体项目中。
- 监视：可以在对应的成对图元之间建立关系。
- 坐标设置：指定在将系统装置从链接模型复制到当前项目时的映射行为。
- 批复制：复制尚未从链接模型复制到当前项目中的装置。

（4）复制链接文件中的相关图元。

要复制创建图元，可单击"复制"按钮。这时在选项栏中会出现如图 16-3 所示的参数设置项。

图 16-3 "复制/监视"面板

要复制创建多个标高，可在该选项栏中勾选"多个"复选框。

将光标移至绘图区域，从右下角向左上角的方向框选绘图区域中的所有图元，框选完成后，此时选项栏中的过滤器按钮 ▼ 变为可单击状态，单击此过滤器，弹出"过滤器"对话框，如图 16-4 所示。

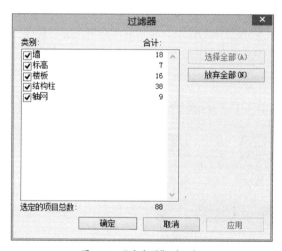

图 16-4 "过滤器"对话框

在"类别"框中只勾选需要复制的类别复选框，完成后单击"确定"按钮，并返回到当前视图中。

单击选项栏中的"完成"按钮 完成，再单击"复制/监视上下文"选项卡下"复制/监视"面板中的"完成"按钮 ✔，可将链接项目中相关图元复制到当前项目中。

（5）复制/监视图元。

当通过复制/监视创建的图元发生修改时，软件会弹出协调监视警告对话框，如图 16-5 所示。

图 16-5 协调监视警报

此时绘图区域中，被修改的图元和与之相应的链接图元都会以橙色的样式显示，根据实际需要确定是否进行移动处理。

当链接彻底从项目中删除后，监视功能就会消失。

16.2.4　协调查阅功能

使用"协调查阅"工具可以用来查阅对受监视的图元进行更改的有关警告，与对同一项目进行工作的其他团队进行沟通，以及解决有关对项目模型进行更改的问题。

一般的，如果出现了修改、移动或删除受监视的图元，或在受监视的墙或楼板中添加、移动、修改或删除基于主体的图元（门、墙或洞口）时，软件会出现协调监视警告。

16.2.3 节中，复制、监视基准图元，在弹出协调监视警告时，若未及时处理，也可以通过协调查阅工具，在团队之间协调各种修改，以此来解决出现的问题。

🖊️【执行方式】

功能区："协作"选项卡→"坐标"面板→"协调查阅"

🖱️【操作步骤】

（1）打开链接文件，并修改复制/监视相关图元，保存文件。

（2）打开当前文件，文件提示链接文件改变，需要进行协调查阅操作。

（3）执行上述操作。

单击选择"协作"选项卡下"协调查阅"下拉列表中的"选择链接"按钮，如图 16-6 所示。

图 16-6　"协调查阅"面板

（4）拾取被监视的链接.rvt 文件，软件弹出"协调查阅"对话框，如图 16-7 所示。

（5）查阅监视文件动态并执行相关处理操作。

在该对话框中"在主体项目中"选项卡下修改和调整相关内容。

单击"成组条件"后方的下拉按钮，在弹出的下拉列表中选择一项以此来显示要修改警告列表的排序方式。在消息框中，可以看到当前项目中存在的协调警告内容以及处理方式。单击右下角的"图元"按钮，可以展开或收起与每条警告相关的图元的信息。

图 16-7 "协调查阅"对话框

在每条警告后面的"操作"栏中，选取某项以表示对当前警告的处理方式，可选用的操作随修改类型的不同而发生变化。

- 推迟：该项表示推迟处理当前消息，不采取任何操作，可在以后再解决修改。
- 拒绝：该项表示要拒绝更改，指明对项目中的图元进行的修改不正确，必须对链接模型中关联的受监视图元进行修改。
- 接受差值：表示指明对受监视的图元进行的修改是可接受的，并可更新相应的关系，而无须修改相应的图元。
- 修改 XXX：表示可将该更改应用于当前项目中的相应图元。

在"注释"栏中，添加对于此协调警告的相关注释信息。勾选"推迟"、"拒绝"复选框。这时单击"创建报告"就可以创建 HTML 报告以保存修改、操作和相关注释的记录，或者与涉及该项目的团队成员进行沟通。还可以在电子表格应用程序中打开 HTML 文件以组织或增强信息，如图 16-8 所示。

图 16-8 "导出 Revit 协调报告"对话框

在该对话框中设置要保存的文件名以及保存类型，设置保存路径信息。完成后单击"保存"按钮完成 HTML 文档的生成。

16.2.5　协调主体

通过使用协调主体工具，列出以链接模型为主体并因链接模型的修改或删除而被孤立的标记和图元，可将这些图元重新指定主体。

✎【执行方式】

功能区："协作"选项卡→"坐标"面板→"协调主体"

🖱【操作步骤】

（1）执行上述操作，软件弹出"协调主体"浏览器。

默认情况下，该浏览器固定在窗口的右侧，如图 16-9 所示。

图 16-9　协调主体报告

（2）设置孤立图元显示形式。

在浏览器中，展开每个孤立图元的信息，选择某个图元，单击浏览器上方的"图形"按钮，软件弹出"图形"对话框，如图 16-10 所示。

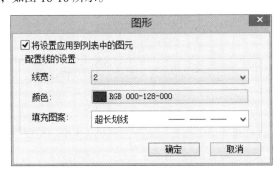

图 16-10　孤立图形显示设置

在该对话框中，勾选"将设置应用到列表中的图元"复选框，在配置线的设置框下，指定配置线的"线宽"、"颜色"和"填充图案"的值。项目将使用这些设置来显示孤立的图元。完成设置后单击"确定"按钮保存修改并返回到浏览器中。

（3）设置孤立图元排序方式。

孤立图元的类别和数量较多时，可以通过单击"排序"按钮，为孤立图元选择一个合适的排序规则，如图 16-11 所示。

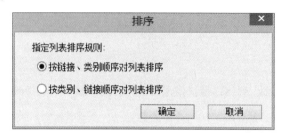

图 16-11　孤立图元排序方式设置

在该对话框中指定列表排序顺序后，单击"确定"按钮保存修改并返回到浏览器中。

（4）显示孤立图元。

在"协调主体"浏览器中，选择需要定位的某个孤立图元。单击浏览器上方的"显示"按钮，这时软件将显示该孤立图元。

（5）修改孤立图元。

若要删除不再需要的孤立图元，在浏览器中选择该图元，单击鼠标右键，然后选择"删除"命令即可。

若要更改当前孤立图元的主体，在浏览器中选择该图元，单击鼠标右键，然后从弹出的快捷菜单中选择"拾取主体"命令即可。将光标移动到绘图区域中，重新选择新主体。

16.2.6　碰撞检查

通过使用此工具，可以发现项目中或主体项目与链接模型之间彼此相交的图元，查找出不同类型图元之间的无效交点并能生成相应的碰撞检查报告，以此来进行各专业间的协调与讨论修改方案，并解决所有冲突。此工具的应用具有很大意义。

【执行方式】

功能区："协作"选项卡→"坐标"面板→"碰撞检查"下拉菜单→"运行碰撞检查"

【操作步骤】

（1）执行上述操作，软件将弹出"碰撞检查"对话框，如图 16-12 所示。

（2）设置碰撞检查图元类别并进行碰撞检查。

通过勾选两边框中的图元类别，也可以在上方的"类别来自"下拉列表框中设置要进行碰撞的图元来自当前项目还是某个链接模型。相应的下方显示的图元类别也会发生改变。

（3）查看碰撞检查结果。

分别从左右两边的框中勾选需要进行碰撞的图元类别，完成后单击下方的"确定"按钮，这时软件就会进行碰撞检查，完成后会弹出如图 16-13 所示的"冲突报告"对话框。

图 16-12　"碰撞检查"对话框

图 16-13　"冲突报告"对话框

单击"成组条件"后方的下拉按钮，在弹出的下拉列表中选择一项以此来显示碰撞的主体和副体。图 16-13 中墙为主体，管道为副体。

（4）修改碰撞对象并更新碰撞检查结果。

单击可展开每项碰撞的具体信息，包括主体与副体的详细信息。选择某个具体信息，单击下方的"显示"按钮，软件会自动跳转至模型中发生碰撞的具体位置，这时就可以对碰撞进行冲突修改。完成修改后，单击"刷新"按钮，这时已完成解决的冲突信息就会从框中消失。

（5）导出碰撞检查报告。

单击"导出"按钮，软件会弹出"将冲突报告导出为文件"对话框，修改文件名，选择保存类型，指定保存路径，单击"保存"按钮完成冲突报告的导出，如图 16-14 所示。

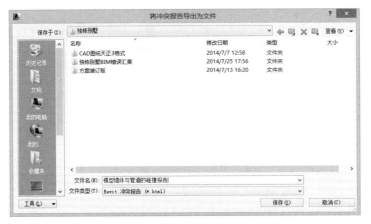

图 16-14 "将冲突报告导出为文件"对话框

冲突报告会以 HTML 文档的形式保存到计算机中，使用者可以双击打开该文档，随时查看冲突的具体信息。

碰撞检查的处理时间因所选图元的类别与多少而有很大不同。在大的模型中，对所有类别进行相互的碰撞检查花费的时间较长，建议不要进行此类操作。若要缩减处理时间，应选择有限的图元集或有限数量的类别。

➘ 实操实练-34　建筑专业轴网和标高的调用

（1）新建结构样板项目，在项目浏览器下，展开立面视图目录，双击东立面进入东立面视图。

（2）单击"插入"选项卡下的"链接 Revit"按钮，通过查找范围找到建筑 rvt 文件并单击选中，在"定位"一栏选择"自动-原点到原点"，如图 16-15 所示。单击"打开"按钮，完成建筑模型的链接。

图 16-15 "导入/链接 RVT"对话框

（3）删除项目中自带的命名为标高 2 的标高线，如图 16-16 所示。

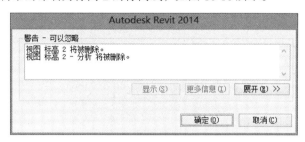

图 16-16 删除标高

（4）单击"协作"选项卡下的"复制/监视"按钮，在下拉菜单中"选择"链接按钮，将光标移动到绘图区域中，高亮显示链接边框时单击选中。

（5）在弹出的"上下文"选项卡下"工具"面板中单击"复制"按钮，勾选选择栏中的"多个"复选框，如图 16-17 所示。

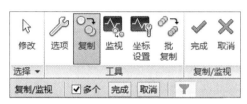

图 16-17 复制监视工具面板

（6）使用鼠标框选除标高 1 以外的其他标高所在的图元。单击选项栏中的过滤器 按钮，在"过滤器"对话框中只留下标高类别。单击"确定"按钮，如图 16-18 所示。

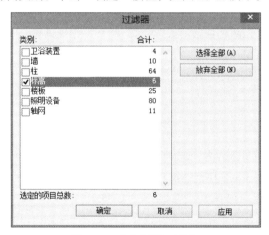

图 16-18 "过滤器"对话框

（7）先单击选项栏中的"完成"按钮，再单击"上下文"选项卡下的 按钮。

（8）对复制完成的标高加以调整，包括样式或属性参数等。

（9）在"视图"选项卡下，"平面视图"下拉列表中选择结构平面，选择出现的所有标高，单击"确定"按钮，为其他标高创建对应的结构平面，如图 16-19 所示。

图 16-19 新建结构平面

（10）创建完成的结构平面，可以在项目浏览器中查看。

（11）按照上述步骤继续复制创建结构轴网。

（12）单击保存该项目，将文件名改为"结构—轴线"，完成对该项目结构轴网和标高的创建。

16.3　工作集

使用工作集功能可以为团队项目启用工作共享，将图元组织到集合中，以便对工作集中的图元进行管理，从而进行工作协同。

16.3.1　工作集的特点

工作集的特点如下。

- 便于编辑：将一个项目分为多个工作集便于同时对项目的所有部分进行编辑。
- 可见性控制性强：将 Revit 模型链接到其他 Revit 项目中时，可以在可见性设置中根据工作集进行控制。
- 避免图元随意更改：通过工作集，可以控制操作者的实际操作权限，只有拥有实际操作权的操作者才有权限对该图元进行修改调整，避免图元的随意更改。
- 避免操作重叠：通过创建功能不重叠的工作集来避免参与方在创建图元时创建重叠的图元。
- 项目大小控制：通过工作集可以将整个项目划分到若干工作集中，有效控制当前编辑操作模型大小。
- 任务分配协调：通过工作集，可以划分设计者各自的图元控制权，以实现设计者可以以工作组形式协同工作。

- 工作集和样板文件关系：工作集不能包含在样板文件中。

16.3.2 工作集中心文件的创建与管理

工作集中心模型用于存储项目中所有工作集和图元的当前所有权信息，并充当该模型所有修改的分发点。

【执行方式】

功能区："协作"选项卡→"管理协作"面板→"工作集"

【操作步骤】

（1）打开要用作中心模型的项目文件。

（2）执行上述操作，软件打开"工作共享"对话框，如图 16-20 所示，包含默认的用户创建的工作集"共享标高和轴网"和"工作集 1"，单击"确定"按钮。

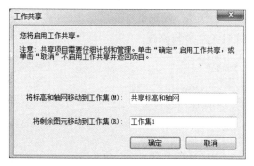

图 16-20 "工作共享"对话框

（3）创建中心模型文件时，此时无须创建工作集。因此在弹出的"工作集"对话框中，单击"确定"按钮，如图 16-21 所示。

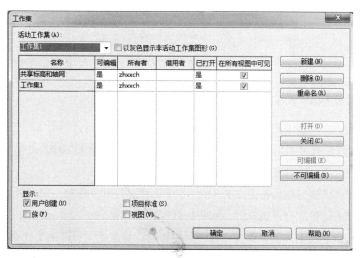

图 16-21 "工作集"对话框

其中各参数含义如下。

- 用户创建的工作集：Revit 创建两个默认的用户创建的工作集。
- 共享标高和轴网：包含所有现有标高、轴网和参照平面。可以重命名该工作集。
- 工作集 1：包含项目中所有现有的模型图元。创建工作集时，可重新将"工作集 1"中的图元重新指定给相应的工作集。可以对该工作集进行重命名，但是不可将其删除。
- 族：项目中载入的每个族都被指定给各个工作集。不可重命名或删除族工作集。
- 视图：包含所有项目视图工作集。不能将视图专有图元从某个视图工作集重新指定给其他工作集。不能重命名或删除视图工作集。
- 项目标准：包含为项目定义的所有项目范围内的设置。不能重命名或删除项目标准工作集。

（4）单击 ![R] →"另存为"→![项目图标]（项目）。

（5）在"另存为"对话框中，指定中心模型的文件名和目录位置。

（6）在"另存为"对话框中，单击"选项"按钮。弹出"文件保存选项"对话框，如图 16-22 所示，勾选"保存后将此作为中心模型"复选框。如果这是启用工作共享后首次进行保存，则此选项在默认情况下是选择的，并且无法进行修改。

图 16-22　"文件保存选项"对话框

（7）为本地副本选择默认工具集，包括如下选项。

- 全部：打开中心模型中的所有工作集。在较大的项目中，打开所有工作集会显著降低性能。
- 可编辑：打开所有可编辑的工作集。根据中心模型中可编辑的工作集的数目，该选项可能会显著降低较大项目中的性能。
- 上次查看的：根据工作集在上次 Revit 任务中的状态打开工作集。仅打开上次任务中打开的工作集。如果是首次打开该文件，则将打开所有工作集。
- 指定：打开指定的工作集。单击"打开"按钮时，将显示"打开的工作集"对话框。

（8）单击"确定"按钮。

（9）在"另存为"对话框中，单击"保存"按钮。

中心模型创建好后，Revit 在指定的目录中创建文件，并为该文件创建一个备份文件夹。备份文件夹包含中心模型的备份信息和编辑权限信息。

16.3.3　工作集的修改

工作集创建好后，还可对工作集进行重命名或删除工作集。只有工作集的所有者才能对其进行重命名。无法删除工作集 1、项目标准、族或视图工作集，也必须是工作集的所有者才能删除工作集。

【执行方式】

功能区："协作"选项卡→"管理协作"面板→"工作集"

【操作步骤】

（1）打开包含工作集的项目文件。

（2）执行上述操作，打开"工作集"对话框。

（3）在"工作集"对话框中，选择工作集的名称，然后单击"重命名"按钮。

（4）在"重命名"对话框中，输入新名称，并单击"确定"按钮两次。完成工作集的重命名。

（5）在"工作集"对话框中，选择要删除的工作集的名称，然后单击"删除"按钮。

（6）在"删除工作集"对话框中，选择删除工作集中的图元或将其移动到其他工作集。

（7）单击"确定"按钮两次，完成工作集的删除。

16.3.4　工作集本地副本的创建

中心模型本地副本用于本地进行编辑，然后与中心模型进行同步并将所作的更改发布到中心模型中，以便实现不同操作者之间的成果共享。

【执行方式】

功能区："协作"选项卡→"管理协作"面板→"工作集"

【操作步骤】

（1）打开中心模型的本地副本。

（2）单击"协作"选项卡→"管理协作"面板→🗀（工作集）。

（3）创建工作集。

在"工作集"对话框中，单击"新建"按钮。打开"新建工作集"对话框，如图 16-23 所示，输入新工作集的名称。勾选"在所有视图中可见"复选框，可在所有项目视图中显示该工作集。如果希望工作集仅在特意打开可见性的视图中显示，则不勾选该选项。单击"确定"按钮。

图 16-23　"新建工作集"对话框

（4）指定工作集所有者。

新工作集将显示在工作集列表中；它是可编辑的，并且"所有者"显示为当前用户。

如果需要为团队设置一个工作共享的模型，并且想要为每个工作集指定所有者，则每位团队成员必须打开中心模型的本地副本，在"工作集"对话框中选择工作集，并在"可编辑"列选择"是"。

（5）创建工作集完成后，单击"确定"按钮关闭"工作集"对话框。

（6）保存本地副本文件，完成本次操作。

16.3.5　工作集的协同操作

中心模型文件和本地副本创建完成后，可以通过如下方式完成工作集的协同操作。

1）保存本地副本文件

保存本地副本文件可将对副本文件的修改保存到本地模型中，保存后所有者拥有所有已修改的图元的操作权限。

🖱️【操作步骤】

（1）项目团队成员打开包含工作集的本地副本文件。

（2）对本地副本文件进行相关操作。

（3）保存本地文件，弹出如图 16-24 所示的对话框，并选择权限处理选项，完成本地副本的保存。

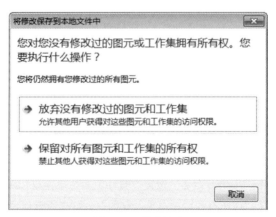

图 16-24　保存提示

- 放弃没有修改过的图元和工作集：将放弃未修改的可编辑图元和工作集，并保存本地模型。本地副本操作者仍然是可编辑工作集中任何已修改的图元的借用者，其他人只能获得对没有修改过的图元和工作集的访问权限。
- 保留对所有图元和工作集的所有权：保留所有编辑权限。

2）更新工作集

通过更新工作集，可以只从中心模型载入更新，而不将自己的修改发布到中心模型。而恢复备份可以恢复对工作集所作的修改。

✎【执行方式】

功能区："协作"选项卡→"同步"面板→"重新载入最新工作集"

快捷键：RL

🖱【操作步骤】

（1）项目团队成员打开包含工作集的本地副本文件。

（2）执行上述操作。

3）与中心文件同步

✎【执行方式】

功能区："协作"选项卡→"同步"面板→"与中心文件同步"下拉菜单

🖱【操作步骤】

（1）执行上述操作，选择同步并修改设置，如图 16-25 所示。

图 16-25　"同步"面板

（2）软件弹出"与中心文件同步"对话框，如图 16-26 所示。

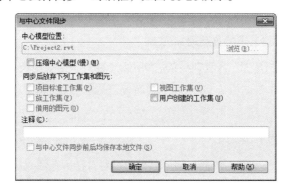

图 16-26　与中心文件同步设置

（3）设置相关选项，并确定完成与中心文件同步设置，同时完成与中心文件同步。

各选项说明如下。

- 中心模型位置：可单击"浏览"按钮来指定不同的中心模型路径。
- 压缩中心模型：保存时勾选"压缩中心模型"复选框可减小文件大小但会增加保存所需的时间。
- 同步后放弃下列工作集和图元：可以勾选同步后放弃的工作集和图元对象类别。
- 注释：可以输入将保存到中心模型的注释。
- 与中心文件同步前后均保存本地文件：设置后当与中心文件同步前后均会自动保存本地文件。如不需要进行与中心文件同步设置，可以直接执行与中心文件同步操作。

4）借用其他工作集图元

通过借用其他工作集图元可申请团队其他成员对图元的临时授权，以修改其他成员所有的图元。

🖱【操作步骤】

（1）选择一个自己没有编辑权限的图元。确保没有选中状态栏中的"仅可编辑项"选项。在绘图区域选择不可编辑的图元时，这些图元将显示"使图元可编辑"图标，如图 16-27 所示。

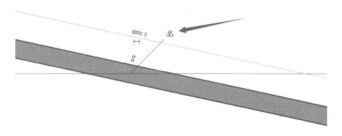

图 16-27　使图元可编辑

（2）单击绘图区域中的 🐾（使图元可编辑），如果没有其他人正在编辑该图元，则可以直接进行编辑。如果其他团队成员正在编辑该图元，或对该图元所属的工作集拥有所有权，则提交借用该图元的请求。在"错误"对话框中，单击"放置请求"按钮。此时将显示"已发出编辑请求"对话框。

（3）图元所有者将收到请求的自动通知。

（4）当请求被批准或拒绝时，将收到一条通知消息。要检查请求的状态，可在状态栏中单击 🐾（编辑请求）或单击"协作"选项卡 ➤ "同步"面板 ➤ 🐾（编辑请求），以便打开"编辑请求"对话框。

5）授权其他人员借用工作集图元

通过授权他人借用工作集图元可授权团队其他成员对自己所有图元的临时授权，以其他成员修改该图元。

【操作步骤】

（1）当团队成员提出编辑请求时，可收到处理请求。

（2）将光标悬停在对话框上时可在绘图区域中亮显请求的图元。单击"显示"按钮以保持亮显并查看图元。

（3）单击"通知"对话框中的"授权"或"拒绝"。

6）查看历史记录信息

通过此功能可查看工作共享项目的所有保存操作的时间和保存人的列表，查看在"与中心文件同步"对话框中输入的任何注释。

【执行方式】

功能区："协作"选项卡→"同步"面板→"显示历史记录"

【操作步骤】

（1）执行上述操作，弹出"显示历史记录"对话框。

（2）在"显示历史记录"对话框中，定位到共享文件并选择它，然后单击"打开"按钮。

（3）在"历史记录"对话框中，单击列标题以便按字母或时间顺序进行排序。

（4）如果需要，可单击"导出"按钮将历史记录表作为分隔符文本导出。然后，即可通过电子表格程序来读取分隔符文本。

（5）操作完成之后，单击"关闭"按钮。

7）恢复备份

通过恢复备份可以恢复对工作集所作的修改。

【执行方式】

功能区："协作"选项卡→"同步"面板→"恢复备份"

【操作步骤】

（1）执行上述操作。

（2）在"浏览"文件夹中选择备份文件，单击"打开"按钮，完成恢复备份工作。

第 17 章

概念体量

知识引导

　　本章主要讲解在 Revit 软件中创建概念体量的实际应用操作，包括新建体量、内置体量、放置体量以及基于体量的幕墙系统、屋顶、墙体、楼板等。

　　在 Revit 软件中，可以通过概念体量族功能实现类似 Sketchup 的功能，直接操纵设计中的点、边和面，创建形状以研究包含拉伸、扫描和放样的建筑概念。同时可以以这些族为基础，通过应用墙、屋顶、楼板和幕墙系统来创建更详细的建筑结构，并且通过创建楼层面积的明细表，进行初步的空间分析。

17.1　概念体量的基础

　　概念体量的形状可以通过绘制线或者闭合环创建，使用该工具可以创建任意曲线、三维实心或空心形状，然后通过三维形状操纵控件直接进行操纵。

17.1.1　概念体量项目文件的创建

　　通过此功能可创建概念体量项目文件，并打开概念体量操作界面。概念体量为一种特殊的族文件，文件扩展名为 ".rfa"。

【执行方式】

　　功能区："应用菜单栏 🕮" → "新建" → "概念体量"

【操作步骤】

　　（1）执行上述操作，打开"新建概念体量"对话框。

　　（2）在"新建概念体量"对话框中，选择"公制体量.rft"，然后单击"打开"按钮。概念设计环境将打开。

17.1.2　概念体量的形式

概念体量包括实心和空心两种形式，空心形式几何图形的作用为剪切实心几何图形。空心形式和实心形式可以通过形式实例属性进行转换。

【操作步骤】

（1）选择绘制好的草图线。

（2）选择"修改|线"选项卡→"形状"面板→"创建形状"下拉菜单→实心形状或空心形状命令。

17.1.3　概念体量草图创建工具

概念体量草图创建包括模型线和参照线两种形式。两种草图工具创建图形样式及修改行为均不相同。

基于模型线的图形显示为实线，可以直接编辑边、表面和顶点，并且无须依赖另一个形状或参照类型创建。

基于参照线的图形显示线为虚线参照平面，只能通过编辑参照图元来进行编辑，并且依赖于其参照，其依赖的参照发生变化时，基于参照的形状也随之变化。

【执行方式】

功能区："创建"选项卡→"绘制面板"

图 17-1 所示为概念体量草图绘制工具面板。

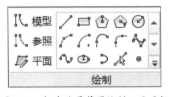

图 17-1　概念体量草图绘制工具面板

17.2　几种概念体量的形式的创建

下面介绍几种概念体量的形式的创建方法，包括拉伸、旋转、放样、放样融合等。

17.2.1　拉伸形状

【操作步骤】

（1）设置工作平面。

选择"修改"菜单→"工作平面"面板→"设置"命令。拾取相关面作为工作平面。

（2）绘制草图，草图必须为线或者闭合环，如图 17-2 所示。

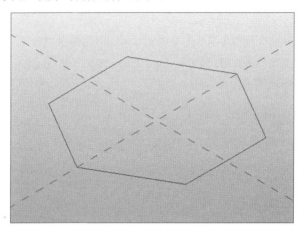

图 17-2　拉伸形状草图

当勾选 □ 根据闭合的环生成表面 复选框时，绘制的草图会自动形成面。

（3）创建形状。

框选所绘制的草图，选择"修改|线"选项卡→"形状"面板→创建形状命令。

（4）设置拉伸高度，完成拉伸形状的绘制，如图 17-3 所示。

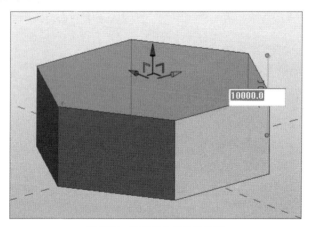

图 17-3　完成拉伸形状的绘制

17.2.2　旋转形状

【操作步骤】

（1）设置工作平面。

选择"修改"菜单→"工作平面"面板→"设置"命令，拾取相关面作为工作平面。

（2）绘制旋转截面，如图 17-4 所示。

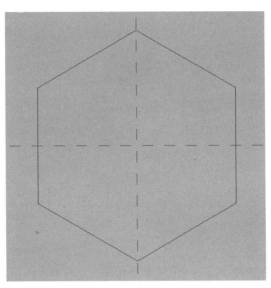

图 17-4　绘制旋转截面

（3）绘制旋转轴，如图 17-5 所示。

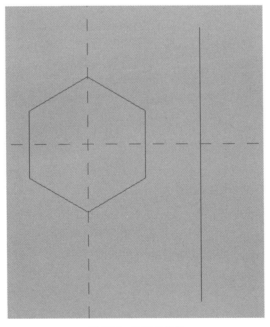

图 17-5　绘制旋转轴

（4）创建形状。

　　框选截面和旋转轴，选择"修改|线"选项卡→"形状"面板→（创建形状）命令。单击"创建形状-实心形式"，系统将创建角度为 360° 的旋转形状，如图 17-6 所示。

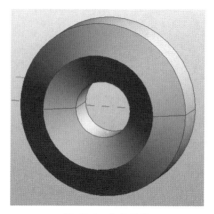

图 17-6　旋转形状

（5）设置旋转属性。

选择旋转形式，在"属性"对话框中调整旋转角度，如图 17-7 所示。

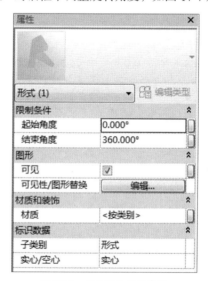

图 17-7　旋转形状实例参数

将角度调整为 180°～360°，如图 17-8 所示。

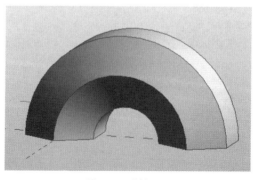

图 17-8　旋转形状

17.2.3 融合形状

🖱️【操作步骤】

（1）绘制截面。

分别设置截面 1 和截面 2 的工作平面，并绘制相应截面，如图 17-9 所示。

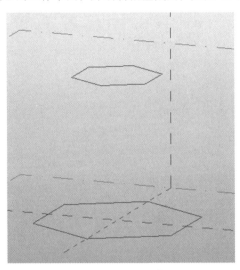

图 17-9 融合形状草图

（2）创建融合形状。

框选所绘制的草图，选择"修改|线"选项卡→"形状"面板→创建形状命令，完成融合形状的创建，如图 17-10 所示。

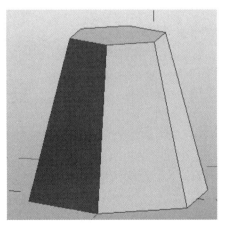

图 17-10 融合形状

（3）选择相关面，调整角度，如图 17-11 所示。

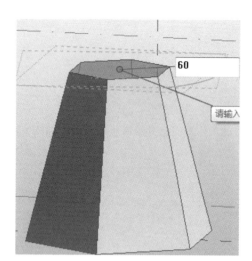

图 17-11　调整截面角度

绘制完成，如图 17-12 所示。

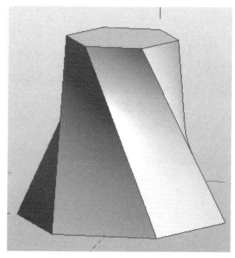

图 17-12　完成融合形状的绘制

17.2.4　放样形状

【操作步骤】

（1）设置放样路径工作平面。

选择"修改"菜单→"工作平面"面板→"设置"命令，拾取相关面作为工作平面。

（2）绘制放样路径，如图 17-13 所示。

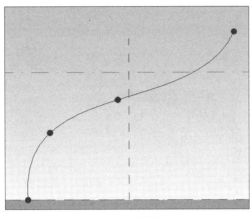

图 17-13　放样路径

（3）设置放样截面工作平面，如图 17-14 所示。

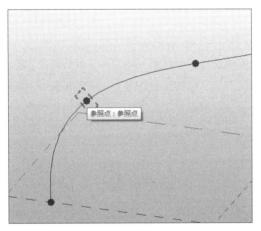

图 17-14　设置放样截面工作平面

（4）绘制截面，如图 17-15 所示。

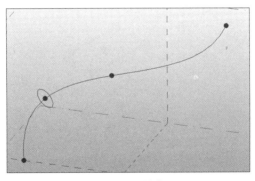

图 17-15　绘制截面

（5）创建放样形状。

框选所绘制的草图，选择"修改|线"选项卡→"形状"面板→创建形状命令，完成放样形状的创建，如图 17-16 所示。

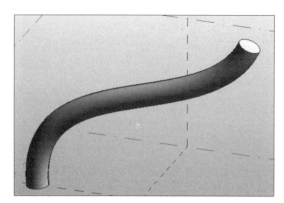

图 17-16 完成放样形状的创建

17.3 概念体量的修改调整

17.3.1 透视模式

在概念设计环境中,透视模式将形状显示为透明,显示其路径、轮廓和系统生成的引导。透视模式显示所选形状的基本几何骨架,包括显示其路径、轮廓和系统生成的引导,通过透视模式可以选择形状图元的某个特定部分进行操纵,从而调整现有体量形式。透视模式显示下列形状的可编辑图元,包括轮廓、路径、轴线、各控制节点。

📏【执行方式】

功能区:"修改|形式"选项卡→"形状图元"面板→"透视"

🖱【操作步骤】

(1)选择已经创建的形式。

(2)执行上述操作,完成透视模式效果显示,如图 17-17 所示。

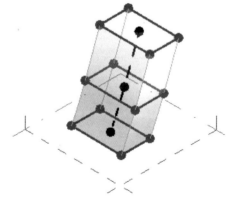

图 17-17 透视模式

(3)再次执行上述命令可退出透视模式。

17.3.2　为体量形式添加边

边是概念体量图形形状基本组成形状，在概念设计环境中，可以通过为体量形式添加边，形成控制形式形状的关键节点，以改变形状的几何图形。

📏【执行方式】

功能区："修改|形式"选项卡→"形状图元"面板→"添加边"

🖱【操作步骤】

（1）选择已经创建的形式。

（2）执行上述操作。

（3）将光标移动到形状相关面上，会显示边的预览图像，单击完成边的添加。

（4）选择添加的边或相关节点，通过拖曳方式可改变当前形状。

17.3.3　为体量形式添加轮廓

轮廓是概念体量图形形状基本组成形状，在概念设计环境中，可以通过为体量形式添加轮廓，形成控制形式形状的关键节点，以改变形状的几何图形。生成的轮廓平行于最初创建形状的几何图元，垂直于拉伸的轨迹中心线。

📏【执行方式】

功能区："修改|形式"选项卡→"形状图元"面板→"添加轮廓"

🖱【操作步骤】

（1）选择已经创建的形式。

（2）将形状图元切换到透视模式。

（3）执行上述操作。

（4）将光标移动到形状相关表面上，可预览轮廓的位置，单击完成轮廓的放置。

（5）通过修改轮廓形状改变三维体量形式形状。

（6）退出透视模式。

17.3.4　融合形状

在概念设计中，通过融合形状可以删除当前体量形式，只保留相关曲线，以便通过修改后的曲线重建体量形式。

【执行方式】

功能区："修改|形式"选项卡→"形状图元"面板→"融合"

【操作步骤】

（1）选择已经创建的形式。

（2）执行上述操作。

17.3.5 使用实心形状剪切形状几何图形

在使用实心剪切几何图形时，将删除重叠区域，邻接的实心形状保持不变。创建两个相邻的实心形状。

【执行方式】

功能区："修改"选项卡→"几何图形"面板→"剪切"

【操作步骤】

（1）执行上述操作，如图17-18所示。

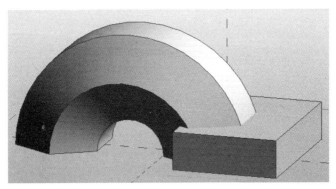

图 17-18　剪切前

（2）选择要被剪切的实心形状，如图17-19所示。

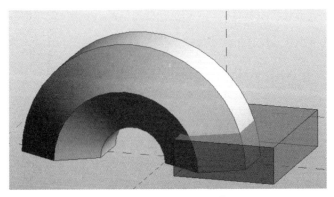

图 17-19　拾取被剪切对象

（3）选择用来进行剪切的实心形状，如图 17-20 所示。

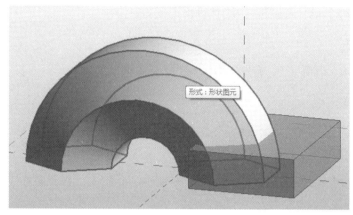

图 17-20 拾取剪切对象

（4）完成体量形式的剪切，如图 17-21 所示。

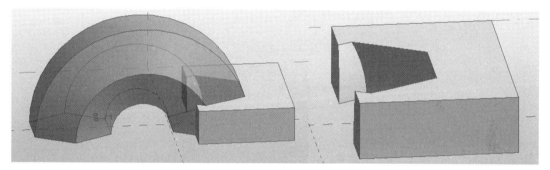

图 17-21 完成体量形式的剪切

17.4 概念体量表面有理化

通过概念体量表面有理化，可对体量形状表面按照一定规则进行分割，并可对分割后的表面进行表面填充等操作，以达到表达概念设计的效果，如图 17-22 所示。

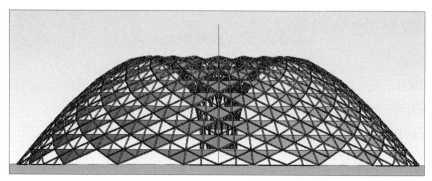

图 17-22 概念体量表面有理化

创建概念体量形状表面分割，内容如下。

在概念设计中，沿着体量表面应用分割网格。

【执行方式】

功能区："修改"选项卡→"分割"面板→"分割表面"

【操作步骤】

（1）选择要分割的表面。

（2）执行上述操作。

（3）根据需要在实例属性对话框中设置 UV 方向网格布局方式，设置参数与幕墙网格相同，如图 17-23 所示。

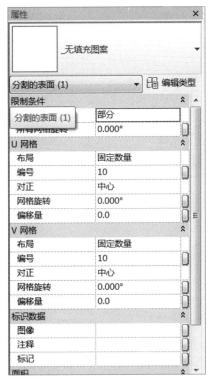

图 17-23　设置表面分割参数

（4）完成体量形状表面分割，默认情况下表面分割应用无填充图案，如图 17-24 所示。

（5）表面填充图案的替换。

选择分割表面，在实例属性类型选择器中选择对应的填充图案，如图 17-25 所示。

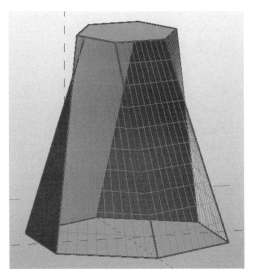

图 17-24　表面分割

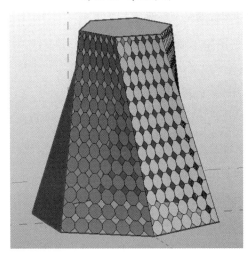

图 17-25　表面填充图案

选择表面填充图案，在"修改|分割表面"选项卡下可以对表面特定图元进行控制，如控制其可见性，如图 17-26 所示。

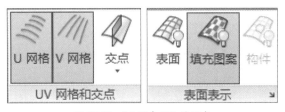

图 17-26　"分割表面"选项卡

单击"表面表示"后的箭头，弹出"表面表示"对话框，可对表面、填充图案、构件的表示方法进行设置，如图 17-27 所示。

图 17-27 "表面"选项卡

①"表面"选项卡

- 原始表面：显示已被分割的原始表面。单击 □□（浏览）以更改表面材质。
- 节点：显示 UV 网格交点处的节点。默认情况下，不启用节点。

注意，当选择对话框中的复选框时，表面会立即更新。

- UV 网格和相交线：在分割的表面上显示 UV 网格和相交线。

②"填充图案"选项卡

- 填充图案线：显示填充图案形状的轮廓。
- 图案填充：显示填充图案的表面填充。单击 □□（浏览），以修改表面材质。

③"构件"选项卡：

填充图案构件：显示表面应用的填充图案构件。

17.5 概念体量的调用和建筑构件转化

17.5.1 项目中概念体量的调用

在概念体量族编辑器中创建体量族后，可以将概念体量族载入到项目中，并将表面转化为建筑构件。

【执行方式】

功能区："体量和场地"选项卡→"概念体量"面板→"放置体量"

【操作步骤】

（1）新建 Revit 项目文件。

（2）载入概念体量族.rfa 文件。

（3）将视图切换至相关楼层平面。

（4）执行上述操作。

（5）选择载入概念体量族文件。

（6）设置放置面。

在"修改|放置 放置体量"选项卡中选择放置面。可以选择"放置在工作平面上"或"放置在面上"两种方式，如图 17-28 所示。

图 17-28　"体量放置上下文"选项卡

（7）在绘图区域相应位置单击，完成体量的放置。

17.5.2　体量楼层的创建

在项目中放置好概念体量后，通过此功能可以对体量进行楼层划分。

【执行方式】

功能区："修改|体量"选项卡→"模型"面板→"体量楼层"

【操作步骤】

（1）创建相关项目标高。

（2）选择项目中已放置的体量，如图 17-29 所示。

（3）执行上述操作，弹出"体量楼层"对话框。

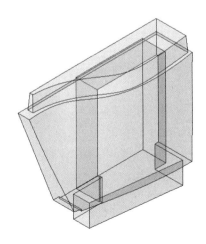

图 17-29　体量

（4）在"体量楼层"对话框中选择需要进行楼层划分的标高后单击"确定"按钮，完成体量楼层的划分，如图 17-30 所示。

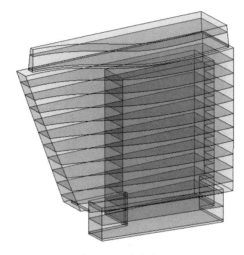

图 17-30　体量楼层

17.5.3　体量楼层的相关统计

通过此功能可以对体量楼层进行相关统计，在概念阶段为设计提供相关统计数据。

【执行方式】

功能区："视图"选项卡→"创建"面板→"明细表"下拉菜单→"明细表/数量"

【操作步骤】

（1）执行上述操作，弹出"新建明细表"对话框，如图 17-31 所示。

图 17-31　"新建明细表"对话框

（2）在"类别"栏选择体量楼层，确定后切换到"明细表属性"对话框，如图 17-32 所示。

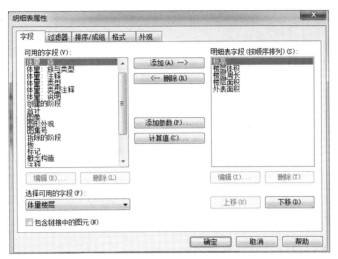

图 17-32 "明细表属性"对话框

（3）在"明细表属性"对话框中选择需要统计的相关字段，其他详细设置详见明细表章节介绍。单击"确定"按钮后完成统计工作，如图 17-33 所示。

〈体量楼层明细表〉				
A	B	C	D	E
标高	楼层体积	楼层周长	楼层面积	外表面积
F1	1153.69 m³	95536	384.56 m²	286.61 m²
F2	1153.68 m³	95536	384.56 m²	286.61 m²
F3	1443.40 m³	95536	384.56 m²	450.87 m²
F4	1602.95 m³	109994	528.11 m²	334.64 m²
F5	1638.94 m³	112037	540.43 m²	340.67 m²
F6	1672.75 m³	114068	552.08 m²	346.65 m²
F7	1704.65 m³	116103	563.02 m²	352.73 m²
F8	1734.19 m³	118165	573.25 m²	358.94 m²
F9	1761.63 m³	120275	582.75 m²	365.25 m²
F10	1787.35 m³	122453	591.60 m²	371.86 m²
F11	1622.12 m³	124714	599.91 m²	519.42 m²
F12	1345.57 m³	107791	444.72 m²	328.16 m²
F13	1334.50 m³	110242	452.28 m²	425.42 m²
F14	1056.34 m³	102140	362.77 m²	304.68 m²
F15	522.74 m³	100485	341.52 m²	486.65 m²

图 17-33 体量楼层明细表

17.5.4 基于体量的楼板

体量楼层创建完成后，通过此功能可以为体量楼层添加楼板。

✎【执行方式】

功能区："体量和场地"选项卡→"面模型"面板→"楼板"

🖱【操作步骤】

（1）执行上述操作。

（2）在实例属性类型选择器中选择需要添加的楼板类型。

（3）在"修改|放置面楼板"选项卡下选择"选择多个"选项，如图 17-34 所示。

图 17-34　"修改|放置面楼板"选项卡

（4）选择需要添加楼板的体量楼层。

（5）在"修改|放置面楼板"选项卡下选择"创建楼板"选项，完成楼板的生成，如图 17-35 所示。

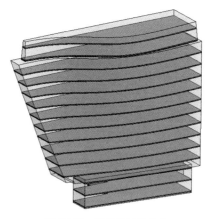

图 17-35　完成楼板的生成

17.5.5　基于体量的幕墙系统

通过此功能可以将体量形状表面转化为幕墙系统。

【执行方式】

功能区："体量和场地"选项卡→"面模型"面板→"幕墙系统"

【操作步骤】

（1）执行上述操作。

（2）在幕墙系统实例属性类型选择器中选择相应类型，并设置好相关参数。

（3）在"修改|放置面幕墙系统"选项卡下，选择"选择多个"选项，如图 17-36 所示。

图 17-36　"修改|放置面幕墙系统"选项卡

（4）拾取体量相关表面。

（5）在"修改|放置面幕墙系统"选项卡下，选择"创建系统"选项完成面幕墙系统的创建，如图 17-37 所示。

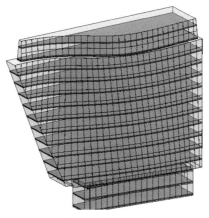

图 17-37　幕墙系统

17.5.6　基于体量的屋顶

通过此功能可以将体量形状表面转化为建筑屋顶。

【执行方式】

功能区："体量和场地"选项卡→"面模型"面板→"屋顶"

【操作步骤】

（1）执行上述操作。

（2）在屋顶实例属性类型选择器中选择相应类型，并设置好相关参数。

（3）在"修改|放置面屋顶"选项卡下，选择"选择多个"选项，如图 17-38 所示。

（4）拾取体量相关表面。

（5）在"修改|放置面屋顶"选项卡下，选择"创建屋顶"选项完成面屋顶的创建。

图 17-38 "修改|放置面屋顶"选项卡

📖 提示

若不选择"选择多个"选项则直接拾取体量相关表面即可自动生成面屋顶。

17.5.7 基于体量的墙体

通过此功能可以将体量形状表面转化为建筑面墙。

【执行方式】

功能区:"体量和场地"选项卡→"面模型"面板→"墙"

【操作步骤】

(1)执行上述操作。

(2)在墙实例属性类型选择器中选择相应类型,并设置好相关参数。

(3)设置选项栏相关参数,注意定位线设置,如图 17-39 所示。

图 17-39 放置面墙选项栏

(4)拾取体量相关表面即可自动生成面墙,如图 17-40 所示。

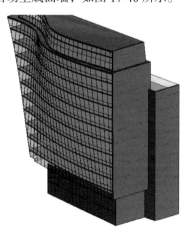

图 17-40 面墙

第18章

自定义族

知识引导

本章主要讲解在 Revit 软件中创建自定义族的实际应用操作,包括注释类族、基于对象族、基于线的族、轮廓族等几种主要类型,由于 Revit 族类型较多,本书不能列举所有族类型创建。

18.1　族概述

族是 Revit 中一个非常重要的概念,通过参数化族的创建,可以像 AutoCAD 中的块一样,在工程设计中大量反复使用,以提高三维设计效率。

族是一个包含通用参数和相关图形表示的图元组。属于一个族的不同图元的部分或全部参数可能有不同的值,但是参数的集合是相同的。族中的这些变体称作族类型或类型。

18.2　族类别

族按照类型的不同可分为系统族、外部族和内建族。

其中系统族是在 Revit 软件预定义的,不能将其从外部文件中载入到项目中,也不能将其保存到项目之外的位置,如墙、屋顶、楼板等。外建族是 Revit 中最常创建和修改的族,是在外部 RFA 文件中创建的,可导入或载入到项目中,如窗、门、家具、卫浴装置等。内建族是根据当前项目的实际要求来创建的独特图元。可创建内建几何图形,使其在所参照的几何图形发生变化时进行相应大小和其他的调整。

18.3　族参数

预习重点

◎ 类型参数和实例参数的特点及实例。

18.3.1　族参数分类

通过添加和修改族参数，可以对包含于族实例或类型中的信息进行控制。可以创建动态的族类型以增加模型中的灵活性。族参数可分为类型参数和实例参数两类。

18.3.2　类型参数的特点及实例

类型参数的特点是特定族类型的所有实例的每个属性参数都具有相同的值。修改类型参数的值会影响该族类型当前和将来的所有的实例。在"类型属性"对话框中设置修改的值均为类型参数。

18.3.3　实例参数的特点及实例

实例参数的特点是实例参数应用于族类型所创建的族实例，但这些参数的值可能会因图元在项目中的位置而不同。修改实例参数的值将只影响选择集内的图元或者将要放置的图元。在"属性"选项板中设置修改的值为实例参数。

18.4　族的创建

本节主要介绍族创建过程中的一系列内容，包括族创建的操作界面、族三维模型的创建、族参数的添加、族二维表达的处理等相关内容。

18.4.1　操作界面

族创建的操作界面与项目创建的操作界面相似，如图 18-1 所示。本节主要介绍与项目操作界面的不同之处。

1）"创建"选项卡

图 18-1 所示为族创建界面。

图 18-1　族创建界面

2）"属性"面板

- 族类别和族参数：用于执行当前正在创建的族的族类别和相关族参数，如图 18-2 所示。
- 族类型：通过此功能可以为族文件添加多种族类型并可在不同类型下添加相关参数，以通过参数控制此类型的形状、材质等特性，如图 18-3 所示。

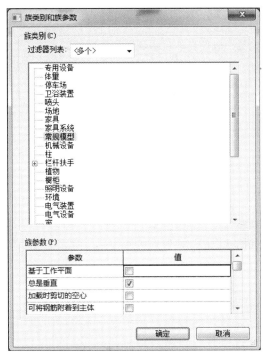

图 18-2　族类别和族参数设置

图 18-3　"族类型"对话框

3）"形状"面板

用于创建族的三维模型，包括实心和空心两种形式，创建方法包括拉伸、融合、旋转、放样、放样融合，上述几种方法将在以后章节中详细介绍。

4）"控件"面板

控件：用于添加翻转箭头，以便在项目中灵活控制构件的方向，如图 18-4 所示。

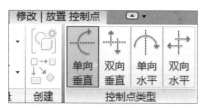

图 18-4 "控件"面板

5）"连接件"面板

- 电气连接件：用于在构件中添加电气连接件。
- 风管连接件：用于在构件中添加风管连接件。
- 管道连接件：用于在构件中添加管道连接件。
- 线管连接件：用于在构件中添加线管连接件。

6）"注释"选项卡

图 18-5 所示为"注释"选项卡。

图 18-5 "注释"选项卡

7）详图面板

符号线：用于创建族在项目中的二维表示符号，符号线不可用于创建实际几何图形。

18.4.2　族三维形状的创建

族三维模型的创建思路与体量三维模型的创建思路相同，但创建方法不同，本节主要介绍拉伸、融合、放样等几种形式的创建方法。

1）拉伸

通过此功能可创建拉伸形式族三维模型，包括实心形式和空心形式。实心形式和空心形式创建方法一致。

【执行方式】

功能区："创建"选项卡→"形状"面板→"拉伸"

【操作步骤】

（1）将视图切换至相关平面，如参照标高。

（2）执行上述操作。

（3）绘制拉伸截面。

（4）设置选项栏参数。

（5）单击完成，完成拉伸体创建。

2）融合

通过此功能可创建融合形式族三维模型，包括实心形式和空心形式。实心形式和空心形式创建方法一致。

【执行方式】

功能区："创建"选项卡→"形状"面板→"融合"

【操作步骤】

（1）将视图切换至相关平面，如参照标高。

（2）执行上述操作。

（3）绘制融合底部截面。

（4）在"上下文"选项卡中单击"编辑顶部"，切换至顶部截面绘制截面。

（5）绘制融合顶部截面。

（6）设置选项栏参数。

（7）单击完成，完成融合体创建。

3）旋转

通过此功能可创建旋转形式族三维模型，包括实心形式和空心形式。实心形式和空心形式创建方法一致。

【执行方式】

功能区："创建"选项卡→"形状"面板→"旋转"

【操作步骤】

（1）将视图切换至相关平面，如参照标高。

（2）执行上述操作。

（3）使用边界线绘制旋转体截面。

（4）在"上下文"选项卡中单击"轴"，绘制旋转轴线。

（5）在属性栏中设置旋转起始点角度和终点角度。

（6）单击完成，完成旋转体的创建。

4）放样

通过此功能可创建放样形式族三维模型，包括实心形式和空心形式。实心形式和空心形式创建方法一致。

【执行方式】

功能区："创建"选项卡→"形状"面板→"放样"

【操作步骤】

（1）将视图切换至相关平面，如参照标高。

（2）执行上述操作。

（3）在"上下文"选项卡中单击"绘制路径"或"拾取路径"，进入路径创建工作界面。

（4）使用"上下文"选项卡中的绘制工具绘制放样路径草图，单击完成放样路径的创建。

（5）创建放样轮廓。

在轮廓选择器中选择轮廓族文件，如图 18-6 所示。如果族文件中没有轮廓族可以载入轮廓族或单击"编辑轮廓"进入轮廓编辑界面，绘制轮廓草图。

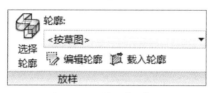

图 18-6　放样轮廓选择器

（6）单击两次完成，完成放样体的创建。

5）放样融合

通过此功能可创建放样融合形式族三维模型，包括实心形式和空心形式。实心形式和空心形式创建方法一致。

【执行方式】

功能区："创建"选项卡→"形状"面板→"放样融合"

【操作步骤】

（1）将视图切换至相关平面，如参照标高。

（2）执行上述操作。

（3）在"上下文"选项卡中单击"绘制路径"或"拾取路径"，进入路径创建工作界面。

（4）使用"上下文"选项卡中的绘制工具绘制放样路径草图，单击完成放样路径的创建。

（5）分别选择或创建轮廓一和轮廓二形状，创建方法与放样相同。

（6）单击完成，完成放样融合体的创建。

18.4.3　族类型和族参数的添加及应用

族参数的添加是族创建过程中非常重要的一步，由于族参数种类繁多，本节简单介绍族参数的添加步骤，更多内容可参考后续族实操实练内容。

1）族类型的添加

【执行方式】

功能区："修改"选项卡→"属性"面板→"族类型"

【操作步骤】

（1）执行上述操作，软件弹出"族类型"对话框。

（2）单击族类型栏中的"新建"按钮，弹出"名称"对话框。

（3）在"名称"对话框中输入族类型名称，单击"确定"按钮，完成族类型的创建。

2）族参数的添加

【执行方式】

功能区："修改"选项卡→"属性"面板→"族类型"

【操作步骤】

（1）执行上述操作，软件弹出"族类型"对话框。

（2）单击族参数栏中的"新建"按钮，弹出"参数属性"对话框，如图 18-7 所示。

图 18-7　"参数属性"对话框

（3）在"参数类型"栏中选择参数类型，默认为"族参数"，如需使用共享参数，可选中"共享参数"单选按钮，并单击"选择"按钮，在弹出的对话框中选择相关共享参数。

（4）在"参数数据"栏中设置其他参数数据。

- 名称：输入族参数名称。
- 规程：设置族参数所属规程。
- 参数类型：设置族参数类型。
- 参数分组方式：设置族参数分组方式。
- 类型：将族参数设置为类型参数。
- 实例：将族参数设置为实例参数。
- 报告参数：报告参数是一种参数类型，可从几何图形条件中提取值，然后使用它向公式报告数据或用作明细表参数。勾选此复选框后可将实例参数设置为报告参数。

3）族参数的应用

① 尺寸参数的应用

【操作步骤】

（1）使用"注释"选项卡下"尺寸标注"面板中相关尺寸标注工具对需要驱动的对话进行标注。

（2）选择尺寸标注。

（3）在选项栏"标签"下拉菜单中选择已设置的尺寸标注参数，如图 18-8 所示。如未设置尺寸标注参数，可选择该下拉菜单中的"添加参数"命令进行族参数设置。

图 18-8　尺寸标注选项栏

② 材质参数的应用

【操作步骤】

（1）选择已创建的三维模型。

（2）在实例属性对话框中单击"材质和装饰"栏下"材质"选项后的按钮，如图 18-9 所示。

图 18-9　形状实例参数

（3）软件弹出"关联族参数"对话框，在该对话框中选择已设置好的材质参数，并单击"确定"按钮，完成模型与材质参数的关联。

18.4.4　族二维表达处理

单创建族三维模型无法满足二维图纸表达，此时需要使用族二维表达以满足图纸要求。

下面介绍族二维表达处理的一般操作步骤。实际操作步骤因不同族类别而不同，具体情况读者可参照实操实练案例。

🖱 【操作步骤】

（1）控制三维模型在各视图的表达。

（2）绘制相应符号线。

（3）控制各符号线的显示。

↘ **实操实练-35　单扇平开防火门族的创建**

（1）新建族文件，选择"公制门.rft"为族模板。

新建文件后，族文件默认情况下包括墙和基于墙体的门洞。

（2）绘制门套相关参照平面。

以墙面为基准，分别向两侧绘制参照平面，此参照平面作为门套贴脸厚度参照平面。

以门洞为基准，分别向两侧绘制参照平面，此参照平面作为门套贴脸宽度参照平面和门套厚度参照平面，如图 18-10 所示。

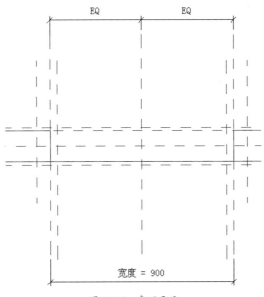

图 18-10　参照平面

（3）设置门套尺寸相关参数，包括：门套厚度、门套贴脸宽度和门套贴脸厚度。

（4）标注相关参照平面，并使用标签命令将门套参数与尺寸关联，如图 18-11 所示。

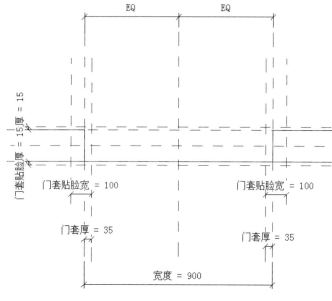

图 18-11　参数设置

（5）使用放样工具依次创建门套放样路径、门套放样轮廓，并生成放样三维模型。

- 门套放样路径：沿门洞参照平面绘制，如图 18-12 所示。可将路径草图与门洞轮廓锁定。

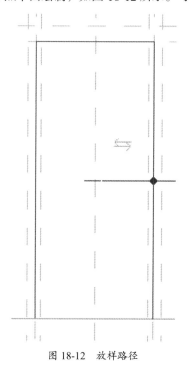

图 18-12　放样路径

● 门套放样轮廓：相关草图应参照平面保持锁定状态，，如图 18-13 所示。

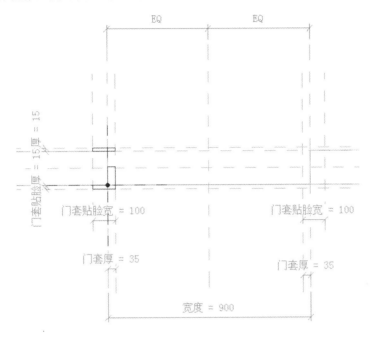

图 18-13　放样轮廓

完成门套放样后，如图 18-14 所示。

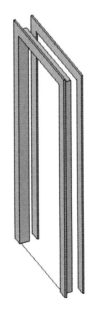

图 18-14　完成门套放样

（6）选择放样模型，进行可见性设置，如图 18-15 所示。

完成门套的绘制。

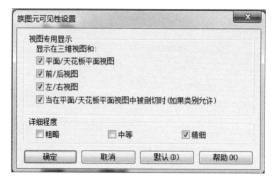

图 18-15　设置图元可见性

（7）同理，使用放样绘制门框，并设置相关参数，如图 18-16 所示。

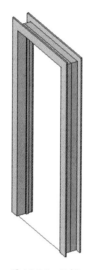

图 18-16　门框

（8）使用拉伸命令绘制门扇，并设置相关参数，如图 18-17 所示。

图 18-17　门扇

（9）使用拉伸命令绘制玻璃，并设置相关参数，如图 18-18 所示。

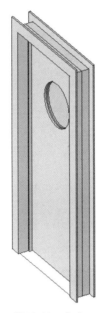

图 18-18 玻璃

（10）放置门锁。

门套为嵌套族，载入门锁族文件。

将视图切换到平面视图，选择放置构件命令（快捷键：CM）放置门锁，并将门锁相关面与门扇边锁定，如图 18-19 所示。

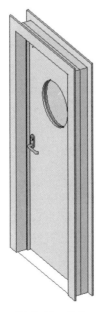

图 18-19 门锁

（11）门表达处理。

使用符号线，在平面视图和立面视图中绘制相关表达符号线，注意符号线子类别的选择，如图 18-20 所示。图 18-21 所示为门平面表达，图 18-22 所示为门立面表达。

图 18-20　符号线子类别

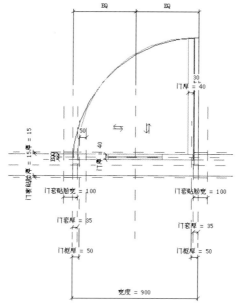

图 18-21　门平面表达

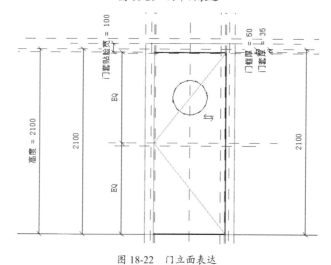

图 18-22　门立面表达

（12）将族文件保存为"单扇平开防火门"。

实操实练-36 散水轮廓族的创建

（1）新建族文件，选择"公制轮廓.rft"为族模板。

（2）绘制相关参照平面，如图 18-23 所示。

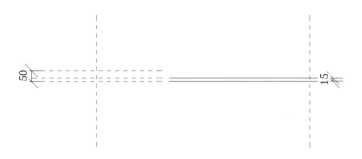

图 18-23 参照平面

（3）设置散水宽参数，对散水宽度进行标注，并使用标签功能使参数与标注关联，如图 18-24 所示。

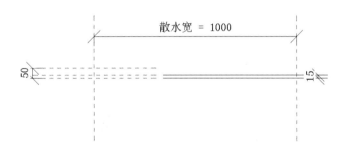

图 18-24 设置散水尺寸参数

（4）绘制散水轮廓，并将轮廓线与相关平面锁定，如图 18-25 所示。

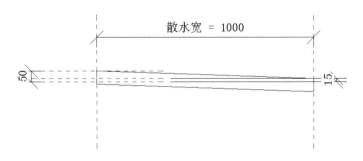

图 18-25 散水轮廓

（5）完成散水轮廓族的绘制，将文件保存为散水。

↘ 实操实练-37　窗标记的创建

（1）新建族文件，选择"窗标记.rft"为族模板。

（2）使用"创建"选项卡 ▶ "文字"面板 ▶ "标签"命令，在绘图区域适当位置放置标签。软件弹出"编辑标签"对话框，如图 18-26 所示。

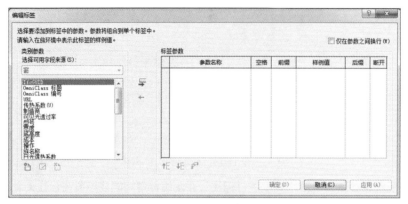

图 18-26　"编辑标签"对话框

（3）在"类别参数"中选择"类型标记"参数，并将其添加到标签参数栏，如图 18-27 所示。

图 18-27　添加标签参数

（4）单击"确定"按钮，并在绘图区域适当位置单击放置该标签，如图 18-28 所示。

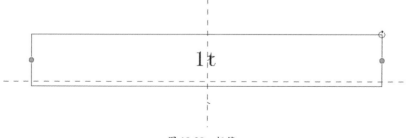

图 18-28　标签

（5）完成窗标记的创建，将文件保存为"窗标记"。

第 19 章

设计和施工阶段 BIM 应用

📓 知识引导

本章主要设计和施工阶段 BIM 的应用趋势、相关应用点和应用流程。

19.1 设计和施工阶段 BIM 应用趋势

在当前的经济环境下，设计和施工企业面临诸多挑战。面对激烈的竞争，企业必须证明其能够提供业主期望的价值才能够赢得新的业务。这就意味着企业必须重新审视原有的工作方式，在交付项目的过程中提高整体效率。从大型总包商到施工管理专家，再到业主、咨询顾问和施工行业从业人员，他们都希望采用各种新方法来提高工作效率，同时最大限度地降低设计和施工流程的成本。他们正在利用基于模型的设计和施工方法以及建筑信息模型来改进原有工作方式。

与此同时，越来越多的业主方也在项目招投标过程中提出 BIM 技术应用要求，如新加坡凯德置业、万达、龙湖、万科等知名开发商，他们不单要求在设计阶段实施 BIM 技术，更希望 BIM 技术在整个项目的全生命周期得到应用并发挥作用。

随着 BIM 的不断普及，对 BIM 标准化的需求也越来越强。在国外已有多种 BIM 标准的版本。住建部《关于印发 2012 年工程建设标准规范制订修订计划的通知》，如图 19-1 所示，宣告了中国 BIM 标准制定工作的正式启动，该计划中包含如下五项跟 BIM 有关的标准：

《应用统一标准》《存储标准》《设计模型交付标准》《设计模型分类和编码标准》《制造标准》，同时，在 2014 年 12 月，上海市发布《上海市人民政府办公厅转发市建设管理委员会关于在本市推进建筑信息模型技术应用指导意见的通知》，进一步推动 BIM 技术的应用。

图 19-1 《关于印发 2012 年工程建设标准规范制订修订计划的通知》

19.2 设计阶段 BIM 应用点

BIM 技术独特的设计模式，将在工程项目的不同阶段，体现其不同的价值，如图 19-2 所示。

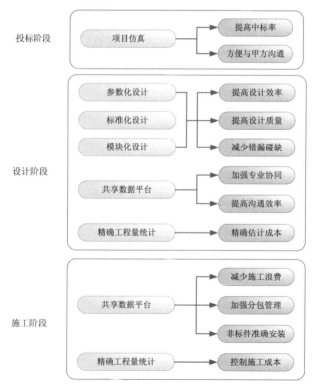

图 19-2 设计阶段 BIM 应用点

在设计阶段还包括如下应用要点。

19.2.1　可视化

BIM 技术可以通过三维模型，更佳直观清晰地表达设计意图，如图 19-3 所示。

图 19-3　三维可视化

19.2.2　建筑性能分析

在设计前期通过 BIM 技术可以对建筑周边环境进行分析，同时，在设计过程的不同阶段，可以对设计对象进行分析，这些分析包括地形分析、日照分析、风环境模拟、室内舒适度分析等，如图 19-4 ~ 19-7 所示。

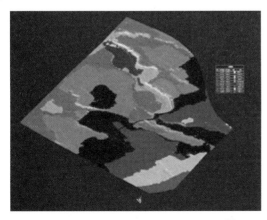
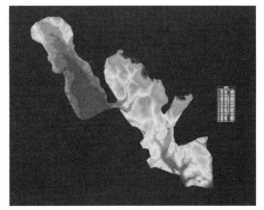

图 19-4　地形分析

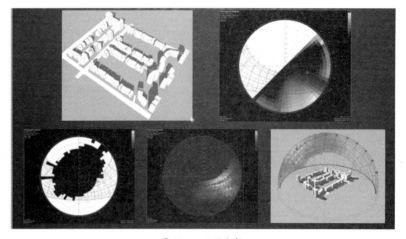

图 19-5　日照分析

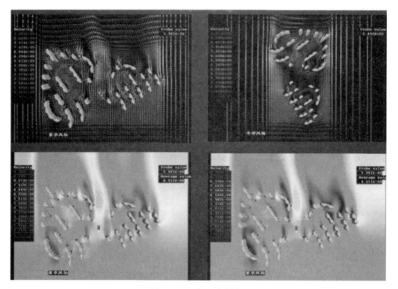

图 19-6　风环境模拟

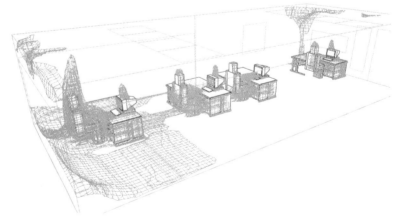

图 19-7　室内舒适度分析

19.2.3 碰撞检查及净高分析

通过直观的三维模型，可优化各专业设计，在设计阶段把错漏碰缺降到最低，如图 19-8 所示。

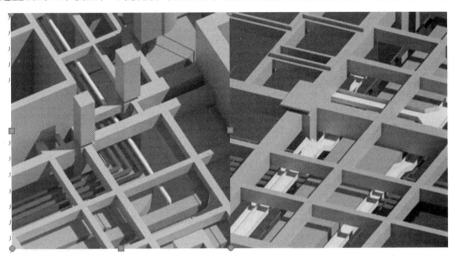

图 19-8 碰撞检查

19.2.4 基于 BIM 的施工图绘制

在 BIM 模型的基础上，可以很容易得到所需要的平面图、立面图及任意剖面图，同时，这些视图是相互关联的，可以最大限度消除图纸的错改和漏改的发生。图 19-9、图 19-10 分别所示为平面图、大样图。

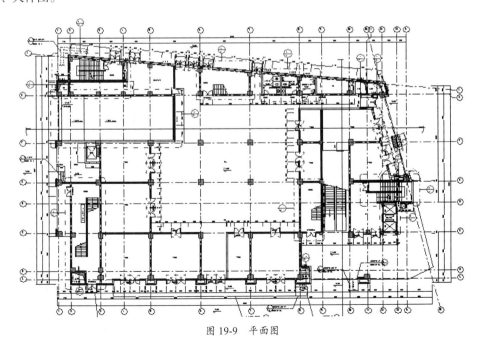

图 19-9 平面图

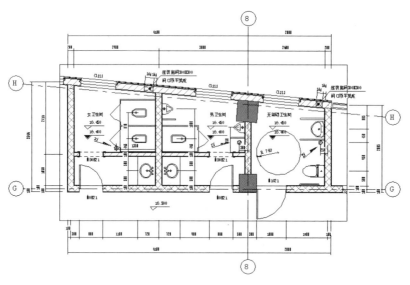

图 19-10 大样图

19.3 施工阶段 BIM 应用点

19.3.1 3D 管线深化设计

通过 3D 管线深化设计提高深化设计质量，大大减少施工协调的时间。

19.3.2 成本估算控制

通过 BIM 技术可以自动处理烦琐的数量计算工作，帮助预算员利用节约下来的时间从事项目中更具价值的工作，如确定施工方案、套价、评估风险等。图 19-11 所示为成本控制。

聚苯乙烯硬泡塑料板保护层：156		8163.54 m²
剪力墙-200mm-C55	腻子	3630.04 m²
剪力墙-250mm-C55	腻子	626.58 m²
剪力墙-300mm-C55	腻子	11167.84 m²
剪力墙-400mm-C55	腻子	136.83 m²
剪力墙-450mm-C55	腻子	141.70 m²
剪力墙-600mm-C55	腻子	25.66 m²
砼土墙-200mm-C30	腻子	552.58 m²
砼土墙-300mm-C30	腻子	2927.27 m²
砼土墙-300mm-C40	腻子	1994.37 m²
砼土墙-300mm-C55	腻子	2307.19 m²
砼土墙-400mm-C40	腻子	387.83 m²
烧结页岩空心砖墙-200	腻子	5.16 m²

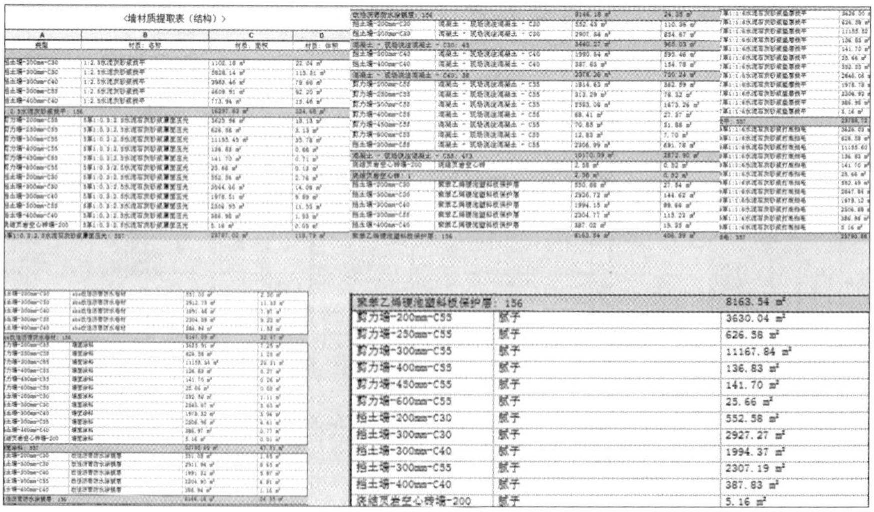

图 19-11 成本控制

19.3.3　数字化构件加工

通过 BIM 技术可以实现数字化构件加工，直接使用加工好的构件进行安装，从而加快施工进度。数字化构件加工主要应用于异形建筑表皮和特殊设备管件，如图 19-12 所示。

图 19-12　数字化构件加工

19.3.4　4D 施工模拟及现场管理

通过 BIM 技术，可以进行施工进度的 4D 模拟，同时可以通过使用 BIM 模型与施工现场进行对比等手段对施工现场进行管理。图 19-13 所示为 4D 施工模拟及现场管理。

图 19-13　4D 施工模拟及现场管理

19.3.5　设施资产管理

在施工过程中不断对施工阶段的 BIM 模型进行调整，竣工时可得到三维竣工模型，有利于后期的物业运营管理。图 19-14 所示为设施资产管理。

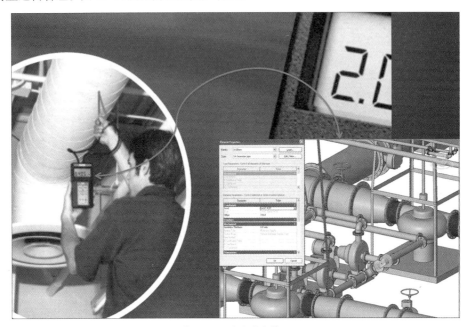

图 19-14　设施资产管理

附录 A

Revit 2015 初级工程师认证考试大纲

试题说明

考题数量：选择题 50 道，考试通过答对题目数：30 题

考试时间：180 分钟

试题种类：单选题、多选题

一、Revit 入门[5 道题]

熟悉 Revit 软件工作界面：功能区、快速访问工具栏、项目浏览器、类型选择器、状态栏、选项栏、视图控制栏等。

掌握创建和使用项目文件的方法。

掌握如何创建和应用材质和填充样式、如何控制对象样式。

掌握打印设置。

熟悉创建、保存和应用样板文件的方法。

熟悉修改导入/导出设置的方法，了解导出建筑场地的条件和方法。

了解常规系统、图形、默认文件位置、捕捉、快捷键的设置方法。

了解线型样式、注释、项目单位和浏览器组织的设置方法。

了解创建、修改和应用视图样板及临时视图样板的方法。

了解快捷命令的设置。

熟悉导航工具（ViewCube 及 SteeringWheels）的使用方法。

掌握应用移动、复制、旋转、阵列、镜像、对齐、拆分、修剪、偏移等命令对建筑构件编辑的方法。

二、体量[2 道题]

掌握应用概念体量族和在位创建概念体量的方式创建概念体量。

掌握应用"创建形状"和"创建空心形状"工具来创建各种体量模型。

掌握概念体量模型的基本修改、编辑方法。

使用表面细分及有理化体量表面的方法，掌握表面分割的设置、修改及表达方法。

掌握楼层面积和体积等体量分析工具。

熟悉放置体量族和修改参数的方法。

熟悉编辑体量的方法，包括对齐、连接、剪切、关闭体量等命令。

熟悉将体量转换为楼板、屋顶、墙、幕墙等建筑构件的方法以及修改体量后，如何更新建筑构件。

三、轴网和标高[2 道题]

掌握轴网和标高样式的设定方式。

掌握应用复制、阵列、镜像等修改命令，创建轴网、标高。

掌握轴网和标高样式的方法。

掌握轴网和标高关系。

四、尺寸标注和注释[4 道题]

掌握尺寸标注和各种注释符号样式的设置。

掌握临时尺寸标注的设置调整和使用。

掌握应用尺寸标注工具，创建线性、半径、角度和弧长尺寸标注。

掌握尺寸标注锁定的方法。

掌握尺寸相等驱动的方法。

掌握绘制和编辑高程点标注、标记、符号和文字等注释的方法。

了解换算尺寸标注单位、尺寸标注文字的替换及前后缀等设置方法。

掌握标注点的方法。

掌握云线批注的方法。

五、建筑构件[8 道题]

掌握墙体分类、构造、创建、墙体轮廓编辑、墙体连接关系调整方法。

掌握基于墙体的墙饰条、分隔缝的创建及样式调整方法。

掌握柱分类、构造、布置方式、柱与其他图元对象关系处理方法。

掌握门窗族的载入、创建及门窗相关参数的调整方法。

掌握幕墙的设置和创建方式。

掌握幕墙上门窗等相关构件的添加方法。

掌握屋顶的几种创建方式、屋顶构造调整、屋顶相关图元的创建和调整方法。

掌握天花板的构造、创建方法。

掌握楼板分类、构造、创建方法及楼板相关图元的创建、修改方法。

掌握不同洞口的类型特点和创建方法，熟悉老虎窗的绘制方法。

掌握两种楼梯绘制方式的特点、操作方法及楼梯相关参数的设定。

掌握坡道绘制方法及相关参数的设定。

掌握栏杆扶手的设置和绘制。

熟悉模型文字和模型线的特性和绘制方法。

掌握房间创建、房间分割线的添加、房间颜色方案和房间明细表的创建。

六、结构构件[3 道题]

了解结构样板和结构设置选项的修改。

熟悉以上各种结构构件样式的设置。

熟悉结构基础的种类和绘制方法。

熟悉结构柱和建筑柱的差异，结构柱的布置方法。

熟悉结构墙和建筑墙的差异，结构墙的构造设置、绘制和修改方法。

熟悉结构洞口的几种创建和修改方法。

熟悉结构对象关系的处理，如梁柱链接、墙连接等。

七、设备构件[3 道题]

掌握设备系统的工作原理。

了解风管管道系统配置。

掌握风管系统的特性。

掌握风管系统的绘制方法和修改方法。

掌握机械设备、风道末端等构件的特性和添加方法。

掌握管道系统的配置。

掌握管道系统的特点。

掌握管道系统的绘制和修改方法。

掌握给排水构件的添加。

掌握电气设备的添加。

掌握电气桥架的配置方法。

掌握电气桥架、线管等构件的绘制和修改方法。

八、场地[1 道题]

熟悉场地设置选项的修改。

熟悉应用拾取点和导入地形表面两种方式来创建地形表面，熟悉创建子面域的方法。

熟悉应用"拆分表面"、"合并表面"、"平整区域"和"地坪"命令编辑地形。

了解建筑红线的两种绘制方法。

熟悉场地构件、停车场构件和等高线标签的绘制办法。

九、族[3 道题]

了解系统族、标准构件族、内建族的概念及其之间的区别。

掌握族、类型、实例之间的关系。

掌握族类型参数和实例参数之间的差别。

了解参照平面、参照、定义原点和参照线等概念。

掌握将族添加到项目中的方法和族替换方法。

掌握创建标准构件族的常规步骤。

掌握如何使用族编辑器创建建筑构件和图形/注释构件，如何控制族图元的可见性，如何添加控制符号。

十、详图[3 道题]

掌握详图索引视图的创建。

掌握应用详图线、详图构件、重复详图、隔热层、填充面域、文字等命令创建详图内容。

掌握在详图视图中修改构件顺序和进行可见性设置的方法。

掌握创建图纸详图的方法。

十一、视图[5 道题]

掌握对象选择的各种方法、过滤器和基于选择的过滤器的使用方法。

掌握项目浏览器中各视图的查看方式。

掌握项目浏览器中搜索对象的方法。

掌握查看模型的 5 种视觉样式。

掌握应用"可见性/图形"、"图形显示选项"、"视图范围"等命令的方法。

掌握如何动态查看建筑模型的方法。

掌握视图类型的创建、设置和应用方法。

掌握创建透视图、修改相机的各项参数的方法。

掌握创建立面、剖面和阶梯剖面视图的方法，并能通过鼠标修改剖面线的位置、范围、查看方向等。

熟悉创建视图平面区域的方法。

了解用于演示图的视图所需的准备工作。

掌握创建平、立、剖面的阴影显示的方法。

掌握将演示图添加到图纸中的方法。

掌握为视图添加注释的方法。

掌握如何将侧轮廓添加到立面或剖面视图中。

掌握使用"剖面框"创建三维剖切图的方法，并能通过鼠标调整剖面框的位置。

掌握"视图属性"命令中"裁剪区域可见"、"隐藏剖面框显示"等参数的设置。

掌握三维视图的锁定、解锁和标记注释的方法。

十二、建筑表现[1 道题]

掌握 Mental Ray 材质库的使用，材质创建、编辑的方法以及如何将材质赋予物体及材质属性集的管理及应用。

掌握"图像尺寸"、"保存渲染"、"导出图像"等命令的使用。

熟悉 Mental Ray"渲染场景设置"对话框中各参数的使用方法。

了解添加植物和 RPC 人物的方法。

了解植物库的管理，创建新植物的方法。

了解室外场景和室内场景不同的日光和灯光的设置方法。

熟悉导出 3ds Max FBX 文件格式的方法。

掌握漫游功能流程。

熟悉漫游的创建和调整方法。

掌握云渲染流程。

掌握"静态图像"的云渲染方法。

掌握"交互式全景"的云渲染方法。

十三、分析[1 道题]

掌握表面分析工具。

了解如何预定义面积方案。

掌握颜色填充面积平面的方法，以及如何编辑颜色方案。

了解链接模型房间面积及房间标记方法。

掌握剖面图颜色填充的创建方法。

掌握能量分析的流程和方法。

掌握日照分析的基本流程。

掌握静态日照分析、动态日照分析方法。

十四、明细表[1 道题]

掌握应用"明细表/数量"命令创建实例和类型明细表的方法。

熟悉"明细表/数量"的各选项卡的设置，关键字明细表的创建。

了解生成统一格式部件代码和说明明细表的方法。

了解创建共享参数明细表的方法。

了解如何使用 ODBC 导出项目信息。

十五、设计协同[1 道题]

熟悉链接模型的方法。

熟悉 IFC 文件的链接和管理方法。

熟悉如何控制链接模型的可见性以及如何管理链接。

熟悉如何设置、保存、修改链接模型的位置。

掌握链接建筑和 Revit 组的转换方法。

了解复制/监视的应用方法。

了解协调/查阅的功能和操作方法。

了解协调主体的作用和操作方法。

了解碰撞检查的操作方法。

了解启用和设置工作集的方法，包括创建工作集、细分工作集、创建中心文件和签入工作集。

了解单人或多人使用工作集的方法，包括创建本地文件、签出工作集和两种图元借用的方式。

了解如何使用工作集备份和工作集修改历史记录。

了解工作集的可见性设置。

十六、组[1 道题]

熟悉创建、放置、修改、保存和载入组的方法。

了解创建和修改嵌套组的方法。

了解创建和修改详图组和附加详图组的方法。

十七、设计选项[1 道题]

了解创建设计选项的方法，包括创建选项集、添加已有模型或新建模型到选项集。

了解编辑、查看和确定设计选项的方法。

十八、工程阶段[1 道题]

了解应用"阶段"命令新建、合并阶段，设置各阶段的显示状况以及定义各阶段图元的外观。

了解工程阶段可见性设置。

十九、创建图纸[3 道题]

掌握创建图纸、添加视口的方法。

掌握移动视图位置、修改视图比例、修改视图标题的位置和内容的方法。

掌握创建视图列表和图纸列表的方法。

掌握如何在图纸中修改建筑模型。

掌握将明细表添加到图纸中并进行编辑的方法。

掌握符号图例和建筑构件图例的创建。

了解如何利用图例视图匹配类型。

了解标题栏（即图框）的制作和放置方法。

了解对项目的修订进行跟踪的方法，包括创建修订、绘制修订云线、使用修订标记等。

了解修订明细表的创建方法。

附录 B

Revit 2015 工程师认证考试大纲

试题说明

考题数量：选择题 50 道，考试通过答对题目数：30 题

考试时间：180 分钟

试题种类：单选题、多选题

一、Revit 入门[3 道题]

熟悉 Revit 软件工作界面：功能区、快速访问工具栏、项目浏览器、类型选择器、状态栏、选项栏、视图控制栏等。

掌握创建和使用项目文件的方法。

掌握如何创建以及应用材质和填充样式、如何控制对象样式。

熟悉创建、保存和应用样板文件的方法。

熟悉修改导入/导出设置的方法，了解导出建筑场地的条件和方法。

了解常规系统、图形、默认文件位置、捕捉、快捷键的设置方法。

了解线型样式、注释、项目单位和浏览器组织的设置方法。

了解创建、修改和应用视图样板及临时视图样板的方法。

了解快捷命令的设置。

熟悉导航工具（ViewCube 及 SteeringWheels）的使用方法。

掌握应用移动、复制、旋转、阵列、镜像、对齐、拆分、修剪、偏移等命令对建筑构件编辑的方法。

二、体量[2 道题]

掌握应用"绘图"面板中的工具来创建体量。

掌握体量楼层等体量工具分析面积、周长、体积等。

掌握从体量实例创建建筑图元。

概念体量的建模方法，形状编辑修改方法，表面的分割方法，以及表面分割 UV 网格的调整和对齐方法。

三、轴网和标高[2 道题]

掌握轴网和标高样式的设定方式。

掌握应用复制、阵列、镜像等修改命令，创建轴网、标高。

掌握轴网和标高尺寸驱动的方法。

掌握轴网和标高标头位置调整的方法。

掌握轴网和标高标头显示控制的方法。

掌握轴网和标高标头偏移的方法。

掌握轴网和标高关系。

四、尺寸标注和注释[4 道题]

掌握尺寸标注和各种注释符号样式的设置。

掌握临时尺寸标注的设置调整和使用。

掌握应用尺寸标注工具，创建线性、半径、角度和弧长尺寸标注。

掌握通过鼠标控制编辑尺寸标注的方法。

掌握应用"图元属性"和"编辑尺寸界线"命令编辑尺寸标注的方法。

掌握尺寸标注锁定的方法。

掌握尺寸相等驱动的方法。

掌握绘制和编辑高程点标注、标记、符号和文字等注释的方法。

掌握基线尺寸标注和同基准尺寸标注的设置和创建方法。

掌握换算尺寸标注单位、尺寸标注文字的替换及前后缀等设置方法。

掌握标注点的方法。

掌握云线批注的方法。

五、建筑构件[8 道题]

掌握墙体分类、构造、创建、墙体轮廓编辑、墙体连接关系调整方法。

掌握基于墙体的墙饰条、分隔缝的创建及样式调整方法。

掌握柱分类、构造、布置方式、柱与其他图元对象关系处理方法。

掌握门窗族的载入、创建及门窗相关参数的调整方法。

掌握幕墙的设置和创建方式。

掌握幕墙上门窗等相关构件的添加方法。

掌握屋顶的几种创建方式、屋顶构造调整、屋顶相关图元的创建和调整方法。

掌握天花板的构造、创建方法。

掌握楼板分类、构造、创建方法及楼板相关图元的创建、修改方法。

掌握不同洞口的类型特点和创建方法、熟悉老虎窗的绘制方法。

掌握两种楼梯绘制方式的特点、操作方法，以及楼梯相关参数的设定。

掌握坡道绘制方法及相关参数的设定。

掌握栏杆扶手的设置和绘制。

熟悉模型文字和模型线的特性及绘制方法。

掌握房间创建、房间分割线的添加、房间颜色方案和房间明细表的创建。

掌握应用移动、复制、旋转、阵列、镜像、对齐、拆分、修剪、偏移等命令对建筑构件编辑的方法。

掌握零件和部件的创建、分割方法，以及显示控制及工程量统计方法。

六、结构构件[3 道题]

了解结构样板和结构设置选项的修改。

熟悉以上各种结构构件样式的设置。

熟悉结构基础的种类和绘制方法。

熟悉结构柱和建筑柱的差异，结构柱的布置方法。

熟悉结构墙和建筑墙的差异，结构墙的构造设置、绘制和修改方法。

熟悉梁、梁系统、支撑的设置和绘制方式方法。

熟悉桁架的设置、创建和修改方法。

熟悉结构洞口的几种创建和修改方法。

熟悉钢筋的几种布置方式和创建方法。

熟悉结构对象关系的处理，如梁柱链接、墙连接等。

七、设备构件[3 道题]

掌握设备系统的工作原理。

了解风管管道系统配置。

掌握风管系统的特性。

掌握风管系统的绘制方法和修改方法。

掌握机械设备、风道末端等构件的特性和添加方法。

掌握管道系统的配置。

掌握管道系统的特点。

掌握管道系统的绘制和修改方法。

掌握给排水构件的添加。

掌握电气设备的添加。

掌握电气桥架的配置方法。

掌握电气桥架、线管等构件的绘制和修改方法。

八、场地[1 道题]

熟悉场地设置选项的修改。

熟悉应用拾取点和导入地形表面两种方式来创建地形表面，熟悉创建子面域的方法。

熟悉应用"拆分表面"、"合并表面"、"平整区域"和"地坪"命令编辑地形。

了解建筑红线的两种绘制方法。

熟悉场地构件、停车场构件和等高线标签的绘制办法。

掌握倾斜地坪的创建方法。

九、族[3 道题]

了解系统族、标准构件族、内建族的概念和之间的区别。

掌握族、类型、实例之间的关系。

掌握族类型参数和实例参数之间的差别。

熟悉族参数顺序调整。

了解参照平面、参照、定义原点和参照线等概念。

掌握将族添加到项目中的方法和族替换方法。

掌握创建标准构件族的常规步骤。

掌握如何使用族编辑器创建建筑构件和图形/注释构件，如何控制族图元的可见性，如何添加控制符号。

了解并掌握族参数查找表格的概念和应用，以及导入/导出查找表格数据的方法。

了解并掌握概念设计环境。

掌握报告参数的应用。

了解族参数提示的创建。

十、详图[2 道题]

掌握详图索引视图的创建。

掌握应用详图线、详图构件、重复详图、隔热层、填充面域、文字等命令创建详图内容。

掌握在详图视图中修改构件顺序和进行可见性设置的方法。

掌握位移视图的创建。

掌握创建图纸详图的方法。

十一、视图[5 道题]

掌握对象选择的各种方法、过滤器和基于选择的过滤器的使用方法。

掌握项目浏览器中各视图的查看方式。

掌握项目浏览器中搜索对象的方法。

掌握查看模型的 5 种视觉样式。

掌握勾绘线和反走样线的应用。

掌握隐藏线在三维视图中的设置应用。

掌握应用"可见性/图形"、"图形显示选项"、"视图范围"等命令的方法。

掌握如何动态查看建筑模型及优化视图导航的方法。

掌握视图类型的创建、设置和应用方法。

掌握创建透视图、修改相机的各项参数的方法。

掌握创建立面、剖面和阶梯剖面视图的方法，并能通过鼠标修改剖面线的位置、范围、查看方向等。

掌握视图属性中各项参数的设置方法，以及视图样板、临时视图样板的设置和应用。

熟悉创建视图平面区域的方法。

熟悉视图样板的设置和视图样式的批量修改。

了解用于演示图的视图所需的准备工作。

掌握创建平、立、剖面的阴影显示的方法。

掌握将演示图添加到图纸中的方法。

掌握为演示视图添加注释的方法。

掌握如何将侧轮廓添加到立面或剖面视图中。

熟悉使用演示视图样板。

掌握使用"剖面框"创建三维剖切图的方法，并能通过鼠标调整剖面框的位置。

掌握"视图属性"命令中"裁剪区域可见"、"隐藏剖面框显示"等参数的设置。

掌握三维视图的锁定、解锁和标记注释的方法。

十二、建筑表现[1 道题]

掌握 Mental Ray 材质库的使用，材质创建、编辑的方法以及如何将材质赋予物体及材质属性集的管理及应用

掌握"图像尺寸"、"保存渲染""导出图像"等命令的使用。

熟悉 Mental Ray "渲染场景设置"对话框中各参数的使用方法。

了解添加植物和 RPC 人物的方法。

了解植物库的管理，创建新植物的方法。

了解室外场景和室内场景不同的日光和灯光的设置方法。

了解光能传递和光能追踪的概念及应用范围。

熟悉导出 3ds Max FBX 文件格式的方法。

掌握漫游功能流程。

熟悉漫游的创建和调整方法。

掌握云渲染流程。

掌握"静态图像"的云渲染方法。

掌握"交互式全景"的云渲染方法。

十三、明细表[2 道题]

掌握应用"明细表/数量"命令创建实例和类型明细表的方法。

熟悉"明细表/数量"的各选项卡的设置、关键字明细表的创建。

了解生成统一格式部件代码和说明明细表的方法。

了解创建共享参数明细表的方法。

了解如何使用 ODBC 导出项目信息。

十四、工作协同[2 道题]

熟悉链接模型的方法。

熟悉 IFC 文件的链接和管理方法。

熟悉如何控制链接模型的可见性以及如何管理链接。

熟悉获取、发布、查看、报告共享坐标的方法。

熟悉如何设置、保存、修改链接模型的位置。

了解重新定位共享原点的方法。

掌握链接建筑和 Revit 组的转换方法。

掌握复制/监视的应用方法。

掌握协调/查阅的功能和操作方法。

掌握协调主体的作用和操作方法。

掌握碰撞检查的操作方法。

了解启用和设置工作集的方法，包括创建工作集、细分工作集、创建中心文件和签入工作集。

了解单人或多人使用工作集的方法，包括创建本地文件、签出工作集和两种图元借用的方式。

了解如何使用工作集备份和工作集修改历史记录。

了解工作集的可见性设置。

十五、分析[1 道题]

掌握表面分析工具。

了解如何预定义面积方案。

掌握颜色填充面积平面的方法，以及如何编辑颜色方案。

了解链接模型房间面积及房间标记方法。

掌握剖面图颜色填充的创建方法。

掌握能量分析的流程和方法。

掌握日照分析的基本流程。

掌握静态日照分析、动态日照分析方法。

十六、组[1 道题]

熟悉创建、放置、修改、保存和载入组的方法。

了解创建和修改嵌套组的方法。

了解创建和修改详图组及附加详图组的方法。

十七、设计选项[1 道题]

了解创建设计选项的方法，包括创建选项集、添加已有模型或新建模型到选项集。

了解编辑、查看和确定设计选项的方法。

十八、工程阶段[1 道题]

了解应用"阶段"命令新建、合并阶段，设置各阶段的显示状况以及定义各阶段图元的外观。

了解工程阶段可见性设置。

十九、创建图纸[3 道题]

掌握创建图纸、添加视口的方法。

掌握移动视图位置、修改视图比例、修改视图标题的位置和内容的方法。

掌握创建视图列表和图纸列表的方法。

掌握如何在图纸中修改建筑模型。

掌握将明细表添加到图纸中并进行编辑的方法。

掌握符号图例和建筑构件图例的创建。

掌握如何利用图例视图匹配类型。

熟悉标题栏（即图框）的制作和放置方法。

熟悉对项目的修订进行跟踪的方法，包括创建修订、绘制修订云线、使用修订标记等。

熟悉修订明细表的创建方法。